LabVIEW2011 程序设计与案例解析

王　璨　章佳荣　编著

U0245923

北京航空航天大学出版社

内 容 简 介

本书是作者多年从事 LabVIEW 编程工作的经验与工程实践总结。全书以 LabVIEW2011 版本为对象,通过由简入难、图文并茂的方式对 LabVIEW 的基本概念、基本操作及在工程领域的应用进行了全面、详细的介绍。本书实例详实,并且具有一定的工程应用背景。读者只须对例程稍加修改,就能够应用到自己的实际工程中,可大大缩短程序开发的周期。

全书共分 16 章,从 LabVIEW 入门、基础操作、高级技巧、工程应用、常见问题及解决方案等方面展开介绍。通过具体的工程应用实例加深读者对 LabVIEW 编程的理解,并以"小贴士"的方式对编程过程中需要注意的问题和常用技巧进行提示。

本书适合高等院校学生,测试测量与自动化等相关行业的从业人员,以及所有对 LabVIEW 感兴趣的读者。

图书在版编目(CIP)数据

LabVIEW2011 程序设计与案例解析 / 王璨,章佳荣编著. -- 北京 : 北京航空航天大学出版社,2013.5
ISBN 978 - 7 - 5124 - 1069 - 5

Ⅰ. ①L… Ⅱ. ①王… ②章… Ⅲ. ①软件工具－程序设计 Ⅳ. ①TP311.56

中国版本图书馆 CIP 数据核字(2013)第 034218 号

LabVIEW2011 程序设计与案例解析
王 璨 章佳荣 编著
责任编辑 王静竞

*

北京航空航天大学出版社出版发行
北京市海淀区学院路 37 号(邮编 100191) http://www.buaapress.com.cn
发行部电话:(010)82317024 传真:(010)82328026
读者信箱: emsbook@gmail.com 邮购电话:(010)82316936
涿州市新华印刷有限公司印装 各地书店经销

*

开本:710×1 000 1/16 印张:29 字数:618 千字
2013 年 5 月第 1 版 2013 年 5 月第 1 次印刷 印数:4 000 册
ISBN 978 - 7 - 5124 - 1069 - 5 定价:59.00 元

前　言

LabVIEW（Laboratory Virtual Instrumentation Engineering Workbench，实验室虚拟仪器工程平台）是由美国国家仪器公司开发的图形化程序编译平台。程序最初于 1986 年在苹果电脑上发表。LabVIEW 早期是为了仪器自动控制而设计的，至今已经转变成为一种逐渐成熟的高级编程语言。图形化编程语言与传统编程语言的不同之处在于，图形化编程语言的程序流程采用"数据流"的概念，打破了传统的思维模式，使得程序设计者在流程图构思完毕的同时也完成了程序的撰写。

LabVIEW 率先引入了虚拟仪器的概念，用户可通过人机界面直接控制自行开发的仪器。此外，LabVIEW 还提供了丰富的库函数，包括：信号调理、信号分析、机器视觉、数值运算、逻辑运算、数学分析、声音振动分析和数据存储等。目前可支持 Windows、UNIX、Linux 和 Mac OS 等操作系统。LabVIEW 特殊的图形程序结构和简单易懂的开发接口大大缩短了原型开发的周期，并且方便了日后软件的维护，因此逐渐受到系统开发及研究人员的喜爱，目前广泛应用于汽车、半导体、航空航天、交通运输、电信和生物医药等众多行业。LabVIEW 默认以多线程运行程序，对于程序设计者更是一大利器。此外 LabVIEW 通信接口十分丰富，支持 GPIB、USB、IEEE1394、MODBUS、串行接口、并行接口、IrDA、TCP、UDP、Bluetooth、.NET、ActiveX 和 SMTP 等。

目前，国内外许多高校均开设 LabVIEW 基础课程，科研与企事业单位也对 LabVIEW 快捷的操作方式和强大的功能越发青睐。同时，测试测量工程领域的快速发展也加速了虚拟仪器的普及和应用。虽然它进入中国市场的时间不算太长，但已经在科研及生产生活的诸多领域崭露头角。因此，掌握这门如今比较"热"的编程语言，势必会让您如虎添翼。要熟练掌握 LabVIEW 的编程方法，开发出专业的测试测量系统，需要对 LabVIEW 程序设计的原理、程序结构、运行控制和系统管理有一个全面透彻的理解。

本书汇聚了作者多年从事 LabVIEW 程序开发的实践经验，在内容编排上充分考虑了实用性与技巧性。全书图文并茂，由浅入深，讲解细致，工程应用实例详尽，旨在让没有 LabVIEW 基础的读者快速掌握 LabVIEW 的编程方法。同时，书中的许多工程实例都具有一定的可扩展性，读者可以根据自己的需要，经过适当修改，将它们应用到自己的项目中，缩短程序开发的周期。

本书在编写过程中，参考借鉴了许多优秀的资料：介绍函数基本功能时，参考了

LabVIEW 的帮助文档；在第 11 章介绍数据采集与仪器控制中，参考了 NI 的产品手册及 GSD zone. net 的相关资料；在第 16 章常见问题与解决方案中，参考了 Lab-VIEW 论坛、NI 中国官方网站上的相关资料。在这里，对提供这些参考资料的论坛、网站及相关人员表示感谢。

全书由王璨统稿，章佳荣为本书编写了丰富的工程应用实例。另外，作者在编写本书的过程中，得到了哈尔滨工程大学水声通信实验室的大力支持。天津大学的赵国宇和北京航空航天大学出版社为本书的编辑校对提供了极大的帮助，在这里一并表示感谢。

由于编者水平有限，书中难免有疏漏和错误之处，恳请广大读者批评指证。

王　璨　章佳荣

2013 年 4 月于上海

目　录

第 1 章　认识 LabVIEW ………………………………………………… 1

1.1　什么是 LabVIEW ……………………………………………………… 1

1.2　LabVIEW2011 新特性 ……………………………………………… 5

1.3　安装 LabVIEW ……………………………………………………… 6

1.4　思考与练习 …………………………………………………………… 11

第 2 章　开始 LabVIEW 编程 ………………………………………… 12

2.1　启动 LabVIEW ……………………………………………………… 12

2.2　基本概念介绍 ………………………………………………………… 13

   2.2.1　VI 与子 VI ……………………………………………………… 13

   2.2.2　前面板 …………………………………………………………… 13

   2.2.3　后面板 …………………………………………………………… 16

2.3　菜单栏及工具栏 ……………………………………………………… 18

   2.3.1　菜单栏 …………………………………………………………… 18

   2.3.2　工具栏 …………………………………………………………… 19

2.4　设置个性化编程环境 ………………………………………………… 20

   2.4.1　工具选板 ………………………………………………………… 20

   2.4.2　控件选板 ………………………………………………………… 22

   2.4.3　函数选板 ………………………………………………………… 24

   2.4.4　其他编程选项设置 ……………………………………………… 24

2.5　VI 的基本操作 ……………………………………………………… 28

   2.5.1　VI 的创建与编辑 ……………………………………………… 28

   2.5.2　VI 的运行与调试 ……………………………………………… 31

   2.5.3　子 VI 的操作 …………………………………………………… 33

2.6　获取 LabVIEW 帮助 ………………………………………………… 36

   2.6.1　即时上下文帮助 ………………………………………………… 36

   2.6.2　查找范例 ………………………………………………………… 36

   2.6.3　在线帮助 ………………………………………………………… 36

2.7　综合实例:创建一个"虚拟信号源"程序 …………………………… 37

2.8　思考与练习 …………………………………………………………… 39

第 3 章　了解 LabVIEW 的数据类型 ………………………………… 40

3.1 基本数据类型 ··· 40

 3.1.1 数值型 ··· 43

 3.1.2 布尔型 ··· 46

 3.1.3 字符串型与路径 ··· 46

 3.1.4 枚举型 ··· 47

 3.1.5 簇 ·· 48

 3.1.6 数　组 ··· 48

3.2 特殊数据类型 ··· 50

 3.2.1 波形数据 ··· 50

 3.2.2 时间标识 ··· 50

 3.2.3 变　体 ··· 51

3.3 数据类型之间的转换 ·· 51

 3.3.1 不同数字类型之间的转换 ·· 51

 3.3.2 数字/字符串转换 ·· 53

 3.3.3 字符串/数组/路径转换 ··· 56

 3.3.4 布尔值/数字值转换 ··· 57

 3.3.5 数字与时间标识的转换 ··· 58

3.4 数据运算与操作 ·· 59

 3.4.1 基本数学运算与操作 ·· 59

 3.4.2 字符串运算与操作 ··· 61

 3.4.3 布尔运算与操作 ·· 64

 3.4.4 比较运算 ··· 65

 3.4.5 数组与矩阵操作 ·· 69

 3.4.6 簇操作 ··· 74

 3.4.7 波形数据操作 ··· 76

3.5 综合实例:温度报警装置 ·· 77

3.6 思考与练习 ·· 78

第 4 章　数据表达与显示 ·· 79

4.1 基本数据表达与显示 ·· 79

 4.1.1 数值型数据的表达与显示 ·· 79

 4.1.2 布尔型数据的表达与显示 ·· 87

 4.1.3 字符型数据的表达与显示 ·· 91

4.2 二维图形 ··· 94

 4.2.1 波形图与波形图表 ··· 94

 4.2.2 XY 图和 Express XY 图 ··· 105

 4.2.3 强度图表与强度图 ··· 106

4.2.4 数字波形图和混合波形图 ·············· 107

4.3 三维图形 ························· 109

4.3.1 三维曲面图 ···················· 110

4.3.2 三维参数图 ···················· 112

4.3.3 三维曲线图 ···················· 113

4.4 其他图形显示控件 ················· 113

4.4.1 极坐标图 ····················· 114

4.4.2 最小-最大曲线显示控件 ············ 115

4.5 综合实例:绘制同心圆 ·············· 116

4.6 思考与练习 ····················· 116

第5章 程序结构 ······················ 117

5.1 基本程序结构 ··················· 118

5.1.1 For 循环 ····················· 118

5.1.2 While 循环 ··················· 122

5.1.3 顺序结构 ····················· 123

5.2 特殊程序结构 ··················· 127

5.2.1 条件结构 ····················· 127

5.2.2 事件结构 ····················· 130

5.2.3 定时结构 ····················· 134

5.2.4 禁用结构 ····················· 138

5.3 变 量 ························· 140

5.3.1 局部变量 ····················· 140

5.3.2 全局变量 ····················· 142

5.3.3 共享变量 ····················· 145

5.4 综合实例:等差序列求和 ············ 146

5.5 思考与练习 ····················· 147

第6章 外部程序接口与扩展 ············· 148

6.1 DLL 调用 ······················ 148

6.2 Windows API 调用 ··············· 152

6.3 可执行程序的调用 ················ 156

6.4 ActiveX 调用 ··················· 157

6.5 LabVIEW 与 MATLAB 混合编程 ······ 166

6.6 综合实例:通过调用动态链接库实现驱动开发 ····· 167

6.7 思考与练习 ····················· 169

第7章 数学分析 ······················ 170

7.1 基本数学分析 ··················· 170

7.1.1 初等与特殊函数 ·· 170

7.1.2 线性代数 ·· 172

7.1.3 微积分 ·· 175

7.1.4 多项式 ·· 178

7.2 数理统计与最优化问题 ·· 180

7.2.1 概率与统计 ·· 180

7.2.2 最优化 ·· 181

7.3 曲线拟合与插值 ·· 184

7.3.1 曲线拟合 ·· 184

7.3.2 插 值 ·· 186

7.4 其他操作 ·· 187

7.4.1 微分方程 ·· 187

7.4.2 几 何 ·· 189

7.4.3 脚本与公式 ·· 190

7.5 综合实例:水箱问题 ·· 191

7.6 思考与练习 ·· 193

第 8 章 信号处理 ·· 194

8.1 信号发生器 ·· 195

8.1.1 基本函数发生器 ·· 195

8.1.2 多频信号发生器 ·· 197

8.1.3 噪声信号发生器 ·· 199

8.1.4 用公式节点产生信号 ·· 202

8.1.5 用 Express VI 产生信号 ··· 202

8.2 时域分析 ·· 203

8.2.1 基本平均值与均方差测量 ··· 203

8.2.2 过渡态测量 ·· 205

8.2.3 提取信号单频信息 ·· 208

8.2.4 相 关 ·· 209

8.2.5 谐波失真分析 ·· 211

8.3 频域分析 ·· 213

8.3.1 傅里叶变换 ·· 213

8.3.2 拉普拉斯变换 ·· 215

8.3.3 功率谱分析 ·· 216

8.4 信号调理 ·· 219

8.4.1 滤波器 ·· 219

8.4.2 窗函数 ·· 221

8.4.3　波形调理 ……………………………………………… 222
8.5　波形监测 …………………………………………………… 226
8.5.1　边界检测 ……………………………………………… 227
8.5.2　波峰波谷检测 ………………………………………… 227
8.5.3　触发与门限 …………………………………………… 229
8.6　逐点分析 …………………………………………………… 232
8.7　综合实例:绘制信号包络曲线 …………………………… 234
8.8　思考与练习 ………………………………………………… 235

第9章　文件操作 …………………………………………………… 237
9.1　文件I/O基本概念介绍 …………………………………… 237
9.2　常用文件类型与操作 ……………………………………… 238
9.2.1　二进制文件(.dat) …………………………………… 238
9.2.2　文本文件(.txt) ……………………………………… 242
9.2.3　电子表格文件(.xls) ………………………………… 244
9.3　特殊文件类型与操作 ……………………………………… 248
9.3.1　波形文件(Waveform Files) ………………………… 248
9.3.2　XML文件 ……………………………………………… 248
9.3.3　数据存储文件(TDM) ………………………………… 249
9.3.4　高速数据流文件(TDMS) …………………………… 251
9.3.5　测量文件(LVM) ……………………………………… 253
9.4　其他文件类型与操作 ……………………………………… 255
9.4.1　音频文件(.wav) ……………………………………… 255
9.4.2　压缩文件(.Zip) ……………………………………… 256
9.4.3　配置文件(.ini) ……………………………………… 257
9.5　文件工具 …………………………………………………… 257
9.5.1　路径、目录操作 ……………………………………… 257
9.5.2　获取文件、目录的信息 ……………………………… 259
9.5.3　文件位置与大小设置 ………………………………… 259
9.5.4　文件操作 ……………………………………………… 260
9.6　综合实例:读取EXCEL文件 ……………………………… 262
9.7　思考与练习 ………………………………………………… 263

第10章　多线程技术 ……………………………………………… 265
10.1　LabVIEW对多核CPU的支持 …………………………… 265
10.2　LabVIEW中的自动多线程 ……………………………… 266
10.2.1　执行系统 …………………………………………… 266
10.2.2　运行队列 …………………………………………… 269

10.2.3 LabVIEW 多线程中的 DLL ⋯⋯⋯⋯⋯⋯⋯⋯⋯⋯⋯⋯ 270

10.2.4 定制线程配置 ⋯⋯⋯⋯⋯⋯⋯⋯⋯⋯⋯⋯⋯⋯⋯⋯⋯⋯⋯ 272

10.3 生产者/消费者模式 ⋯⋯⋯⋯⋯⋯⋯⋯⋯⋯⋯⋯⋯⋯⋯⋯⋯⋯⋯⋯ 275

10.3.1 生产者/消费者的优势 ⋯⋯⋯⋯⋯⋯⋯⋯⋯⋯⋯⋯⋯⋯⋯ 275

10.3.2 生产者/消费者基本组成结构 ⋯⋯⋯⋯⋯⋯⋯⋯⋯⋯⋯ 276

10.3.3 多消费者循环 ⋯⋯⋯⋯⋯⋯⋯⋯⋯⋯⋯⋯⋯⋯⋯⋯⋯⋯⋯ 279

10.3.4 基于队列状态机的生产者/消费者结构 ⋯⋯⋯⋯⋯ 282

10.4 综合实例:多线程计时器 ⋯⋯⋯⋯⋯⋯⋯⋯⋯⋯⋯⋯⋯⋯⋯⋯ 283

10.5 思考与练习 ⋯⋯⋯⋯⋯⋯⋯⋯⋯⋯⋯⋯⋯⋯⋯⋯⋯⋯⋯⋯⋯⋯⋯ 284

第 11 章 数据采集与仪器控制 ⋯⋯⋯⋯⋯⋯⋯⋯⋯⋯⋯⋯⋯⋯⋯⋯ 285

11.1 数据采集 ⋯⋯⋯⋯⋯⋯⋯⋯⋯⋯⋯⋯⋯⋯⋯⋯⋯⋯⋯⋯⋯⋯⋯⋯ 285

11.1.1 数据采集系统基本组成 ⋯⋯⋯⋯⋯⋯⋯⋯⋯⋯⋯⋯⋯ 286

11.1.2 NI 数据采集硬件产品及其应用领域 ⋯⋯⋯⋯⋯⋯ 287

11.1.3 硬件选型重要参数 ⋯⋯⋯⋯⋯⋯⋯⋯⋯⋯⋯⋯⋯⋯⋯ 289

11.1.4 配置管理软件 MAX ⋯⋯⋯⋯⋯⋯⋯⋯⋯⋯⋯⋯⋯⋯⋯ 289

11.1.5 NI‐DAQ 应用举例 ⋯⋯⋯⋯⋯⋯⋯⋯⋯⋯⋯⋯⋯⋯⋯⋯ 294

11.2 仪器控制 ⋯⋯⋯⋯⋯⋯⋯⋯⋯⋯⋯⋯⋯⋯⋯⋯⋯⋯⋯⋯⋯⋯⋯⋯ 299

11.2.1 常用总线介绍 ⋯⋯⋯⋯⋯⋯⋯⋯⋯⋯⋯⋯⋯⋯⋯⋯⋯⋯ 300

11.2.2 仪器驱动程序 ⋯⋯⋯⋯⋯⋯⋯⋯⋯⋯⋯⋯⋯⋯⋯⋯⋯⋯ 302

11.2.3 LabVIEW 仪器控制 ⋯⋯⋯⋯⋯⋯⋯⋯⋯⋯⋯⋯⋯⋯⋯ 303

11.2.4 LabVIEW 与第三方硬件的连接 ⋯⋯⋯⋯⋯⋯⋯⋯ 310

11.3 综合实例:多通道数据采集软件 ⋯⋯⋯⋯⋯⋯⋯⋯⋯⋯⋯⋯ 311

11.4 思考与练习 ⋯⋯⋯⋯⋯⋯⋯⋯⋯⋯⋯⋯⋯⋯⋯⋯⋯⋯⋯⋯⋯⋯⋯ 313

第 12 章 通 信 ⋯⋯⋯⋯⋯⋯⋯⋯⋯⋯⋯⋯⋯⋯⋯⋯⋯⋯⋯⋯⋯⋯⋯ 314

12.1 串口通信 ⋯⋯⋯⋯⋯⋯⋯⋯⋯⋯⋯⋯⋯⋯⋯⋯⋯⋯⋯⋯⋯⋯⋯⋯ 314

12.1.1 串口介绍 ⋯⋯⋯⋯⋯⋯⋯⋯⋯⋯⋯⋯⋯⋯⋯⋯⋯⋯⋯⋯ 314

12.1.2 串口接线定义与连接方式 ⋯⋯⋯⋯⋯⋯⋯⋯⋯⋯⋯ 316

12.1.3 LabVIEW 中的串口编程 ⋯⋯⋯⋯⋯⋯⋯⋯⋯⋯⋯⋯ 319

12.2 网络通信 ⋯⋯⋯⋯⋯⋯⋯⋯⋯⋯⋯⋯⋯⋯⋯⋯⋯⋯⋯⋯⋯⋯⋯⋯ 323

12.2.1 TCP 协议通信 ⋯⋯⋯⋯⋯⋯⋯⋯⋯⋯⋯⋯⋯⋯⋯⋯⋯⋯ 325

12.2.2 UDP 协议通信 ⋯⋯⋯⋯⋯⋯⋯⋯⋯⋯⋯⋯⋯⋯⋯⋯⋯ 329

12.3 DataSocket 通信 ⋯⋯⋯⋯⋯⋯⋯⋯⋯⋯⋯⋯⋯⋯⋯⋯⋯⋯⋯⋯ 335

12.3.1 DataSocket 技术 ⋯⋯⋯⋯⋯⋯⋯⋯⋯⋯⋯⋯⋯⋯⋯⋯ 335

12.3.2 DataSocket 逻辑构成 ⋯⋯⋯⋯⋯⋯⋯⋯⋯⋯⋯⋯⋯ 336

12.3.3 DataSocket 编程 ⋯⋯⋯⋯⋯⋯⋯⋯⋯⋯⋯⋯⋯⋯⋯⋯ 338

12.4 远程面板 ⋯⋯⋯⋯⋯⋯⋯⋯⋯⋯⋯⋯⋯⋯⋯⋯⋯⋯⋯⋯⋯⋯⋯⋯ 341

12.4.1 配置 LabVIEW Web Server ················· 342

12.4.2 在 LabVIEW 环境中操作 Remote Panels ··········· 344

12.5 综合实例：基于串口通信的控制软件 ··············· 347

12.6 思考与练习 ····························· 350

第 13 章 界面设计与美化 ···················· 352

13.1 界面设计的一般原则 ····················· 352

13.2 常用界面风格 ························· 354

13.3 菜单设计 ·························· 356

13.4 子 VI 的调用与重载 ····················· 358

13.4.1 子 VI 的创建与调用 ·················· 358

13.4.2 多面板程序设计 ····················· 361

13.4.3 动态载入界面 ····················· 363

13.5 界面美化 ·························· 366

13.5.1 使用布局工具排列对象 ················· 366

13.5.2 添加背景图片 ····················· 367

13.5.3 自定义控件 ···················· 368

13.5.4 动 画 ························ 371

13.5.5 利用控件选板与工具选板 ··············· 372

13.5.6 巧用属性节点与调用节点 ··············· 375

13.5.7 VI 属性设置 ····················· 378

13.6 综合实例：利用属性节点与 Tab 控件控制界面的显示 ······· 381

13.7 思考与练习 ························· 382

第 14 章 项目管理与报表生成 ···················· 384

14.1 项目管理 ·························· 384

14.1.1 项目浏览器 ···················· 384

14.1.2 源代码管理工具 ····················· 385

14.1.3 LLB 管理器 ····················· 387

14.2 报表生成 ·························· 388

14.2.1 报表生成 VI 介绍 ··················· 388

14.2.2 简易报表生成 ····················· 392

14.2.3 高级报表生成 ····················· 394

14.2.4 报表生成工具包 ··················· 395

14.3 综合实例：报表生成 ····················· 400

14.4 思考与练习 ························· 402

第 15 章 应用程序发布 ······················ 403

15.1 LabVIEW 程序生成规范 ··················· 403

15.2 发布应用程序前的准备 ……………………………………………… 404

15.3 创建源代码发布 …………………………………………………………… 406

15.4 创建独立应用程序(EXE) …………………………………………… 410

15.5 创建安装程序(SETUP) ……………………………………………… 417

15.6 创建共享库(DLL) ……………………………………………………… 423

15.7 思考与练习 …………………………………………………………………… 427

第 16 章 技巧与解惑 ………………………………………………………… 428

16.1 常用技巧 ……………………………………………………………………… 428

16.2 常用快捷键 …………………………………………………………………… 436

16.3 常见问题及解决方案 ……………………………………………………… 437

16.3.1 人机交互 ……………………………………………………………… 437

16.3.2 数据与文件操作 …………………………………………………… 439

16.3.3 仪器控制与驱动 …………………………………………………… 441

16.3.4 程序运行与应用程序发布 …………………………………… 442

16.3.5 其他问题 ……………………………………………………………… 445

参考文献 ………………………………………………………………………………… 448

第**1**章

认识 LabVIEW

NI LabVIEW 是一款领先的图形化系统设计软件。工程师和科学家们可以借由其直观的图标和连线,开发复杂且类似流程图的测量、测试和控制系统。同时,LabVIEW 丰富的内置功能和强大的兼容性,不仅实现了与硬件的无缝集成,还拓展了应用类型。在本章中,作者将带领大家从整体上领略 LabVIEW 的功能。

【本章导航】
➢ 什么是 LabVIEW
➢ LabVIEW2011 的新特性
➢ 安装 LabVIEW

1.1 什么是 LabVIEW

LabVIEW(Laboratory Virtual Instrument Engineering Workbench),即实验室虚拟仪器集成环境,是一种典型的图形化编程语言(G 语言),也是一个工业标准的图形化开发环境。它结合了图形化编程方式的高性能与灵活性以及专为测试、测量与自动化控制应用设计的高端性能与配置功能,能为数据采集、仪器控制、测量分析与数据显示等各种应用提供必要的开发工具。利用 LabVIEW 可以迅速编写出专业的测试测量系统,图 1-1 所示为一个用 LabVIEW 开发的蓝牙测试系统界面。

为了进一步了解 LabVIEW,我们一起来研究如下几个问题:

1. 什么是 G 语言

LabVIEW 与传统的文本编程语言不同,它在开发程序时,使用的是"G 语言"。所谓 G 语言,就是图形化的程序语言。使用这种语言编程时,基本上不写程序代码,取而代之的是结构框图或流程图。它尽可能利用了技术人员、科学家、工程师所熟悉的术语、图标和概念。因此,LabVIEW 是一个面向终端用户的工具,可以增强用户

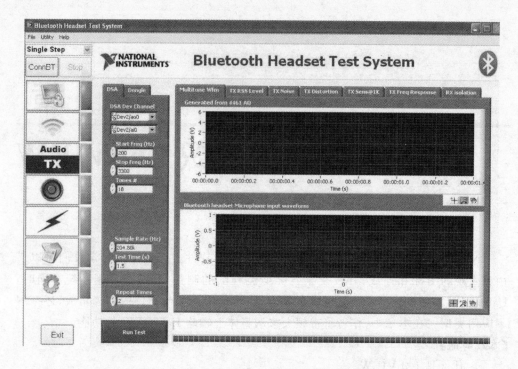

图 1-1　用 LabVIEW 开发的蓝牙测试系统界面

构建自己的科学和工程系统的能力,提供了实现仪器编程和数据采集系统的便捷途径。使用它进行原理研究、设计、测试并实现仪器系统时,可以大大提高工作效率。

2. 什么是虚拟仪器

虚拟仪器(virtual instrument)是基于计算机的仪器。计算机和仪器的密切结合是目前仪器发展的一个重要方向。粗略地说这种结合有两种方式,一种是将计算机装入仪器,典型的例子就是智能化的仪器。随着计算机技术发展以及其体积的缩小,这类仪器的功能也越来越强大,目前已经出现含嵌入式系统的仪器。另一种方式是将仪器装入计算机。以通用的计算机硬件及操作系统为依托,实现各种仪器功能。虚拟仪器主要是指这种方式。

虚拟仪器由用户定义,而传统仪器功能固定且由厂商定义。相比之下,虚拟仪器具有更强的灵活性与扩展性。虚拟仪器与传统仪器有许多相同的组件结构,但是在体系结构原理上完全不同,如图 1-2 所示。

每一个虚拟仪器系统都由两部分组成:软件和硬件。由于不使用厂商预封装好的软件和硬件,工程师和科学家获得了用户定义的最大灵活性。传统仪器把所有软件和测量电路封装在一起利用仪器前面板为用户提供一组有限的功能。而虚拟仪器系统提供的则是完成测量或控制任务所需的所有软件和硬件设备,功能完全由用户

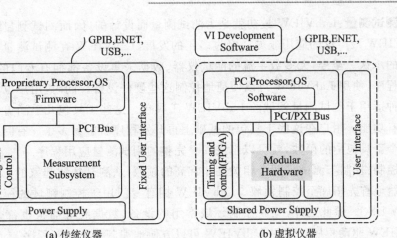

图 1-2　传统仪器与虚拟仪器

自定义。此外,利用虚拟仪器技术,工程师和科学家们还可以使用高效且功能强大的软件来自定义采集、分析、存储、共享和显示功能。

　　LabVIEW 作为一个标准的数据采集和仪器控制软件,被工业界、学术界和研究实验室广泛接受。LabVIEW 集成了与满足 GPIB、VXI、RS－232 和 RS－485 协议的硬件及数据采集卡通信的全部功能。它还内置了便于应用 TCP/IP、ActiveX 等软件标准的库函数。这是一个功能强大且灵活的软件。利用它可以方便地建立自己的虚拟仪器,其图形化的界面让编程及使用过程都变得生动有趣。

3. LabVIEW 的运行机理

　　LabVIEW 的程序是由数据流驱动的。从宏观上看,LabVIEW 的运行机制已经不再是传统的冯·诺伊曼计算机体系结构的执行方式了。传统计算机语言(如 C 语言)中的顺序执行结构在 LabVIEW 中被并行机制代替;从本质上讲,LabVIEW 是一种带有图形控制流结构的数据流模式(Data Flow Mode),这种方式确保了程序中的函数节点(Function Node),只有在获得它的全部数据后才能够被执行。也就是说,在这种数据流程序的概念中,程序的执行是数据驱动,不受操作系统、计算机等因素的影响。

　　一个基于数据流驱动的程序只有当所有输入有效时才能被执行,而程序的输出,只有当它的功能完整时才是有效的。这样,LabVIEW 中方框图之间的数据流控制着程序的执行次序,而不像文本程序受到行顺序执行的约束。因而,我们可以通过相互连接功能方框图快速简洁地开发应用程序,甚至还可以有多个数据通道同步运行。

4. LabVIEW 的应用领域

　　LabVIEW 有很多优点,在某些特殊领域其优点尤为突出。

测试测量：LabVIEW 最初就是为测试测量而设计的，因而测试测量也就是现在 LabVIEW 最广泛的应用领域。经过多年的发展，LabVIEW 在测试测量领域获得了广泛的承认。至今，大多数主流的测试仪器、数据采集设备都拥有专门的 LabVIEW 驱动程序，使用 LabVIEW 可以便捷地控制这些硬件设备。同时，用户也可以轻松找到各种适用于测试测量领域的 LabVIEW 工具包。这些工具包几乎涵盖了用户所需的所有功能。用户在这些工具包的基础上再开发程序就容易多了。有时甚至只需调用几个工具包中的函数，就可以组成一个完整的测试测量应用程序。

控制：控制与测试是两个相关度非常高的领域，从测试领域起家的 LabVIEW 自然而然地首先拓展至控制领域。LabVIEW 拥有专门用于控制领域的模块——LabVIEW DSC。除此之外，工业控制领域常用的设备、数据线等通常也都带有相应的 LabVIEW 驱动程序。使用 LabVIEW 可以方便地编制各种控制程序。

仿真：LabVIEW 包含了多种多样的数学运算函数，特别适合进行模拟、仿真和原型设计等工作。设计机电设备时，可以先在计算机上用 LabVIEW 搭建仿真原型，验证设计合理性，找到潜在的问题。在高等教育中如果使用 LabVIEW 进行软件模拟，可以增加学生的实践机会。

儿童教育：由于图形外观漂亮，且图形比文本更容易被儿童接受和理解，所以 LabVIEW 非常受少年儿童的欢迎。对于没有任何计算机知识的儿童来说，可以把 LabVIEW 理解成是一种特殊的"积木"：把不同的原件搭在一起，就可以实现自己所需的功能。著名的可编程玩具"乐高积木"使用的就是 LabVIEW 编程语言。儿童经过短暂的指导就可以利用乐高积木提供的积木搭建成各种车辆模型、机器人等，再使用 LabVIEW 编写控制其运动和行为的程序。除了应用于玩具，LabVIEW 还有专门用于中小学生教学使用的版本。

快速开发：据统计，完成一个功能类似的大型应用软件，熟练的 LabVIEW 程序员可以比熟练的 C 程序员节约一半以上的开发时间。

跨平台：如果同一个程序需要运行于多个硬件设备之上，也可以优先考虑使用 LabVIEW。LabVIEW 具有良好的平台一致性。LabVIEW 的代码不须任何修改就可以运行在常见的三大台式机操作系统上：Windows、Mac OS 及 Linux。除此之外，LabVIEW 还支持各种实时操作系统和嵌入式设备，比如常见的 PDA、FPGA 以及运行 VxWorks 和 PharLap 系统的 RT 设备。

5. LabVIEW 的发展历程

自 1986 年 10 月 LabVIEW1.0 正式发布以后，20 多年来 LabVIEW 的功能不断完善，先后更新了如图 1-3 所示的版本。

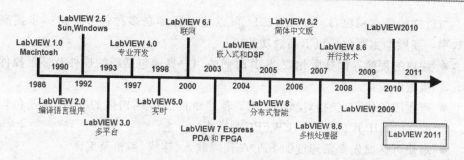

图 1-3 LabVIEW 的各期版本

1.2 LabVIEW2011 新特性

LabVIEW2011 是 LabVIEW 系列发布 25 周年时推出的系统设计软件。通过新的工程实例库及其对大量硬件设备和部署目标的交互支持极大地提高了效率。这其中包含新的多核 NI CompactRIO 控制器,以及当今业界性能颇为强大的射频向量信号分析器 NIPXIe－5665。LabVIEW2011 还支持内置在 Microsoft. NET 框架中的组件,并且基于用户的反馈新增了多项特性。图 1-4 是 LabVIEW2011 的启动界面。

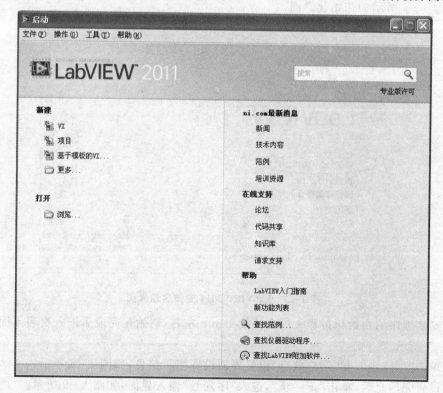

图 1-4 LabVIEW2011 的启动界面

与以往的版本相比,LabVIEW2011 可以使工程师在多种任务下进一步提高工作效率。新版本主要包括以下高效功能:

- 快速的程序界面视觉化效果,其时尚的用户界面包括新的控件及显示控件的银色面板。
- 可重用的代码,包括对新的. NET 程序组件、. m 结构体的支持,以及包含新的 XilinxIP 库的 LabVIEWFPGA 模块。
- 最快可达原先 5 倍速度的 FPGA 代码载入、连线、编辑及编译。
- 能建立与目标的可编程连接,以及生成部署于目标的可执行文件。
- 新的通信 API 可生成大量异步线程以创建更快的多线程应用。
- LabVIEW2011 以其良好的关键任务应用稳定性和对众多工业界领先硬件的快捷集成能力,赋予了测量和控制系统设计者们强大的信心。让他们能够在已有的设施条件下高效地创新。

1.3 安装 LabVIEW

LabVIEW 的安装启动界面如图 1-5 所示,单击"安装 LabVIEW2011"后会进入如图 1-6 所示的初始化界面。

图 1-5 LabVIEW2011 安装启动界面

安装程序的初始化过程大约会持续 1 min 左右,初始化完成后进入欢迎界面,如图 1-7 所示。

单击"下一步",在"用户信息"设置界面设置相关信息,如图 1-8 所示。

设置完信息后,单击"下一步",进入"序列号"输入界面,如图 1-9 所示。

输入序列号后,单击"下一步",进入"安装路径"设置界面,如图 1-10 所示。

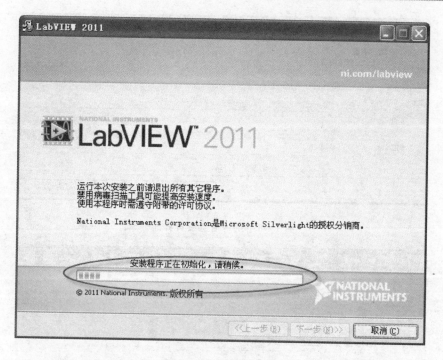

图 1-6　初始化界面

图 1-7　欢迎界面

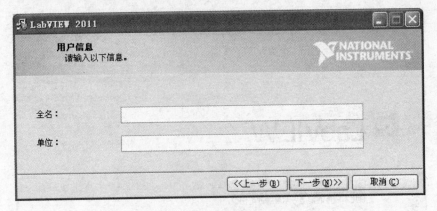

图 1-8 用户信息设置界面

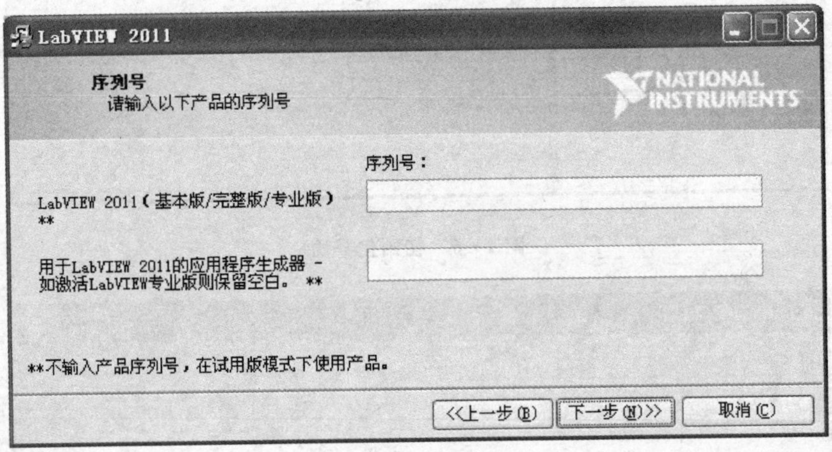

图 1-9 序列号输入界面

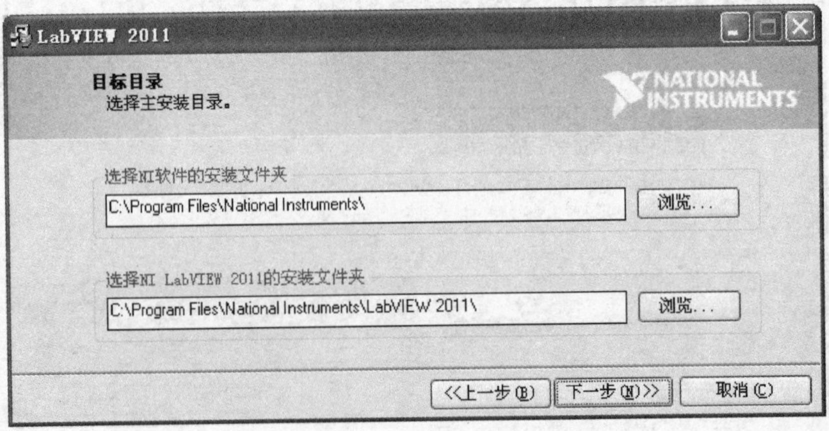

图 1-10 安装路径设置界面

设置完安装路径后单击"下一步",进入"许可协议"界面,如图 1-11 所示。

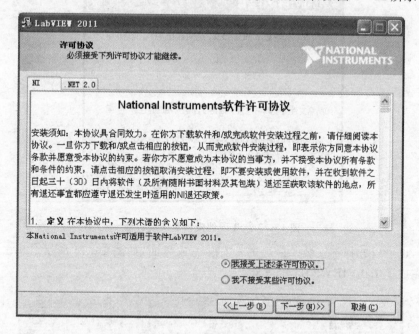

图 1-11　"许可协议"界面

阅读完协议后,选择"我接受上述 2 条许可协议",单击"下一步"开始安装,如图 1-12 所示。

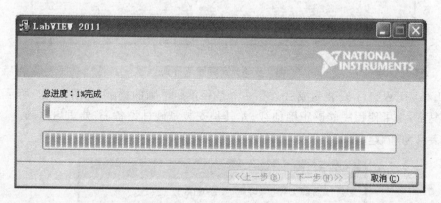

图 1-12　安装进度界面

LabVIEW2011 的安装需要较长的时间,根据电脑配置的不同,等待时间也稍有不同,请读者耐心等待。开发环境安装完成后,会弹出一个对话框,询问是否"安装 LabVIEW 硬件支持",如图 1-13 所示。

这是针对 NI 硬件设备的驱动包,如果读者购买了 NI 的硬件产品,需要进行此步骤的安装,硬件设备才能正确运行。如果我们只想利用开发环境,不涉及 NI 的硬

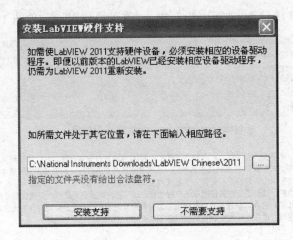

图 1 - 13　NI 硬件支持包安装界面

件产品,也可以选择不安装。最后进入安装完成界面,如图 1 - 14 所示。单击"下一步"即完成了 LabVIEW2011 的安装。

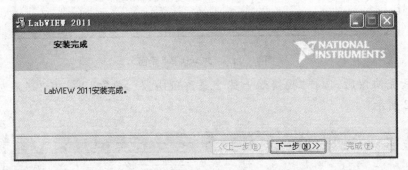

图 1 - 14　安装完成界面

　　LabVIEW2011 安装完成后会有一个是否重启电脑的提示,如图 1 - 15 所示。一般情况下,为了使程序能够正确加载,尤其是安装了硬件设备,需要重启电脑。这样,系统会自动加载硬件并更新驱动程序。

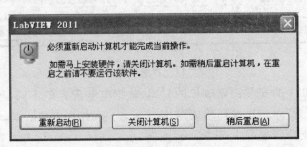

图 1 - 15　重启电脑提示

1.4　思考与练习

① 什么是 LabVIEW？

② 什么叫 G 语言？什么是虚拟仪器？

③ LabVIEW 的发展经历了哪几个阶段？

④ LabVIEW 可以应用在哪些领域？有什么优势？

⑤ LabVIEW2011 有哪些新特性？

⑥ 如何安装 LabVIEW？

第 **2** 章

开始 LabVIEW 编程

LabVIEW 在编程语言和运行机制上与传统的文本语言有着很大的差异,自然其编程环境也有其独特之处。本章将给大家介绍在 LabVIEW 编程过程中会遇到的一些基本概念、编程环境的基本设置方法以及如何获取相关帮助等内容。

【本章导航】

➢ 基本概念介绍
➢ 菜单栏与工具栏介绍
➢ VI 的基本操作
➢ 编程环境的个性化定制
➢ 帮助文档的获取方式

2.1 启动 LabVIEW

LabVIEW 安装成功后,会在桌面和开始菜单里创建快捷方式。在桌面上双击图标或者在开始菜单里单击图标都可以打开程序,程序启动界面如图 2-1 所示。

开始界面包括 5 部分:新建、打开、最新消息、在线支持和帮助。其中:

● 新建:用于创建一个新的 VI、工程、变量和控件等。

● 打开:用于打开程序或者工程等,在这里会列出最近打开过的 VI 名称,也可以通过"浏览",选择任意路径的 LabVIEW 程序。

● 最新消息:NI 官网上发布的最新新闻、技术内容、范例和培训等资源,需要网络支持。

● 在线支持:在线的网络资源,包括论坛、共享代码等,需要网络支持。

● 帮助:一些本地帮助文档、范例等,分析、参考这些 LabVIEW 自带的例程,是学习 LabVIEW 的一个重要方法。

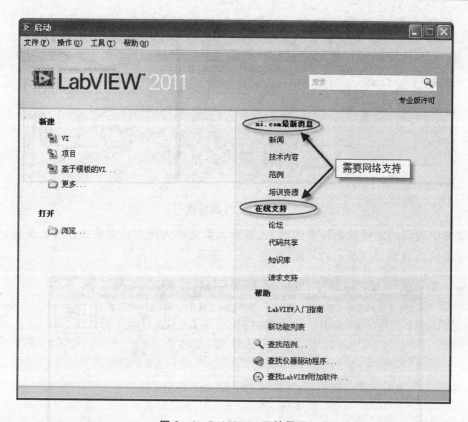

图 2-1　LabVIEW 开始界面

2.2　基本概念介绍

2.2.1　VI 与子 VI

　　LabVIEW 开发出来的程序叫虚拟仪器（Virtual Instrument），简称 VI。一个最基本的 VI 由 3 部分组成：前面板、后面板（程序框图）和图标/连线端口，如图 2-2 所示。

　　子 VI 类似于文本编程语言中的子函数，可以被调用来执行。一个 VI 编写完成以后，可以封装成一个子 VI。关于子 VI 的具体创建方法，将在 2.5.3 小节中详细介绍。

2.2.2　前面板

　　LabVIEW 的前面板是图形化用户界面，用于设置输入值和观察输入值，可以模拟真实的仪器前面板。一般，前面板会由输入、显示、修饰 3 部分组成。为方便起见，

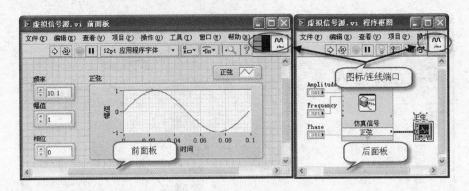

图 2-2　VI 的组成

在本书中我们约定将前面板中的输入、显示元素统称为前面板对象或控件。简言之，前面板就是最终程序显示的界面，如图 2-3 所示。

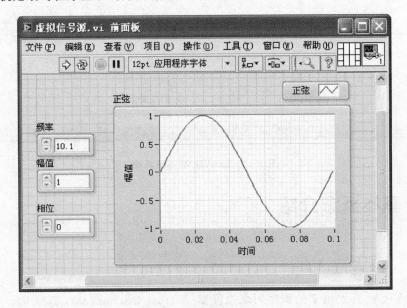

图 2-3　前面板示例

下面简单介绍一下前面板上的对象：

1. 输入控件

输入控件是用户设置和修改程序输入参数的接口，相当于 C 语言中的 scanf 函数。在 LabVIEW 中，这些对象以图标的形式显示，如图 2-4 中的数值输入控件、旋钮控件和路径输入控件等。

2. 显示控件

显示控件用于显示程序运行的结果，相当于 C 语言中的输出函数 printf。在

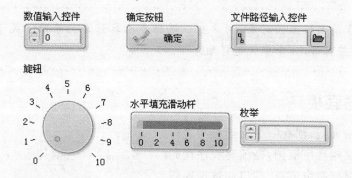

图 2 - 4　输入控件

LabVIEW 中指示控件也以图标的形式显示,如图 2-5 中的布尔显示控件、波形图和温度计等。

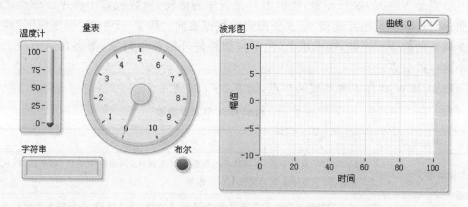

图 2 - 5　显示控件

3. 修饰控件

修饰控件仅是用来对前面板进行装饰,使其看上去更美观,并不能作为输入输出控件来使用。修饰控件有很多,诸如线条、凹凸盒、方框等,如图 2-6 所示。

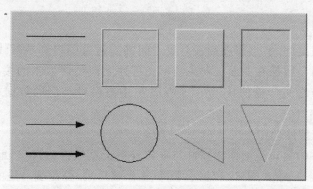

图 2 - 6　修饰控件

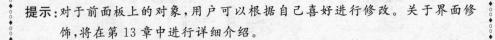

提示:对于前面板上的对象,用户可以根据自己喜好进行修改。关于界面修饰,将在第 13 章中进行详细介绍。

2.2.3 后面板

每一个前面板,都有一个后面板与之对应。后面板又叫程序框图,是编写程序代码的地方。程序框图由节点、端口和数据连线组成,如图 2-7 所示。

图 2-7 程序框图

1. 节 点

节点是 VI 中的执行元素,类似于 C 语言中的语句、函数或者子程序。节点之间按照一定逻辑关系相互连接,定义框图内的数据流向。图 2-2 中的"程序框图"就是一个典型的例子。一般,前面板上,除了修饰控件外的其他对象,都会在后面板上有一个对应的节点。

LabVIEW 共有 4 种类型的节点,如表 2-1 所列。

表 2-1 LabVIEW 节点类型表

节点类型	节点功能
功能函数(Functions)	LabVIEW 内置节点,提供基本的数据与对象操作,例如数学运算、布尔运算、比较运算、字符串运算和文件 I/O 操作等
结构(Structures)	用于控制程序执行方式的节点,包括顺序结构、循环结构、事件结构和公式节点等
外部代码接口节点	LabVIEW 与外部程序的接口,包括调用库函数节点(CLF)、代码接口节点(CIN)和动态数据交换节点(DDE)等
子 VI(Sub VI)	将一个已存在的 VI 以子 VI 的形式调用,相当于传统编程语言中的子程序调用

2. 端 口

节点与节点之间、节点与前面板对象之间都是通过端口和数据线连接来传递数据的。数据端口是数据在前面板对象与框图程序之间传递数据的接口,也是数据在框图程序内节点之间传输的接口。LabVIEW 中有两种类型的数据端口:前面板控件端口和节点端口。

(1)前面板控件端口

前面板控件的端口是前面板控件与框图程序交互数据的接口,前面板控件的端口又分为控制端口(输入端口)和显示端口(输出端口)。控制端口是前面板中控制控件的端口,用于在程序运行时,给程序输入数据;显示端口是前面板中显示控件的端口,用于在程序运行时,往外输出数据。输入端口和输出端口在图标上表现为不同的形式:输入端口边框为粗实线,箭头在图标右侧;输出端口边框为细实线,箭头在左侧,如图 2-8 所示。输入端口与输出端口可以相互切换,方法为右击图标,在弹出的级联菜单中选择"转换为输入控件/显示控件"。

端口的显示形式是可以设置的,默认以图标的形式显示,占用的空间大,在编写复杂程序的时候会显得凌乱。可以将它以非图标的形式进行显示,切换的方法为,右击图标,在弹出的级联菜单中选择取消"显示为图标"选项,如图 2-9 所示。如果要显示为图标,则重新选择"显示为图标"即可。

图 2-8 输入、输出端口示例 　　图 2-9 切换端口的不同显示形式

提示:如果用户在编程时,想要前面板上的控件在后面板上默认以非图标的形式显示,可以在菜单栏中选择"工具→选项→程序框图→常规"中取消"以图标形式放置前面板接线端"选项。

(2) 节点端口

节点的端口相当于传统编程语言中函数的参数。例如,"正弦函数"节点共有两个端口,其中 x 为输入端口,$\sin(x)$ 为输出端口,这里 x 相当于 C 语言中函数 $\sin(x)$ 的参数 x,如图 2-10 所示。

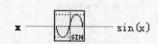

图 2-10 节点端口示例

3. 连 线

数据连线是端口与端口之间数据传输的通道,它将数据从一个端口传送到另一个与之相连的端口中。数据连线中的数据是单向流动的,从源端口(输出端口)流向一个或者多个目的端口(输入端口)。LabVIEW 中利用数据连线传递各种不同类型的数据,不同的数据类型用不同的线型和颜色来区分。

关于各个端口之间的数据连线,有两种方式:手动和自动。在手动方式下,使用连线工具 可以在两个端口之间进行连线。在默认情况下,只要将鼠标放到端口处,即会自动显示连线工具。在放置图标时,如果两个图标距离比较近,则会自动连线。如果要删除连线,只要选中要删除的连线,按 Del 键即可。

2.3 菜单栏及工具栏

2.3.1 菜单栏

LabVIEW 的菜单栏包括：文件、编辑、查看、项目、操作、工具、窗口和帮助，如图 2-11 所示。

| 文件 (F) | 编辑 (E) | 查看 (V) | 项目 (P) | 操作 (O) | 工具 (T) | 窗口 (W) | 帮助 (H) |

图 2-11 LabVIEW 菜单栏

各项具体内容与功能如图 2-12~图 2-17 所示。

文件 (O)	编辑 (E)	查看 (V)	项目 (P)
新建VI	Ctrl+N		
新建 (N)...			
打开 (O)...	Ctrl+O		
关闭 (C)	Ctrl+W		
关闭全部 (L)			
保存 (S)	Ctrl+S		
另存为 (A)...			
保存全部 (V)	Ctrl+Shift+S		
保存为前期版本...			
还原 (R)			
新建项目			
打开项目 (E)...			
保存项目 (I)			
关闭项目			
页面设置 (T)...			
打印...			
打印窗口 (P)...	Ctrl+P		
VI属性 (I)	Ctrl+I		
近期项目	▶		
近期文件	▶		
退出 (X)	Ctrl+Q		

图 2-12 文件菜单选项

编辑 (E)	查看 (V)	项目 (P)	操作 (O)	工具
撤消 窗口大小	Ctrl+Z			
重做	Ctrl+Shift+Z			
剪切 (T)	Ctrl+X			
复制 (C)	Ctrl+C			
粘贴 (P)	Ctrl+V			
从项目中删除 (R)				
选择全部 (A)	Ctrl+A			
当前值设置为默认值 (M)				
重新初始化为默认值 (Z)				
自定义控件 (E)				
导入图片至剪贴板 (I)...				
设置Tab键顺序 (O)				
删除断线 (B)	Ctrl+B			
整理程序框图	Ctrl+U			
从层次结构中删除断点				
从所选项创建VI片段				
创建子VI (S)				
禁用前面板网格对齐 (G)	Ctrl+#			
对齐所选项	Ctrl+Shift+A			
分布所选项	Ctrl+D			
VI修订历史 (Y)...	Ctrl+Y			
运行时菜单 (R)...				
查找和替换 (F)...	Ctrl+F			
显示搜索结果 (H)	Ctrl+Shift+F			

图 2-13 编辑菜单选项

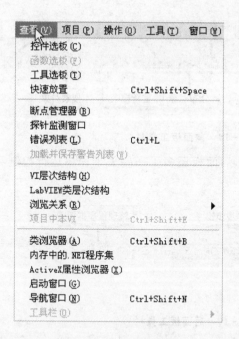

图 2-14 查看菜单选项

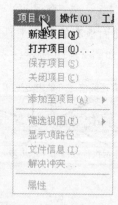

图 2-15 项目菜单选项

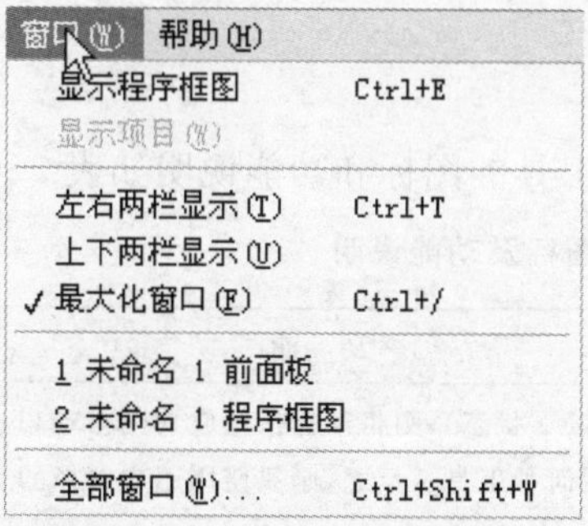

图 2-16 窗口菜单选项

图 2-17 帮助菜单选项

2.3.2 工具栏

关于工具栏,前面板和后面板有一些不同的工具,下面分别对它们加以介绍。图 2-18 所示为前面板工具栏。

图 2-18 前面板工具栏

除了前面板有的那些工具之外，后面板还多了一些关于程序运行控制和程序修改的工具，如图 2-19 所示。

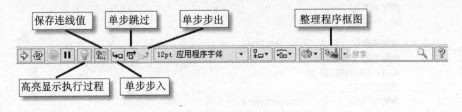

图 2-19 后面板工具栏

2.4 设置个性化编程环境

LabVIEW 的编程环境支持用户的个性化定制。程序员可以根据自己的习惯定制编程风格和操作面板的排列布局。在自己定制的环境下编程，势必会更加得心应手。

2.4.1 工具选板

工具选板是包含了各种操作工具，各个工具的图标和功能说明如表 2-2 所列。

表 2-2 工具选板图标及功能说明

图 标	名 称	功 能
	自动选择工具	如果为高亮（按下状态），则将鼠标指针放到图标端口上时，程序会自动判断用何种工具。反之，则只使用用户选择的工具
	操作值	不能选择对象，只能单击图标以显示即时帮助
	定位/调整大小/选择	可以用来选择对象
	编辑文本	用于输入文本或编辑文本
	连线	在节点端口之间连线

续表 2－2

图　标	名　称	功　能
	对象快捷菜单	相当于右击的功能
	滚动窗口	利用它可以实现将整个编辑面板挪动
	设置/清除断点	用于在程序调试时设置或者取消断点
	探针数据	设置探针，实时观测数据
	获取颜色	获取对象颜色
	设置颜色	设置对象颜色

　　显示工具选板的方法为，单击"查看"菜单，在下拉菜单中选择"工具选板"，如图 2－20 所示。如果要关闭工具选板，直接单击工具选板右上角的关闭按钮即可。

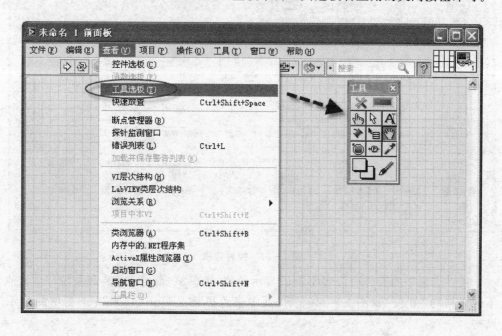

图 2－20　显示工具选板

提示:一般建议将工具选板置为"自动选择工具"的状态，这样在编程的时候，当鼠标指针靠近图标的端口就会自动匹配类型。

2.4.2 控件选板

控件选板主要包含：输入控件、显示控件及修饰控件。例如数值输入与显示控件、波形显示控件、字符串输入输出控件和下拉列表等，如图 2-21 所示。控件只能放置在前面板上，除了修饰控件之外，其他控件放到前面板上后，一般会在后面板上生成一个对应的图标。显示控件选板有两种方法：一种是通过单击"查看"菜单，选择"控件选板"。这里要注意的是只能在前面板上的菜单栏中才能进行此项操作，因为这些控件只能在前面板上进行显示；另外一种方法是直接在前面板的空白处右击，即会弹出控件选板。

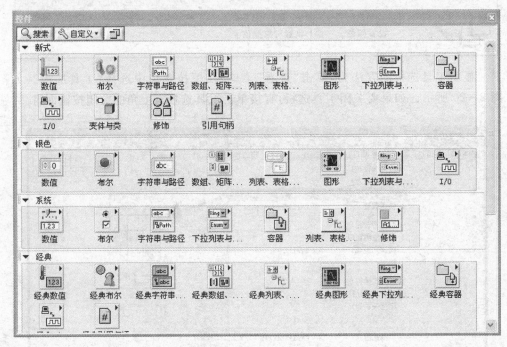

图 2-21 控件选板

控件选板中的控件有许多不同的显示风格，如新式、银色、经典和系统等。3 种不同风格的"量表"如图 2-22 所示，其中银色风格是 LabVIEW2011 新增的显示风格。

图 2-22 3 种不同风格的量表显示控件

定制控件选板风格的步骤为:先固定选板,再打开设置对话框,如图 2-23 所示。然后在"选项"对话框中进行设置,如图 2-24 所示。

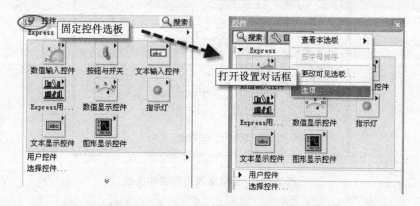

图 2-23　打开控件选板设置对话框

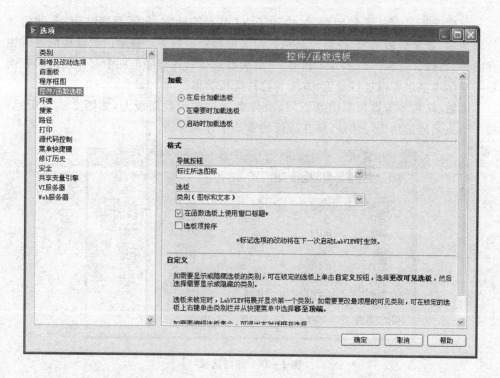

图 2-24　控件选板设置对话框

设置完成的一种"显示图标和文本"风格的控件选板如图 2-25 所示。

如果我们要选用某一个控件,只要打开控件选板,单击需要的控件,放置到前面板上即可。

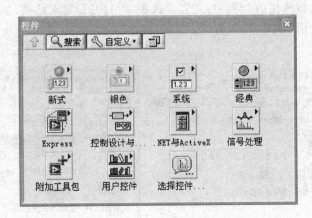

图 2 - 25　自定义风格的控件选板

2.4.3　函数选板

　　函数选板是存放各种函数、结构和子 VI 节点的地方，包括程序结构、各种信号处理函数、数学分析函数、仪器控制函数和文件操作函数等。显示函数选板的方式也有两种，与控件选板的显示方式相同，只是函数选板只在程序框图中起作用。函数面板的显示风格也可以进行设置，方法与控件选板类似。

　　函数、结构等节点根据功能不同，被分类存放在函数面板上，如图 2 - 26 所示。每个节点具体的功能与用法，将在后续的章节中详细介绍。

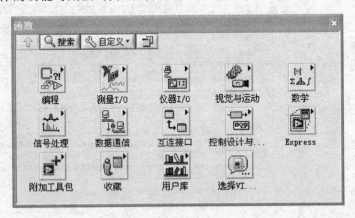

图 2 - 26　函数选板

2.4.4　其他编程选项设置

　　在"选项"设置面板中，可以对 LabVIEW 的编程环境进行更详细的设置。在这里，挑选几个最常用的选项进行介绍。

1. 设置 VI 默认显示风格

前面讲到,在 LabVIEW 编程中,有多种显示风格。系统的默认显示风格可以在"新增及改动选项"中进行设置,如图 2-27 所示。

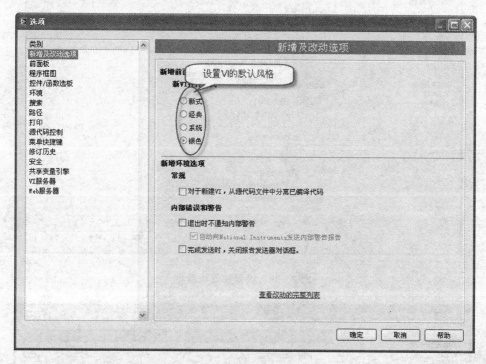

图 2-27　设置前面板 VI 的默认显示风格

2. 前面板网格线设置

为了方便程序员对齐前面板上的对象控件,LabVIEW 在前面板上设置了网格线,网格线的大小和背景对比度都可以设置,如图 2-28 所示。

3. 后面板自动连线设置

当新图标放置在后面板上,且靠近原有图标时,程序会自动匹配端口并进行连线。具体的靠近距离范围等参数可以进行设置,如图 2-29 所示。

4. 其他设置

系统字体设置和系统颜色设置可参考图 2-30 和图 2-31。

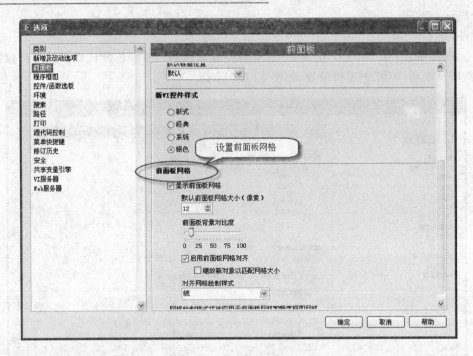

图 2 - 28　设置前面板网格

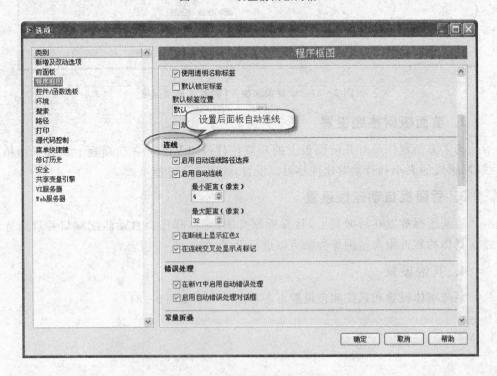

图 2 - 29　设置后面板自动连线

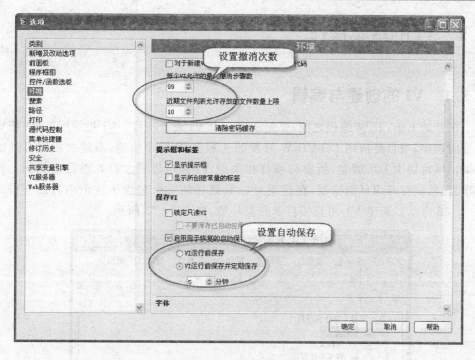

图 2-30   设置系统字体

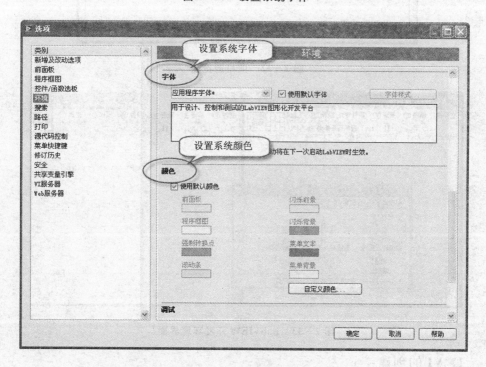

图 2-31   设置系统颜色

2.5 VI 的基本操作

2.5.1 VI 的创建与编辑

在开始 LabVIEW 编程之前,要先新建一个 VI 或者项目。VI 是指用 LabVIEW 开发的程序,项目是指用 LabVIEW 开发的工程。VI 简单快捷,新建之后即可开始编辑。项目层次关系清楚,所有与项目相关的 VI 都可以通过打开项目查找到。新建项目,须先打开项目浏览器,在这里可以看到任何一个包含于这个项目的 VI,如图 2-32 所示。新建 VI,可直接打开开发环境,如图 2-33 所示。

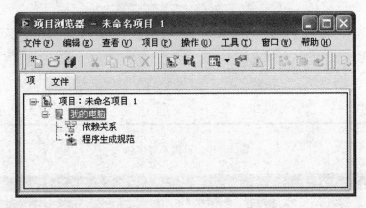

图 2-32 项目浏览器

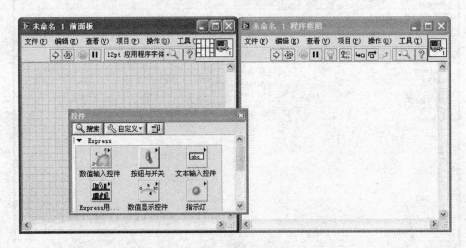

图 2-33 LabVIEW 开发环境界面

1. VI 的创建

VI 的创建有两种方式:一种是从菜单中选择"文件→新建→VI"(或者使用快捷

键 Ctrl+N),这种方式创建的是一个空白的 VI,如图 2-34 所示;另外一种创建方式基于模板的 VI,方法是从菜单中选择"文件→新建",如图 2-35 所示,从中可以选择所需要的模板。当然,这两种方式也可以在开始界面中选择,如图 2-36 所示。

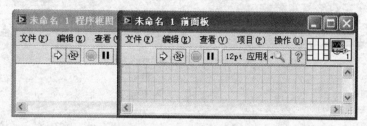

图 2-34　新建空白 VI

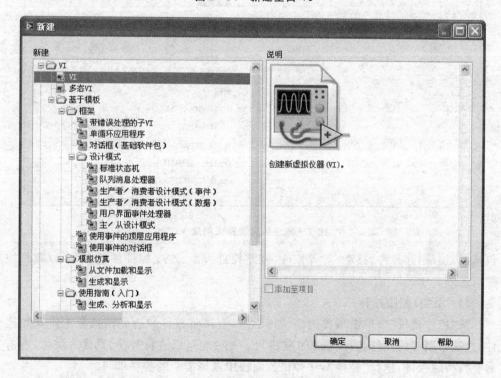

图 2-35　新建基于模板的 VI

2. 项目的创建

创建项目的方式有两种,一种是在开始界面中选择"文件→新建→项目",如图 2-36 所示;另一种方法是从菜单中选择"文件→新建",如图 2-35 所示,从中选择创建项目。

3. VI 的编辑

前面板是程序的界面,主要放置一些输入、输出控件。对前面板控件的编辑主要

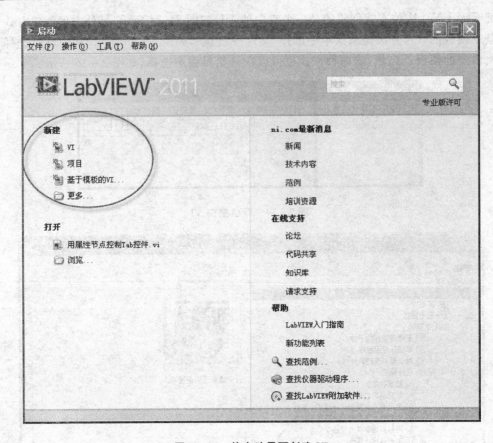

图 2 - 36 从启动界面创建 VI

包括:添加/删除控件、移动/对齐控件、调整控件大小、改变控件颜色和显示/隐藏控件信息等。

(1) 添加/删除控件

从"控件选板"中单击需要的控件,就可以直接将控件放置到前面板上。删除控件时,选中删除的控件,直接按 Del 键即可。控件也可以进行替换,具体方法为,右击需要替换的控件,选择"替换",从弹出的面板中选择需要的控件即可。

(2) 移动/对齐控件

位于前面板上的控件,可以任意移动。可移动单个控件,也可以多个控件同时移动。在进行多个控件移动时,要先选中所要移动的控件,然后直接拖动即可。拖动时,每次移动的最小间距是前面板上空格的大小。如果想用更精确的移动,可以用键盘上的"上/下/左/右"键。对于控件的对齐,可以通过移动控件实现,也可以用工具栏上的工具实现。

(3) 调整控件大小

控件的大小可以根据需要任意改变。调整控件大小时,要先选中控件,等控件四周出现可拉伸的点时即可以沿各个方向进行拉伸与缩小,如图 2－37 所示。对控件大小的调整,也可以通过工具栏上的"调整对象大小"进行调整。

图 2－37　调整控件大小

(4) 改变控件颜色

控件的颜色,包括前面的板的背景色都可以根据用户的喜好进行更改,方法有两种:一种是通过控件的"属性"实现,右击控件,选择"属性",然后在"外观"中进行编辑;另外一种是通过"工具选板"的着色工具进行更改,效果如图 2－38 所示。

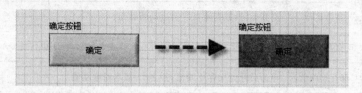

图 2－38　改变控件颜色

(5) 显示/隐藏控件信息

控件的"标签"、"标题"等信息可以进行显示与隐藏,具体方法为右击控件,在弹出的级联菜单中选择"显示项",根据需要选择即可,效果如图 2－39 所示。

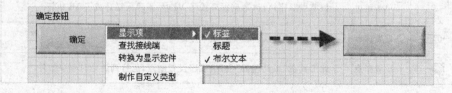

图 2－39　显示/隐藏控件的信息

程序框图的编辑包括函数的创建/删除、函数图标的移动/对齐等,方法与前面板基本类似,这里不再赘述。

2.5.2　VI 的运行与调试

VI 的运行与调试可以通过工具栏上的"运行与调试工具"实现,表 2－3 所列为运行与调试工具的图标及功能。

LabVIEW 作为一种数据流驱动的程序,在调试时最常用,也最好用的两个工具是"高亮显示"和"探针"。

程序运行前,在菜单栏上选择"高亮显示",然后再开始运行程序。则程序在运行时会用一个小点来表示数据的流向,如图 2－40 所示。

表 2 - 3 运行与调试工具的图标及功能

图 标	名 称	功 能
	运行	正常运行程序,但 VI 只运行一次
	正在运行	VI 正在运行
	连续运行	循环运行 VI
	正在连续运行	VI 正在循环运行
	停止	直接停止正在运行的 VI
	暂停	暂停运行,程序并未停止
	高亮运行	高亮运行,数据流可以通过动画看到
	正在高亮运行	正在高亮运行,数据流动会有一个亮点来显示,程序执行变慢
	保存连线值	单击后开始保存连线值,是 2011 版本新增功能
	不保存连线值	单击后停止保存连线值,是 2011 版本新增功能
	单步(人)	按节点顺序单步执行,遇到循环或子 VI 时,跳入循环或子 VI 执行
	单步(出)	跳出单步执行的状态
	单步跳过	按节点顺序执行,遇到循环或子 VI 时,不跳入循环或子 VI 执行
	设置探针	此工具在"工具选板"上,随程序运行,实时观察数据
	设置断点	此工具在"工具选板"上,给程序设置断点,运行到此处时程序暂停

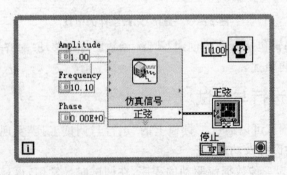

图 2 - 40 高亮显示

　　用"探针"工具在需要观测的节点端口单击,即可设置相应的"探针监视窗口",如图 2 - 41 所示,探针会自动按顺序编号。

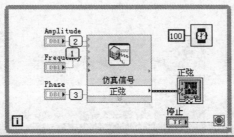

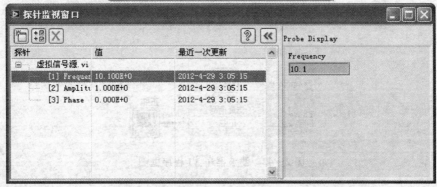

图 2 - 41　探　针

2.5.3　子 VI 的操作

当一个程序代码很多,或者一段代码被多处调用时,为使程序看上去更简洁,减少一些重复性劳动,可以将这部分代码封装成一个子 VI。子 VI 的编写大概可以分为以下几个步骤:

① 编写子 VI 程序代码(与编写正常的 LabVIEW 程序一样)。

② 定义端口。

③ 修饰图标(可以是图片或者文字,即子 VI 被调用时呈现的"相貌")。

④ 保存。

⑤ 在其他程序中调用。

下面通过一个实例来具体说明子 VI 的创建方法。

例 2 - 1　VI 的创建与子 VI 的封装

在这里综合演示一下 VI 的创建与子 VI 的封装方法。这个子 VI 的功能是实现一个虚拟信号源,信号参数可以设置,按图 2 - 42 创建 VI。

将这个 VI 保存为"虚拟信号源",接下来定义端口。切换到前面板,右击右上角的"接线端口",从"模式"中选择合适的端口模型,如图 2 - 43 所示。这里需要 4 个端口:幅度、频率、相位与波形显示。单击"接线端口"的任意一个小方框,然后单击前面板中的控件。这样,就建立了这个控件和端口的映射关系,再依次为另外两个控件与端口建立映射关系。

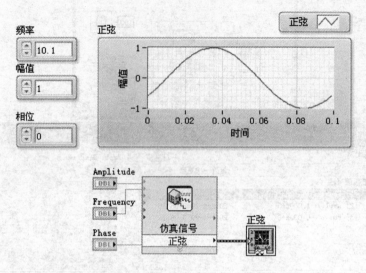

图 2-42　滤波器子 VI 程序框图

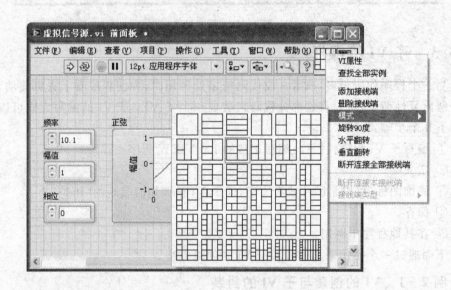

图 2-43　为子 VI 配置接线端口

　　下一步就是修饰这个子 VI 的图标，在前面板或者后面板的右上角，双击 VI 的图标，便可以打开图标编辑窗口，如图 2-44 所示。2011 版的 LabVIEW 中，VI 图标的编辑功能更加强大，读者可以根据自己喜好，在图标上添加图片或者文字等。用户在编辑 VI 图标的时候，图标的左下角会实时显示当前的编辑效果。编辑完成后单击"确定"退出编辑对话框，这样图标就编辑完成了。退出到程序主界面上，保存修改后的内容。至此，这个滤波器子 VI 就编辑完成，可以对它进行调用了。

图 2 - 44 修饰子 VI 图标

提示 1：在编辑图标时，可以导入一张图片，或者从剪贴板中粘贴一张图片。用粘贴的方法时，最好是先全选图标的整个区域，这样你粘贴过来的图片就正好在这个区域中。否则，粘贴过来的图片会按照它本来的分辨率和像素进行显示，这样还得调整大小，比较麻烦。

提示 2：全选图标的编辑区域，可以通过双击图标编辑对话框右侧工具栏中的"选择"工具实现，也可以用组合键 Ctrl＋A 实现。双击"矩形"工具，可以为图标添加一个边框。双击"实心矩形"工具，可以为图标添加边框和背景色。

子 VI 的调用方法为右击后面板，在弹出的级联菜单中选择"选择 VI"，在弹出的对话框中选取刚才创建好的子 VI。按图 2 - 45 创建程序，运行效果如图 2 - 45 所示。

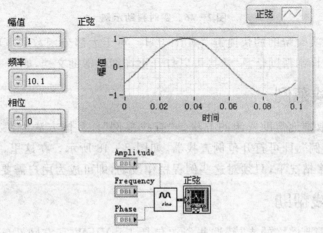

图 2 - 45 子 VI 调用

2.6 获取 LabVIEW 帮助

在编程时,如果遇到疑问或者是初次使用的函数,可以通过 LabVIEW 的帮助文档获取详细的信息。LabVIEW 提供了丰富的帮助资源,这些资源包括实时上下文帮助、查找范例和在线资源。

2.6.1 即时上下文帮助

本地资源是用户平时编程时用得最多的资源,尤其在上网不方便的环境下。有效地利用好本地资源将对编程提供极大的帮助。

本地资源主要包括:即时帮助和查找范例两大部分。即时帮助就是实时显示用户鼠标所指的函数或者 VI 的用法,如图 2-46 所示。

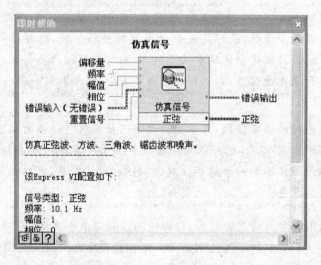

图 2-46 实时帮助示例

打开/关闭实时帮助的快捷键为 Ctrl+H。对于大部分函数和 VI 而言,通过实时帮助窗口的"详细帮助信息"链接可以打开更详细的帮助文档,如图 2-47 所示。

2.6.2 查找范例

另一种获取本地帮助资源的方法是"查找范例"。具体方法为在菜单栏中选择"帮助→查找范例",即可打开范例查找器,如图 2-48 所示。在这里,可以找到许多分类例程。很多情况下,只须对这些例程稍作改动,即可成为用户需要的程序。

2.6.3 在线帮助

在线帮助需要网络的支持,这些资源包括 LabVIEW 官方网站(www.ni.com/

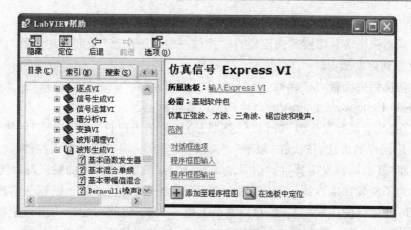

图 2-47　详细帮助文档

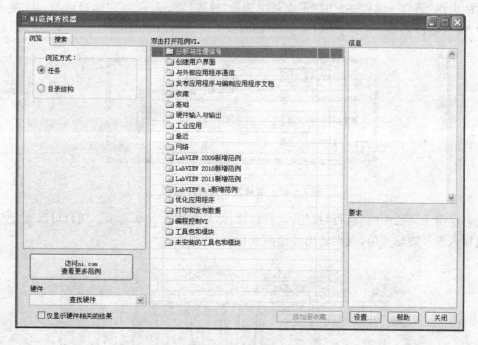

图 2-48　范例查找器

zhs)、论坛等。在这些网站上用户能够了解大量 LabVIEW 的最新技术与应用方案，还能共享代码、获取技术支持等。

2.7　综合实例：创建一个"虚拟信号源"程序

例 2-2　创建一个"虚拟信号源"

本例要创建一个"虚拟信号源"，该信号源可以选择信号类型、更改信号幅度、频率和相位等。创建程序步骤如下：

① 新建一个 VI，切换到前面板，从"控件→银色→图形"子面板中选择"波形图"控件，放置到前面板上。

② 切换到后面板，从"函数→信号处理→波形生成"子面板中选择"基本函数发生器(Basic Function Generator. vi)"放置到后面板上。

③ 在"基本函数发生器"的"信号类型"端口上单击鼠标右键，选择"创建→输入控件"。用同样的方法，依次在"频率"、"幅值"和"相位"端口创建输入控件。

④ 将"基本函数发生器"的"信号输出端口"与"波形图"控件的输入端口连接。

⑤ 为了使程序能连续运行，添加一个 While 循环。从"函数→编程→结构"中选择"While 循环"，按住鼠标左键，在后面板上画一个框，将前面创建的图标全部选中。在 While 循环的停止输入端口创建一个输入控件，并设置循环间隔为 100 ms。具体方法为在"函数→编程→定时"子面板中选择"等待(Wait ms. vi)"放置到 While 循环中，输入端口创建一个常数，设置值为 100，编写完成的程序框图如图 2 - 49 所示。

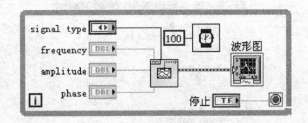

图 2 - 49 信号发生器程序框图

单击工具栏中的"运行"按钮，运行程序，结果如图 2 - 50 所示。用户可以改变左侧输入控件的输入值，观察输出波形的变化。

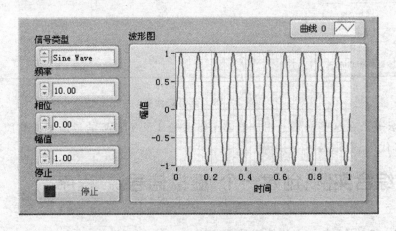

图 2 - 50 程序运行结果(前面板显示效果)

2.8　思考与练习

① 什么叫 VI？什么叫子 VI？

② VI 由哪几部分组成？

③ 前面板主要用来干什么？后面板主要用来干什么？

④ 如何定制个性化编程环境？

⑤ 了解菜单栏和工具的功能。

⑥ 如何创建 VI？如何调试 VI？如何封装子 VI？子 VI 如何调用？

⑦ 如何获取帮助？

第 **3** 章

了解 **LabVIEW** 的数据类型

除了支持常规的数据类型之外，LabVIEW 还支持特殊的数据类型，例如簇数据、波形数据等。同时，它还支持数据的多态性。数据多态性是指 LabVIEW 可以自动适应各种类型的数据输入。LabVIEW 提供了丰富的函数用于不同类型数据之间的转换，在本章中，主要给大家介绍 LabVIEW 中的数据类型以及它们之间的相互转换与操作。

【本章导航】

➢ LabVIEW 中的数据类型

➢ 数据类型之间的转换

➢ 数据运算与操作

3.1　基本数据类型

LabVIEW 中不同的数据类型用不同的颜色和线型来表示，图 3-1 中显示了一些常用的数据类型及它们的线型与颜色。

	标量	一维数组	二维数组	
整形				蓝
浮点型				橙
布尔型				绿
字符串型				粉
文件路径				青

图 3-1　LabVIEW 中几种常用的数据类型及显示方式

表 3-1 总结了所有 LabVIEW 支持的数据类型及其图标。控制端口图标的边框为粗实线，端口右侧有一个向右的箭头，表示数据输出。指示端口的边框为细实线，端口左侧有一个向左的箭头，表示数据输入。

表 3-1　LabVIEW 支持的数据类型

数据类型	图　标	说　明
单精度浮点型 （Single-precision floating-point numeric）	`SGL▶`　`▶SGL`	
双精度浮点型 （Double-precision floating-point numeric）	`DBL▶`　`▶DBL`	
扩展精度浮点型 （Extended-precision floating-point numeric）	`EXT▶`　`▶EXT`	
定点 （Fixed-precision numeric）	`FXP▶`　`▶FXP`	
8 位有符号整数 （8-bit signed integer numeric）	`I8▶`　`▶I8`	
16 位有符号整数 （16-bit signed integer numeric）	`I16▶`　`▶I16`	
32 位有符号整数 （32-bit signed integer numeric）	`I32▶`　`▶I32`	
64 位有符号整数 （64-bit signed integer numeric）	`I64▶`　`▶I64`	
8 位无符号整数 （8-bit unsigned integer numeric）	`U8▶`　`▶U8`	
16 位无符号整数 （16-bit unsigned integer numeric）	`U16▶`　`▶U16`	
32 位无符号整数 （32-bit unsigned integer numeric）	`U32▶`　`▶U32`	

数据类型	图标		说明
64 位无符号整数 （64 - bit unsigned integer numeric）	U64	U64	
复数单精度浮点型 （Complex single - precision floating - point numeric）	CSG	CSG	
复数双精度浮点型 （Complex double - precision floating - point numeric）	CDB	CDB	
复数扩展精度浮点型 （Complex extended - precision floating - point numeric）	CXT	CXT	
＜64.64＞位时间表示 （＜64.64＞bit time stamp）	ⅹ	ⅹ	
枚举型（Enumerated type）	◁▷	▷◁	
布尔型（Boolean）	TF	TF	
字符串（String）	abc	abc	
数组（Array）	[ ]	[ ]	端口图标的颜色根据数组中包含元素的数据类型确定
复数矩阵（Complex Matrix）	[CDB]	[CDB]	
实数矩阵（Real Matrix）	[DBL]	[DBL]	
簇（Cluster）	묘	묘	可以包含多种不同的数据类型。如果簇内的元素都为数字型，则端口图标显示为棕色；若包含其他的数据类型，则显示为粉红色
路径（Path）	⌐	⌐	
动态数据（Dynamic）	✕	✕	主要用于 Express Vis，包括数据和其他相关属性，例如：信号名称、时间和日期等
波形数据（Waveform）	∿	∿	一种特殊类型的簇，包含一个波形的数据值、开始时间和两个数据点之间的时间间隔 Δt。
数字波形（Digital waveform）	⊓⊔	⊓⊔	一种特殊类型的簇，包含一个二进制数字波形的一串二进制数字值、开始时间、两个数据点之间的 Δx 以及二进制数字波形的属性

数据类型	图 标	说 明
二进制数字(Digital)		包含数字信号(digital signals)的数据
标识(Reference number(refnum))		
变体(Variant)		包含控制或指示的名称、数据类型及数据本身
I/O 名称(I/Oname)		将用户配置的资源传递给 I/O Vis,用来与一台仪器或一个测量设备通信
图片(Picture)		显示一幅图片,包括线、圆、文本或其他格式(BMP、JPG 等)的图形图片

3.1.1 数值型

数值型是 LabVIEW 中一种基本的数据类型,表 3-2 所列为数值型数据的存储位数、图标及表示范围。

表 3-2 数字型数据存储位数及表示范围

分 类	图 标	位 数	小数位数	范 围
无符号 8 位整型	U8	8	2	$0 \sim 2^8-1$
无符号 16 位整型	U16	16	4	$0 \sim 2^{16}-1$
无符号 32 位整型	U32	32	9	$0 \sim 2^{32}-1$
无符号 64 位整型	U64	64	19	$0 \sim 2^{64}-1$
有符号 8 位整型	I8	8	2	$-2^7 \sim 2^7-1$
有符号 16 位整型	I16	16	4	$-2^{15} \sim 2^{15}-1$
有符号 32 位整型	I32	32	9	$-2^{31} \sim 2^{31}-1$
有符号 64 位整型	I64	64	19	$-2^{63} \sim 2^{63}-1$
单精度浮点型	SGL	32	6	$-\text{Inf} \sim +\text{Inf}$
双精度浮点型	DBL	64	15	$-\text{Inf} \sim +\text{Inf}$
扩展型	EXT	128	$15 \sim 33$	$-\text{Inf} \sim +\text{Inf}$
单精度复数	CSG	64	6	无
双精度复数	CDB	128	15	无
扩展型复数	CXT	256	$15 \sim 33$	无

与其他编程语言一样，LabVIEW 也有常量与变量。输入与显示控件类似于传统编程语言中的变量，主要位于前面板上，如图 3-2 所示。常量主要位于后面板，如图 3-3、图 3-4 所示。

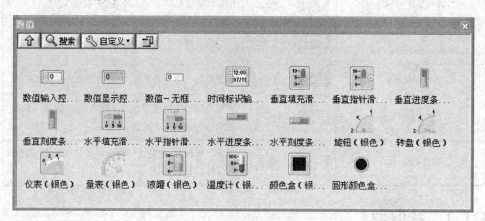

图 3-2 位于前面板"控件→银色→数值"子面板中的数值型变量

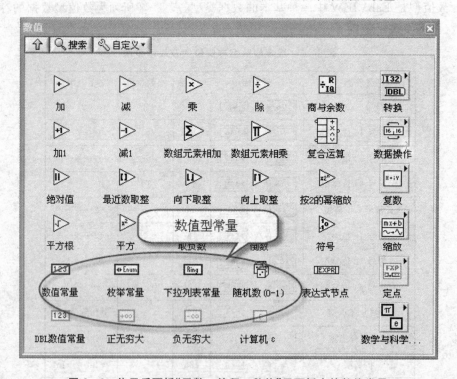

图 3-3 位于后面板"函数→编程→数值"子面板中的数值常量

输入控件与显示之间，变量与常量之间可以相互转换，方法为在图标上右击，从弹出的级联菜单中选择"转换为常量/转换为输入控件/转换为显示控件"，如图 3-5 所示。

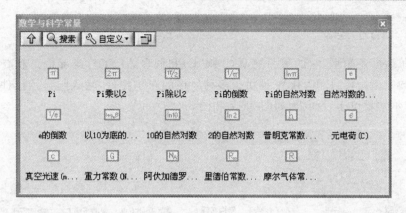

图 3-4 位于后面板"函数→编程→数值→数学与科学"子面板中的数值常量

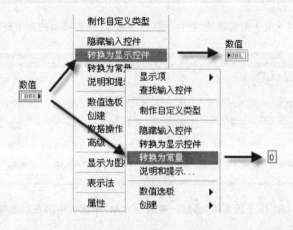

图 3-5 变量/常量/输入/显示控件之间的转换

提示:对于其他类型的数据,转换方法与此类似。

另外,数值控件所表示数据类型也可以根据需要进行转换,具体方法为在图标上右击,在弹出的级联菜单中选择"表示法",如图 3-6 所示。

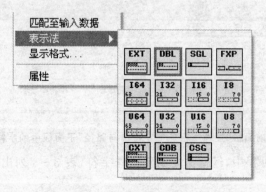

图 3-6 数据类型转换

3.1.2 布尔型

布尔型即逻辑型,它的值只有真(TRUE)和假(FALSE),或者是 1 和 0 两种状态。和数字型一样,LabVIEW 提供了多种风格的布尔控件,输入与显示控件位于前面板,布尔常量位于后面板,如图 3-7 和图 3-8 所示。

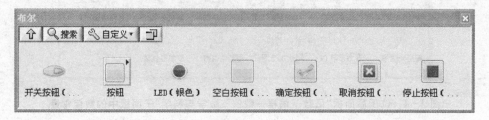

图 3-7 位于前面板的"控件→银色→布尔"子面板中的布尔型变量

图 3-8 位于后面板"函数→编程→布尔"子面板中的布尔型常量

3.1.3 字符串型与路径

字符串也是 LabVIEW 一种常用的数据类型。LabVIEW 提供了功能强大的字符串控件和字符串运算函数,路径也是一种特殊的字符串,专门用于对文件的处理,如图 3-9 和图 3-10 所示。

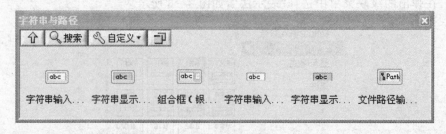

图 3-9 位于前面板"控件→银色→字符串与路径"子面板中的字符串、路径变量

在字符串使用过程中,经常需要用到特殊字符,表 3-3 列出了几种常用的特殊字符。

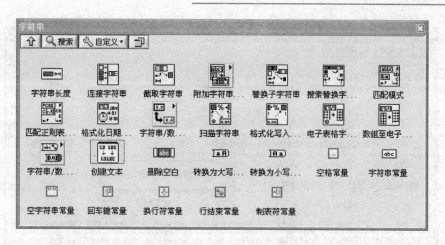

图 3 - 10　位于后面板"函数→编程→字符串"子面板中的字符串、路径常量

表 3 - 3　常用特殊字符

格　式	含　　义
\00~\FF	斜线后接两位十六进制整数,显示一个以 ASCII 值为该值的字符。斜线后表示十六进制 ASCII 值的字符必须大写
\b	退格符(Backspace,ASCII BS,相当于\08)
\f	进格符(Formfeed,ASCII FF,相当于\0C)
\n	换行符(Linefeed,ASCII LF,相当于\0A)
\r	回车符(Carriage return,ASCII CR,相当于\0D)
\t	制表符(Tab,ASCII HT,相当于\09)
\s	空格符(Space,相当于\20)
\\	反斜线(Backslash,ASCII \,相当于\5C)

3.1.4　枚举型

　　LabVIEW 中的枚举类型和 C 语言中的枚举类型定义相同。它提供了一个选项列表,其中每一项都包含一个字符串标识和数字标识,数字标识与每一选项在列表中的顺序一一对应。枚举类型输入与显示控件位于前面板,枚举常量位于后面板,如图 3-11 和图 3-12 所示。

图 3 - 11　位于前面板"控件→银色→下拉列表与枚举"子面板中的枚举型变量

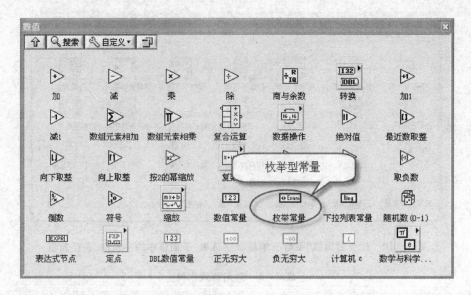

图 3 - 12   位于后面板"函数→编程→数值"子面板中的枚举型常量

3.1.5   簇

簇数据是 LabVIEW 中一种集合型的数据结构,它对应于 C 语言等文本编程语言的结构体变量。很多情况下,为了便于引用,需要将不同的数据类型组合成一个有机整体。例如,一名学生的姓名、性别、年龄和成绩等数据项,都与这名学生有关,只有把它们组合成一个组合项才能真正详尽地反应情况。簇正是这样的一种数据结构,它可以包含很多种不同类型的数据,而数组只能包含同一类型的数据。可以把簇想象成一束电缆束,电缆束中每一根线代表一个元素。

簇可以包含多种不同的数据类型,如果簇内的元素都为数字型,则端口图标显示为棕色;若包含其他的数据类型,则显示为粉红色,如图 3 - 13 和图 3 - 14 所示。

图 3 - 13   位于前面板"控件→银色→数组、矩阵与簇"子面板中的簇变量

3.1.6   数　组

在程序设计语言中,数组是一种常用的数据类型,是相同数据类型的集合,是一种存储和组织相同类型数据的良好方式。LabVIEW 也不例外,它提供了功能丰富的数组函数供用户在编程时调用。LabVIEW 中的数组是数值型、布尔型、字符串型

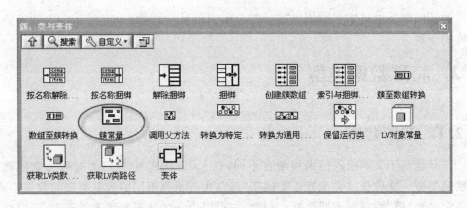

图 3－14　位于后面板"函数→编程→簇、类与变体"子面板中的簇常量

等多种数据类型中同类数据的集合,如图 3－15 和图 3－16 所示。

图 3－15　位于前面板"控件→银色→数组、矩阵与簇"子面板中的数组变量

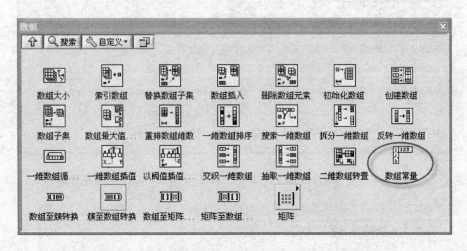

图 3－16　位于后面板"函数→编程→数组"子面板中的数组常量

　　数组由元素和维度组成。元素是组成数组的数据。维度是数组的长度、高度或深度。数组可以是一维的,也可以是多维的。每一维可以多达 21 亿(2^{21-1})个成员。一维数组是一行或一列数据,描绘的是平面上的一条曲线。二维数组是由若干行和列的数据组成的,它可以在一个平面上描绘多条曲线。三维数组则由若干页构成,每一页都是一个二维数组。数组中的每一个元素都有其唯一的索引数值,对每个数组

成员的访问都是通过索引数值来进行的。索引值从 0 开始，一直到 $n-1$。n 是数组成员的个数。

3.2 特殊数据类型

3.2.1 波形数据

与其他基于文本模式的编程语言不同，在 LabVIEW 中有一类被称为波形数据的数据类型。这种数据类型有点类似于"簇"，由一系列不同的数据类型的数据组成，但是它又和"簇"数据有不同之处。例如，它可以由一些波形发生函数产生，可以作为数据采集后的数据进行显示和存储。

波形数据由 3 个元素构成：波形起始时刻 t0、波形采样时间间隔 dt、波形数据 Y。

3.2.2 时间标识

时间标识是 LabVIEW 中的一种特殊数据类型，用于输入时间和日期，如图 3-17 和图 3-18 所示。

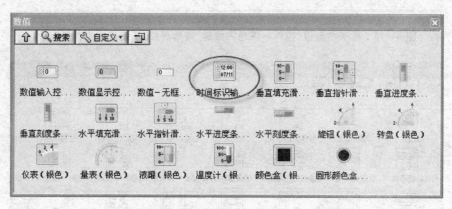

图 3-17 位于前面板"控件→银色→数值"子面板中的时间、日期变量

图 3-18 位于后面板"函数→编程→定时"子面板中的时间常量

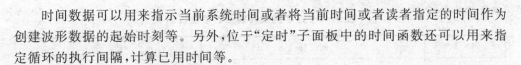

时间数据可以用来指示当前系统时间或者将当前时间或者读者指定的时间作为创建波形数据的起始时刻等。另外,位于"定时"子面板中的时间函数还可以用来指定循环的执行间隔,计算已用时间等。

3.2.3　变　体

变体数据类型与其他数据类型不同,它不仅能够存储控件的名称和数据,而且还能携带控件的属性。例如,当要把一个字符串转换为"变体"数据类型时,它既保存字符串文本,而且还会标识这个文本为字符串类型。LabVIEW 中的任何一种类型的数据都可以使用相应的函数转换为"变体"数据类型,该转换函数位于前面板的"控件→新式→变体与类"子面板中,如图 3-19 所示。

图 3-19　变体转换控件

3.3　数据类型之间的转换

3.3.1　不同数字类型之间的转换

前面已经讲过,数字型数据有许多不同的数据类型,这些类型之间可以通过"函数→编程→数值→转换"子面板中的函数实现,如图 3-20 所示。

图 3-20　数字类型转换函数

这些函数的功能说明如表 3-4 所列。

表 3 - 4　数字类型转换函数功能说明

名　称	图　标	功　能
转换为单字节整型	数字 ——— [I8] ——— 8位整型	将数转换为 $-128\sim127$ 之间的 8 位整数
转换为双字节整型	数字 ——— [I16] ——— 16位整型	将数转换为 $-32\,768\sim32\,767$ 之间的 16 位整数
转换为长整型	数字 ——— [I32] ——— 32位整型	将数转换为 $-2^{31}\sim2^{31}-1$ 之间的 32 位整数。该函数还将所有的浮点数和定点数转换为最近的整数
转换为 64 位整型	数字 ——— [I64] ——— 64位整型	将数字转换为 $-2^{63}\sim2^{63}-1$ 范围内的 64 位整数
转换为无符号单字节整型	数字 ——— [U8] ——— 无符号8位整型	将数转换为 $0\sim255$ 之间的 8 位无符号整数
转换为无符号双字节整型	数字 ——— [U16] ——— 无符号16位整型	将数转换为 $0\sim65\,535$ 之间的 16 位无符号整数
转换为无符号长整型	数字 ——— [U32] ——— 无符号32位整型	将数转换为 $0\sim2^{32}-1$ 之间的 32 位无符号整数
转换为无符号 64 位整型	数字 ——— [U64] ——— 无符号64位整型	将数字转换为 $0\sim2^{64}-1$ 范围内的 64 位整数
转换为单精度复数	数字 ——— [CSG] ——— 单精度复数	使数值转换为单精度复数
转换为单精度浮点数	数字 ——— [SGL] ——— 单精度浮点	将数值转换为单精度浮点数
单位转换	× —[m/s]— y	将物理量(带单位的数值)转换为纯数值(没有单位的数值),或将纯数值转换为物理量
转换为定点数	定点类型 ⌐ 数字 ——— [FXP] ——— 定点	将非复数的数值转换为定点数,如未将值连线至该函数的定点类型输入端或没有为函数配置输出设置,定点输出将调整为连线至数字的数据类型
颜色至 RGB 转换	颜色 ——— [图标] ——— 分解的颜色 / R / G / B	将包括系统颜色在内的所有颜色输入分解为相应的红、绿、蓝色彩分量
RGB 至颜色转换	R / G / B ——— [图标] ——— 颜色	将 $0\sim255$ 之间的红、绿、蓝 RGB 值转换为相应的 RGB 颜色

3.3.2　数字/字符串转换

数字/字符串转换是 LabVIEW 中使用频率较高的一种转换形式，与此相关的函数主要位于"函数→编程→字符串→字符串/数值转换"子面板中，如图 3-21 所示。

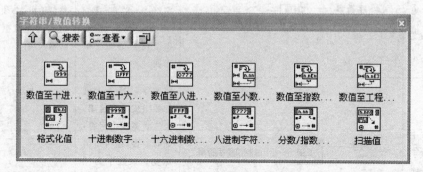

图 3-21　字符串/数值转换子面板

各函数功能说明如表 3-5 所列。

表 3-5　字符串/数字转换函数功能说明

名　称	图　标	功　能	说　明
十进制数字符串至数值转换	字符串　999＞数字后偏移量　偏移量　默认 (0 I32)　数字	从偏移量位置开始，将字符串中的数字字符转换为十进制整数，在数字中返回	如需函数返回 64 位整型输出，必须连接 64 位整型数据至默认输入端
格式化值	字符串 ("")　n.n＞格式字符串　输出字符串　值 (0)	将数字转换为格式字符串中指定的通用字符串，并将其添加到字符串中	格式化字符串函数与格式化值的功能相同，但可使用多个输入。可考虑使用"格式化字符串"函数，以简化程序框图
分数/指数数字符串至数值转换	使用系统小数点 (T)　字符串　n.nn＞数字后偏移量　偏移量　默认 (0 DBL)　数字	从偏移量位置开始，将字符串中的下列字符：0～9、加号、减号、e、E、小数点（通常是句点）解析为工程、科学或分数格式的浮点数，在数字中返回	如需函数返回 64 位整型输出，必须连接 64 位整型数据至默认输入端

名　称	图　标	功　能	说　明
十六进制数字符串至数值转换	字符串 偏移量 默认 (0 U32)	从偏移量位置开始，将字符串中的下列字符：0～9，A～F，a～f 解析为十六进制整型数据，在数字中返回 数字后偏移量 数字	如需函数返回 64 位整型输出，必须连接 64 位整型数据至默认输入端
数值至十进制数字符串转换	数字 宽度 (-) 十进制整型字符串	将数字转换为十进制数组成的字符串，至少为宽度个字符，如有需要，还可适当加宽。如数字为浮点数或定点数，转换之前将被舍入为 64 位整数	
数值至工程字符串转换	使用系统小数点 (T) 数字 宽度 (-) 精度 (6) 工程字符串	将数字转换为工程格式的浮点型字符串，至少为宽度个字符，如有需要，还可适当加宽	工程格式与科学计数格式（指数表示法）类似，工程格式的指数是 3 的倍数（…，－3,0,3,6,…）
数值至指数数字符串转换	使用系统小数点 (T) 数字 宽度 (-) 精度 (6) E格式字符串	将数字转换为科学计数（指数）格式的浮点型字符串，至少为宽度个字符，如有需要，还可适当加宽	
数值至小数字符串转换	使用系统小数点 (T) 数字 宽度 (-) 精度 (6) F-格式字符串	将数字转换为小数（分数）格式的浮点型字符串，至少为宽度个字符，如有需要，还可适当加宽	
数值至十六进制字符串转换	数字 宽度 (-) 十六进制整型字符串	将数字转换为十六进制数组成的字符串，至少为宽度个字符，如有需要，还可适当加宽。A～F 数位在输出字符串中总以大写显示	如数字为浮点数或定点数，转换之前将被舍入为 64 位整数

续表 3－5

名　称	图　标	功　能	说　明
数值至八进制字符串转换	数字 ── 八进制整型字符串 宽度 (－) ──	将数字转换为八进制数组成的字符串, 至少为宽度个字符, 如有需要, 还可适当加宽	如数字为浮点数或定点数, 转换之前将被舍入为 64 位整数
八进制字符串至数值转换	字符串 ── 数字后偏移量 偏移量 ── 数字 默认 (0 U32) ──	从偏移量位置开始, 将字符串中的下列字符: 0～7 解析为八进制整型数据, 在数字中返回。该函数还在数字后返回字符串首个字符的索引	如需函数返回 64 位整型输出, 必须连接 64 位整型数据至默认输入端
扫描值	字符串 ── 输出字符串 格式字符串 ── 值 默认 (0 dbl) ──	将字符串的开始字符转换为默认数据类型, 根据格式字符串中的转换代码, 在值中返回转换数据, 匹配后剩余的字符串在输出字符串中	

例 3－1　数字/字符串转换操作

在本例中主要演示数字与字符串之间的相互转换。这里用了"数值至十进制字符串转换"和"数值至十六进制字符串转换"两个函数, 将输入值转换成十进制的字符串和十六进制的字符串。这两个函数都可以指定转换后字符串的宽度, 如果指定的宽度小于实际上字符串的宽度, 则按实际宽度显示;反之, 则进行补位操作, 对于转换成十进制字符串的操作, 在最左边补空字符串, 对于转换成十六进制字符串的操作, 则在左侧补"0", 两种情况的运行结果如图 3－22 所示。

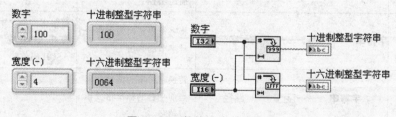

图 3－22　数值至字符串转换

3.3.3 字符串/数组/路径转换

字符串/数组/路径转换节点主要用于处理字符串与路径之间以及字符串与字符相对应的 ASCII 码编号数组之间的转换。这些相关函数主要位于"函数→编程→字符串→字符串/数组/路径转换"子面板中,如图 3-23 所示。

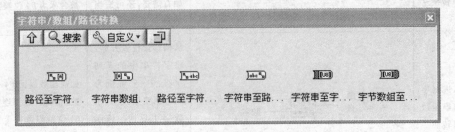

图 3-23　字符串/数组/路径转换

这些函数的功能说明如表 3-6 所列。

表 3-6　字符串/数组/路径转换函数功能说明

名　称	图　标	功　能	说　明
字符串数组至路径转换	字符串数组 ——[[#]] —— 路径 相对	将字符串数组转换位相对或绝对路径	如数组中有空字符串,在路径输出中将删除空字符串前的目录地址,该动作与在目录结构中上移一层类似
字节数组至字符串转换	无符号字节数组 ——[U8] —— 字符串	将代表 ASCII 字符的不带符号的字节数组转换为字符串	
路径至字符串数组转换	路径 ——[[#]] —— 字符串数组 相对	将路径转换为字符串数组,并显示是否为相对路径	
路径至字符串转换	路径 ——[abc] —— 字符串	将路径转换为字符串,以操作平台的标准格式描述路径	
字符串至字节数组转换	字符串 ——[U8] —— 无符号字节数组	将字符串转换为不带符号字节的数组	数组中的各个字节是字符串中相应字符的 ASCII 码值
字符串至路径转换	字符串 ——[abc] —— 路径	转换字符串为路径并以当前平台的标准格式描写路径	

例 3 - 2 字符串/路径操作

在本例中演示字符串/路径之间的转换操作和字符串的替换操作,先由"路径至字符串转换"函数将原始路径转换成字符串,然后用字符串的"搜索替换字符串"函数将文件的后缀由".txt"替换成".dat",再由"字符串至路径转换"函数生成新的路径,运行结果如图 3 - 24 所示。

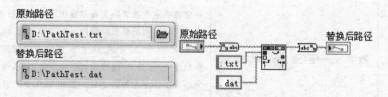

图 3 - 24 路径/字符串转换操作

在使用"路径"控件时,需要对打开方式进行设置,否则容易出错。例如打开原先不存在的文件,则程序会报错。文件打开方式的设置方法为,右击"路径"控件,打开属性对话框,在"浏览选项"页中进行设置,如图 3 - 25 所示。

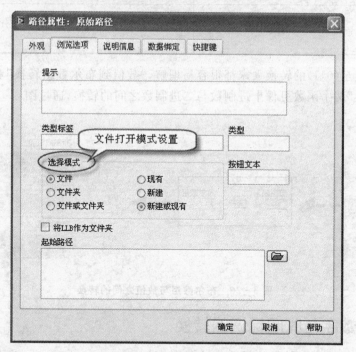

图 3 - 25 文件打开模式设置

3.3.4 布尔值/数字值转换

LabVIEW 提供的布尔值/数字值转换相关的函数主要有 3 个:数值至布尔数组转换(Number To Boolean Array. vi)、布尔数组至数组转换(Boolean Array To

Number. vi)和布尔至(0,1)转换(Boolean To (0,1). vi)。这些函数分布于"函数→
编程→数值→转换"子面板中和"函数→编程→布尔"子面板中。函数功能说明如
表 3－7 所列。

表 3－7　布尔值/数字值转换函数功能

名　称	图　标	功　能
数值至布尔数组转换	 数字 ——[#⯃⋯] —— 布尔数组	将整数或定点数转换为布尔数组。如将整数连线至"数字"接线端，根据整数位数的不同，"布尔数"组将返回含有 8 个、16 个、32 个或 64 个元素的布尔数组。如将定点数连线至"数字"接线端，则"布尔数组"所返回数组的大小等于该定点数的字长。数组第 0 个元素对应于整数二进制表示的补数的最低有效位
布尔数组至数值转换	 布尔数组 ⋯⋯[⋯⯃#] —— 数字	将布尔数组作为数字的二进制表示，把"布尔数组"转换为整数或定点数。如数字有符号，LabVIEW 将数组作为数字二进值表示的补。数组的第一个元素与数字的最低有效位相对应
布尔值至(0,1)转换	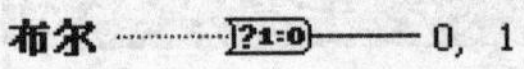 布尔 ⋯⋯[?1:0] —— 0, 1	将布尔值 FALSE 或 TRUE 分别转换为十六位整数 0 或 1

　　布尔值至(0,1)的转换大家都很容易理解，"数值到布尔数组转换"和"布尔数组
至数值转换"两个函数更像十进制数与二进制数之间的转换，通过图 3－26 可以直观
的看出。

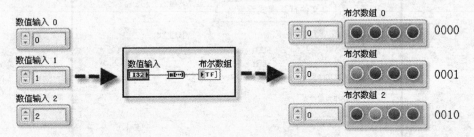

图 3－26　布尔数组与数值之间的转换

3.3.5　数字与时间标识的转换

　　数字与时间标识的转换只有一个函数"转换
为时间标识(To Time Stamp. vi)"。从"函数→编
程→数字→转换"子面板和"函数→编程→定时"
子面板中都可以找到这个函数，函数图标如
图 3－27 所示。

数字 ——[#→◻] —— 时间标识

图 3－27　转换为时间标识函数图标

"数字"可以是标量数字、数字数组或簇等,表示自 1904 年 1 月 1 日 8:00 am 以来的秒数;"时间标识"表示自 1904 年 1 月 1 日 8:00 am 以来无时区影响的秒数。运行效果如图 3-28 所示。

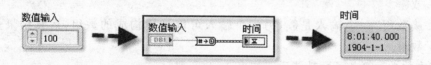

图 3-28　数字转换为时间标识效果

3.4　数据运算与操作

3.4.1　基本数学运算与操作

数学运算是编程语言中的基本运算之一,算术运算符位于"函数→编程→数值"子面板中,如图 3-29 所示。

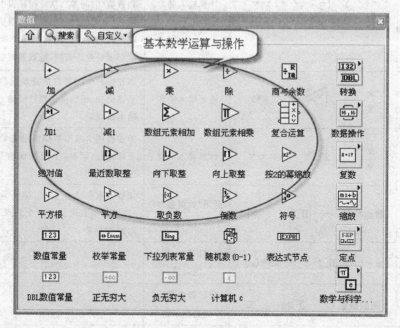

图 3-29　基本数学运算函数

基本数学运算函数支持数字类型的数据。它不仅支持单一的数值量输入,还支持处理不同类型的复合型数值量,比如由数字量构成的数组、簇或簇数组等。数字类型的数据包括浮点数、整数和复数。

对于有两个输入的函数,可以使用下列组合:

● 相同结构:两个输入的数据结构相同,函数输出的数据结构与输入的数据结构相同。

● 单标量:一个输入是数值标量,另一个输入是数组或簇,函数的输出是数组或簇。

● 簇数组:一个输入是簇,另一个输入可以是簇构成的数组,运算结果是簇数组。

基本数学运算各函数功能说明如表 3−8 所列。

表 3−8 基本数学运算符功能介绍

名　称	图　标	功　能	说　明
加	x y → x+y	计算输入的和	当一个输入是数字标量,另一个是数组时,数组中的每个元素都和标量相加,其他节点与些类似
减	x y → x−y	计算输入的差	如连接两个波形数据或动态数据类型至该函数,函数将出现错误输入和错误输出接线端。求两个时间标识的差,得到数值(时间差),从时间标识中减去数值,得到新的时间标识。不能从数值中减去时间标识。相减的两个矩阵的维数必须一致。否则,函数返回空矩阵
乘	x y → x*y	返回输入的积	如连接两个波形数据或动态数据类型至该函数,函数将出现错误输入和错误输出接线端
除	x y → x/y	计算输入的商	如连接两个波形数据或动态数据类型至该函数,函数将出现错误输入和错误输出接线端
数组元素相乘	数值数组 → 乘积	返回"数值数组"中所有元素的积	如数值数组为空数组,则函数返回值1。如数值数组只有一个元素,函数则返回该元素
绝对值	x → abs(x)	返回输入的绝对值	
数组元素相加	数值数组 → 和	返回"数值数组"中所有元素的和	
复合运算	值0 值1 值n-1 → 结果	执行对一个或多个数值、数组、簇,或布尔输入的算术运算	右击函数,从快捷菜单中选择运算(加、乘、与、或、异或),选择转换模式。从数值选板中拖放该函数至程序框图时默认模式为"加";从布尔选板拖放该函数至程序框图时默认模式为"或(OR)"

续表 3-8

名　称	图　标	功　能	说　明
加 1	x ─▷+1─ x+1	输入值加 1	
减 1	x ─▷-1─ x-1	输入值减 1	
取负数	x ─▷(x)─ -x	输入值取负数	
商与余数	x ÷ R IQ ─ x-y*floor(x/y) y ─ floor(x/y)	计算输入的整数商和余数	
随机数 (0—1)	数字(0-1)	产生 0~1 之间的双精度浮点数	产生的数字大于等于 0，小于 1，呈均匀分布
倒数	x ─▷1/x─ 1/x	用 1 除以输入值	
向下取整	x ─▷⌊⌋─ floor(x)	输入值向最近的最小整数取整	
向上取整	x ─▷⌈⌉─ ceil(x)	输入值向最近的最大整数取整	
最近数取整	数字 ─▷⌊⌉─ 最接近的整数值	输入值向最近的整数取整	如值为两个整数的中间值（例如，1.5 或 2.5），该函数将返回最近的偶数（2）
按 2 的幂缩放	n ─▷x*2^n─ x*2^n x	x 乘以 2 的 n 次幂	如 x 为整数，该函数相当于算术移位
符号	数字 ─▷-1,0,1─ -1, 0, 1	返回"数字"的符号	文本编程语言通常称该函数为 sign 函数
平方	x ─▷x²─ x^2	计算输入值的平方	
平方根	x ─▷√─ sqrt(x)	计算输入值的平方根	如 x 为负数，则平方根为 NaN，除非 x 是复数。如 x 为矩阵，则该函数求 x 的矩阵平方根

3.4.2 字符串运算与操作

　　LabVIEW 经常需要处理一些由字符串组成的文本命令。对字符串进行合成、分解和变换是测试软件开发人员经常遇到的问题。为此，LabVIEW 提供了丰富且简单易用的字符串运算与操作函数，它们位于"函数→编程→字符串"子面板中，如图 3-30 所示。

　　表 3-9 对常用的一些字符串运算与操作函数的功能进行简单说明。

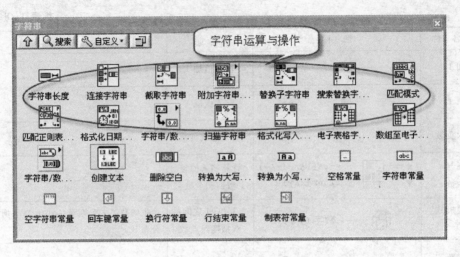

图 3 - 30　字符串操作函数

表 3 - 9　字符串运算与操作函数功能介绍

名　称	图　标	功　能	说　明
字符串长度	字符串 ━━■▶━━ 长度	在"长度"中返回"字符串"的字符长度(字节)	
连接字符串	字符串0 字符串1 字符串n-1 ━━ 连接的字符串	连接输入字符串和一维字符串数组作为输出字符串	对于数组输入,该函数连接数组中的每个元素
截取字符串	字符串 偏移量(0) 长度(剩余) ━━ 子字符串	返回输入"字符串"的"子字符串",从"偏移量"位置开始,包含"长度"个字符	
替换子字符串	字符串 子字符串("") 偏移量(0) 长度(子字符串长度) ━━ 结果字符串 替换子字符串	插入、删除或替换子字符串,偏移量在"字符串"中指定	
搜索替换字符串	多行?(F) 忽略大小写?(F) 替换全部?(F) **输入字符串** **搜索字符串** 替换字符串之后 偏移量(0) 错误输入(无错误) ━━ 结果字符串 替换数量 替换后偏移量 错误输出	将一个或所有子字符串替换为另一子字符串	如需使用"多行?"布尔输入端,右键单击函数并选择"正则表达式"
匹配模式	字符串 **正则表达式** 偏移量(0) ━━ 子字符串之前 匹配子字符串 子字符串之后 匹配后偏移量	在"字符串"的"偏移量"位置开始搜索"正则表达式",如找到匹配的表达式,将"字符串"分解为3个子字符串	正则表达式为特定的字符的组合,用于模式匹配

续表 3 – 9

名　称	图　标	功　能	说　明
匹配正则表达式	多行？(F) 忽略大小写？(F) 输入字符串 正则表达式 偏移量 (0) 错误输入 匹配之前 所有匹配 匹配之后 匹配后偏移量 错误输出	在"输入字符串"的"偏移量"位置开始搜索所需正则表达式，如找到匹配字符串，将字符串拆分成 3 个子字符串和任意数量的子匹配字符串	将函数调整大小，以查看字符串中搜索到的所有部分匹配
格式化日期/时间字符串	时间格式字符串 (%c) 时间标识 UTC格式 日期/时间字符串	通过时间格式代码指定格式，按照该格式将时间标识的值或数值显示为时间	
扫描字符串	格式字符串 输入字符串 初始扫描位置 错误输入（无错误） 默认1（0 dbl） 剩余字符串 扫描后偏移量 错误输出 输出1	扫描输入字符串，然后根据"格式字符串"进行转换	输入可以是字符串路径、枚举型、时间标识或数值。另外，可使用扫描文件函数，从文件中扫描文本
格式化写入字符串	格式字符串 初始字符串 错误输入（无错误） 输入1 (0) 输入n (0) 结果字符串 错误输出	使字符串路径、枚举型、时间标识、布尔或数值数据格式化为文本	通过"格式化写入文件"函数，将数据格式化为文本，并将文本写入文件
电子表格字符串至数组转换	分隔符 (Tab) 格式字符串 电子表格字符串 数组类型 (2D Dbl) 数组	将"电子表格字符串"转换为"数组"，维度和表示法与"数组类型"一致	该函数适用于字符串数组和数值数组
数组至电子表格字符串转换	分隔符 (Tab) 格式字符串 数组 电子表格字符串	使任何维数的数组转换为字符串形式的表格	对于三维或更多维数的数组而言，还包括表头分隔的页
创建文本（Express VI）	起始文本 错误输入（无错误） 结果 错误输出	对文本和参数化输入进行组合，创建输出字符串	如输入的不是字符串，该 Express VI 将根据配置把输入转化为字符串
删除空白	位置（两端） 字符串 删减后字符串	将所有空白（空格、制表符、回车符和换行符）从"字符串"的起始、末尾或者两端删除	该 VI 不会删除双字节字符。默认为删除"字符串"两端的空格

名　称	图　标	功　能	说　明
转换为大写字母	字符串 —— [1aA] 所有大写字母字符串	将"字符串"中的所有字母字符转换为大写字母	将"字符串"中的所有数字作为 ASCII 字符编码处理。该函数不影响非字母表中的字符
转换为小写字母	字符串 —— [1aa] 所有小写字母字符串	将"字符串"中的所有字母字符转换为小写字母	

3.4.3　布尔运算与操作

　　布尔运算相当于传统文本编程语言中的逻辑运算,与布尔运算相关的函数位于"函数→编程→布尔"子面板中,如图 3 - 31 所示。

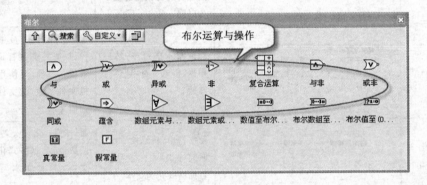

图 3 - 31　布尔操作函数

　　常用的布尔运算与操作函数功能,如表 3 - 10 所列。

表 3 - 10　布尔运算与操作相关函数功能介绍

名　称	图　标	功　能	说　明
与	x y —— [∧] x与y?	计算输入的逻辑与。如两个输入都为 TRUE,函数返回 TRUE。否则,返回 FALSE	两个输入必须为布尔或数值
或	x y —— [∨] x或y?	计算输入的逻辑或。如两个输入都为 FALSE,则函数返回 FALSE。否则,返回 TRUE	
异或	x y —— [⊻] x异或y?	计算输入的逻辑异或(XOR)。如两个输入都为 TRUE 或都为 FALSE,函数返回 FALSE。否则,返回 TRUE	
蕴含	x y —— [⇒] x蕴含y?	将 x 取反,然后计算 y 和取反后的 x 的逻辑或。如 x 为 TRUE 且 y 为 FALSE,则函数返回 FALSE。否则,返回 TRUE	

续表 3 – 10

名　称	图　标	功　能	说　明
非	x ▷ 非x?	计算输入的逻辑非。如 x 为 FALSE,则函数返回 TRUE。如 x 为 TRUE,则函数返回 FALSE	
与非	x y ∧ 非(x与y)?	计算输入的逻辑与非。如两个输入都为 TRUE,则函数返回 FALSE。否则,返回 TRUE	两个输入必须为布尔或数值
同或	x y ∨ 非(x异或y)?	计算输入的逻辑异或(XOR)的非。如两个输入都为 TRUE 或都为 FALSE,函数返回 TRUE。否则,返回 FALSE	
或非	x y ∨ 非(x或y)?	计算输入的逻辑或非。如两个输入都为 FALSE,则函数返回 TRUE。否则,返回 FALSE	

3.4.4　比较运算

　　比较运算也即通常所说的关系运算,与此相关的函数主要位于"函数→编程→比较"子面板中,如图 3 – 32 所示。

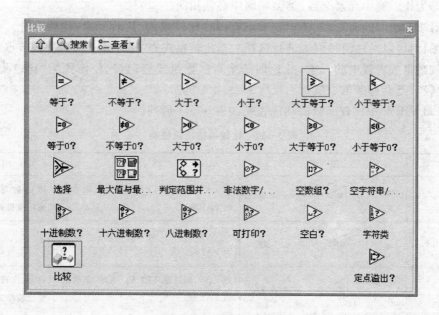

图 3 – 32　比较函数子面板

　　在 LabVIEW 中可以进行以下几种类型的比较:数字值的比较、布尔值的比较、字符串的比较及簇的比较。

1．数字值比较

比较节点在比较两个数字值时，会先将其转换成同一类型的数字。当一个数字值和另一个非数字(NaN)比较时，比较节点将返回一个表示二者不相等的值。

2．布尔值比较

两个布尔值比较时，TRUE 值比 FALSE 值大。

3．字符串比较

字符串比较是按照字符在 ASCII 表中的等价数字值进行比较的，例如字符 a(在 ASCII 表中的值为 97)大于字符 A(在 ASCII 表中的值为 65)，字符 A 大于字符 0 (48)。当两个字符串进行比较时，比较节点会从这两个字符串的第一个字符开始逐个比较，直到有两个字符不相等为止，并按照这两个字符输出比较结果。例如，比较字符串 abcd 和字符串 abef，比较会在 c 停止，而字符 c 小于字符 e 所以字符串 abcd 大于字符串 abef。当一个字符串中存在某一个字符，而在另一个字符串中不存在这个字符时，前一个字符串大。

4．簇的比较

簇的比较与字符串的比较类似，比较时从簇的第 0 个元素开始，直到有一个元素不相等为止。簇中元素个数、类型和顺序必须相同。

对于数组和簇而言，某些比较节点有两种比较模式：比较元素、比较集合。右击节点图标，可以对这两种模式进行选择。当比较模式为"比较元素"时，比较节点会逐个比较数组或者簇中的元素，并返回一个布尔数组或簇；当比较模式为"比较集合"时，比较节点会返回单个值。

LabVIEW 中比较函数的功能说明如表 3 - 11 所列。

表 3 - 11　比较函数功能说明

名　称	图　标	功　能	说　明
等于?	x y = → x = y?	如 x＝y，则返回 TRUE。否则，函数返回 FALSE	该函数可改变比较模式
等于0?	x =0 → x = 0?	x＝0 时返回 TRUE。否则，函数返回 FALSE	
大于?	x y > → x > y?	如 x＞y，则返回 TRUE。否则，函数返回 FALSE	该函数可改变比较模式
大于等于?	x y ≥ → x >= y?	如 x≥y，则返回 TRUE。否则，函数返回 FALSE	该函数可改变比较模式

续表 3 - 11

名　称	图　标	功　能	说　明
大于等于 0?	x >0 ⋯ x >= 0?	x≥0 时返回 TRUE。否则，函数返回 FALSE	
大于 0?	x >0 ⋯ x > 0?	x>0 时返回 TRUE。否则，函数返回 FALSE	
小于?	x y < ⋯ x < y?	如 x<y，则返回 TRUE。否则，函数返回 FALSE	该函数可改变比较模式
小于等于?	x y ≤ ⋯ x <= y?	如 x≤y，则返回 TRUE。否则，函数返回 FALSE	该函数可改变比较模式
小于等于 0?	x ≤0 ⋯ x <= 0?	x≤0 时返回 TRUE。否则，函数返回 FALSE	
小于 0?	x <0 ⋯ x < 0?	x<0 时返回 TRUE。否则，函数返回 FALSE	
不等于?	x y ≠ ⋯ x != y?	如 x≠y，则返回 TRUE。否则，函数返回 FALSE	该函数可改变比较模式
不等于 0?	x ≠0 ⋯ x != 0?	x≠0 时返回 TRUE。否则，函数返回 FALSE	
选择	t s f ? ⋯ s? t:f	根据 s 的值，返回连接至 t 输入或 f 输入的值。s 为 TRUE 时，函数返回连接到 t 的值。s 为 FALSE 时，函数返回连接到 f 的值	
最大值与最小值	x y ⋯ max(x,y) min(x,y)	比较 x 和 y 的大小，在顶部的输出端中返回较大值，在底部的输出端中返回较小值	如所有输入都是时间标识值，该函数接受时间标识
判定范围并强制转换	上限 x 下限 ⋯ 已强制转换(x) 范围内?	根据"上限"和"下限"，确定 x 是否在指定的范围内，还可选择将值强制转换到指定范围之内	该函数只在比较元素模式下进行强制转换
非法数字/路径/引用句柄?	数字/路径/引用句柄 ⋯ 非法数字/路径/引用句柄?	如"数字/路径/引用句柄"为非法数字(NaN)、非法路径或非法引用句柄，则返回 TRUE。否则，函数返回 FALSE	使用该函数确保引用的对象还在内存中，未被关闭

名　称	图　标	功　能	说　明
空数组？	数组 ————[0?]———— 为空？	如"数组"为空，则函数返回 TRUE。否则，函数返回 FALSE	
空字符串/路径？	字符串/路径 ————[?]———— 为空？	如"字符串/路径"为"空字符串"或"空路径"，则返回 TRUE。否则，函数返回 FALSE	
十进制数？	char ————[0 9?]———— 数字？	如 char 代表 0～9 之间的十进制数，则返回 TRUE。如 char 为字符串，则函数使用字符串中的第一个字符。如 char 为数值，函数将其解析为该数的 ASCII 值。如 char 是浮点数，该函数将四舍五入为最近的整数。否则，函数返回 FALSE	
十六进制数？	char ————[0 F?]———— 十六进制？	如 char 代表 0～9、A～F 之间的十六进制数，则返回 TRUE。如 char 为字符串，则函数使用字符串中的第一个字符。如 char 为数值，函数将其解析为该数的 ASCII 值。如 char 是浮点数，该函数将四舍五入为最近的整数。否则，函数返回 FALSE	
八进制数？	char ————[0 7?]———— 八进制？	如 char 代表 0～7 之间的八进制数，则返回 TRUE。如 char 为字符串，则函数使用字符串中的第一个字符。如 char 为数值，函数将其解析为该数的 ASCII 值。如 char 是浮点数，该函数将四舍五入为最近的整数。否则，函数返回 FALSE	
可打印？	char ————[?]———— 可打印ASCII码？	如 char 代表可打印的 ASCII 字符，则返回 TRUE。如 char 为字符串，该函数使用字符串中的第一个字符。如 char 为数值，函数将其解析为该数的 ASCII 值。如 char 是浮点数，该函数将四舍五入为最近的整数。否则，函数返回 FALSE	

续表 3 - 11

名　称	图　标	功　能	说　明
空白？	char ? space, h/v tab, cr, lf, ff?	如 char 代表空白字符（例如，空白、制表位、换行、回车符、换页或垂直制表符），则返回 TRUE。如 char 为字符串，该函数使用字符串中的第一个字符。如 char 为数值，函数将其解析为该数的 ASCII 值。如 char 是浮点数，该函数将四舍五入为最近的整数。否则，函数返回 FALSE	
字符类	char ? 类编号	返回 char 的"类编号"。如 char 为字符串，该函数使用字符串中的第一个字符。如 char 为数值，函数将其解析为该数的 ASCII 值	
定点溢出？	FXP ————▷ 溢出？	如 FXP 包含"溢出状态"且 FXP 是溢出运算的结果，该值为 TRUE。否则，函数返回 FALSE	
比较 (Express VI)	比较 操作数1 ——— 结果 错误输入 ——? 错误输出	比较指定的输入项，确定这些值之间的等于、大于或小于关系	

3.4.5　数组与矩阵操作

数组操作也是 LabVIEW 编程中经常会遇到的问题之一，与此相关的函数主要位于"函数→编程→数组"子面板中，如图 3 - 33 所示。

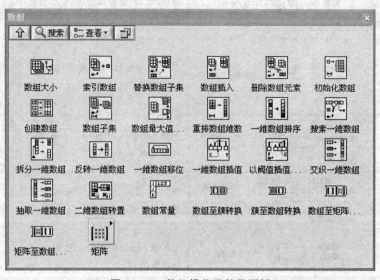

图 3 - 33　数组操作函数子面板

关于数组操作函数功能的介绍,可参见表3-12所列。

表 3 - 12 数组操作函数功能介绍

名 称	图 标	功 能	说 明
数组大小	数组———大小	返回"数组"每个维度中元素的个数	
数组子集	数组 索引(0) 长度(剩余) 索引(0) 长度(剩余)———子数组	返回"数组"的一部分,从"索引"处开始,包含"长度"个元素	
数组至簇转换	数组———簇	转换一维数组为簇,簇元素和一维数组元素的类型相同	
簇至数组转换	簇———数组	将相同数据类型元素组成的簇转换为数据类型相同的一维数组	
创建数组	数组 元素 元素———添加的数组	连接多个数组或向 n 维数组添加元素	
抽取一维数组	数组———元素0, n, 2n, … 元素1, n+1, 2n+1,	使"数组"的元素分成若干输出数组,依次输出元素	
删除数组元素	n维数组 长度(1) 索引0 索引n-1———已删除元素的数组子集 已删除的部分	从"n 维数组"删除元素或子数组,在"已删除元素的数组子集"返回编辑后的数组,在"已删除的部分"返回已删除的元素或子数组	
数组最大值与最小值	数组———最大值 最大索引 最小值 最小索引	返回"数组"中的最大值、最小值及其索引	
索引数组	n维数组 索引0 索引n-1———元素或子数组	返回"n 维数组"在"索引"位置的"元素或子数组"	连接数组到该函数时,函数自动调整大小
初始化数组	元素 维数大小0 维数大小n-1———初始化的数组	创建 n 维数组,其中每个元素都被初始化为"元素"的值	
数组插入	n维数组 索引0 索引n-1 n或n-1维数组———输出数组	在"n 维数组"中"索引"指定位置插入元素或子数组	
交织一维数组	数组0 数组1 数组n-1———交织的数组	交织输入数组中的相应元素,形成输出数组	

续表 3 – 12

名　称	图　标	功　能	说　明
一维数组插值	数字或点的数组 指数索引或x — y值	通过"指数索引或 x 值",线性插入"数字或点的数组"中的 y	
替换数组子集	n维数组 索引0 索引n-1 新元素/子数组 — 输出数组	从"索引"中指定的位置开始替换数组中的某个元素或子数组	
重排数组维数	n维数组 维数大小0 维数大小m-1 — m维数组	根据"维数大小 m－1"的值,改变数组的维数	从左至右按行读取内存中数据数组的值,并显示重新排序后的数组
反转一维数组	数组 — 反转的数组	反转"数组"中元素的顺序	
一维数组移位	n 数组 — 数组	将"数组"中的元素移动多个位置,方向由 n 指定	
搜索一维数组	一维数组 元素 开始索引(0) — 元素索引	在"一维数组"中从"开始索引"处搜索"元素"	搜索是线性的,所以调用该函数前不必对数组排序
一维数组排序	数组 — 已排序的数组	返回数组,元素按照升序排列的"数组"	
拆分一维数组	数组 索引 — 第一个子数组 第二个子数组	在"索引"位置将"数组"分为两部分,返回两个数组	
以阈值插值一维数组	数字或点的数组 过阈值的y 开始索引(0) — 指数索引或x	在表示二维非降序排列图形的一维数组中插入点	
二维数组转置	二维数组 — 转置的数组	重新排列"二维数组"的元素,使二维数组[i,j]变为已转置的数组[j, i]	

　　数组的创建比较简单。从前面板的"控件→新式→数组、矩阵与簇"子面板中选择"数组"控件,放置在前面板上,即创建了一个空的数组。向其中添加数值输入控件,即成了一个一维数组,从一维数组的"索引通道"中进行拉伸,即可以得到二维数组,整个过程如图 3－34 所示。

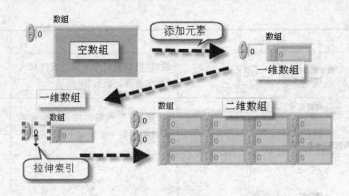

图 3-34　创建数组

除了上述方法创建数组之外，还可以通过函数来创建，关于用函数创建数组的问题，在后续章节中会有详细介绍。

在 LabVIEW 中，数组与矩阵之间可以相互转换，这些转换可以通过函数实现：数组至矩阵转换（Array To Matrix. vi）和矩阵至数组转换（Matrix To Array. vi）。

1. 数组至矩阵转换

"数组至矩阵转换"函数可以实现多种数据类型数组的转换，操作方法为右击函数图标，在弹出的级联菜单中选中"选择类型"，然后根据实际情况选择，如图 3-35所示，默认情况下是自动识别的。在转换过程中，LabVIEW 将把一维数组的元素保存在矩阵的第一列。如数组元素不是实数或复数双精度浮点数，系统将把数组元素转换为最接近的数据类型。

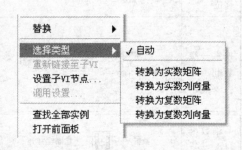

图 3-35　数组至矩阵转换类型选择

数组到矩阵的转换如表 3-13 所列。

表 3-13　数组至矩阵转换

名　称	图　标	说　明
转换为实数矩阵	二维实数数组 ——[ ]—— 实数矩阵	实数矩阵中元素的顺序与二维实数数组的元素一致
转换为列向量	一维实数数组 ——[ ]—— 实数矩阵（列向量）	实数矩阵（列向量）中元素的顺序与一维实数数组的元素一致
转换为复数矩阵	一维实数数组 ——[ ]—— 实数矩阵（列向量）	复数矩阵中元素的顺序与二维复数数组的元素一致
转换为复数列向量	二维复数数组 ——[ ]—— 复数矩阵	复数矩阵（列向量）中元素的顺序与一维复数数组的元素一致

2. 矩阵至数组转换

"矩阵至数据转换"时也可以选择类型,操作方法与"数组至矩阵转换"相同。转换说明如表 3-14 所列。

表 3-14 矩阵至数组转换

名 称	图 标	说 明
实数矩阵	**实数矩阵** ▦ ── 二维实数数组	二维实数数组中元素的顺序与实数矩阵的元素一致
复数矩阵	**复数矩阵** ▦ ── 二维复数数组	二维复数数组中元素的顺序与复数矩阵的元素一致

对于矩阵操作,LabVIEW 还提供了一系列丰富的函数,如矩阵转置、设置矩阵大小和设置矩阵对角等,这些函数位于"函数→编程→数组→矩阵"子面板中,如图 3-36 所示。

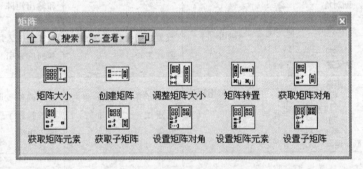

图 3-36 矩阵操作函数子面板

这些函数的功能说明如表 3-15 所列。

表 3-15 矩阵操作函数功能说明

名 称	图 标	功 能	说 明
创建矩阵	矩阵 元素 元素 元素 ── 添加的矩阵	按照行或列添加矩阵元素	也可使用设置矩阵元素和设置子矩阵函数修改已有矩阵
获取矩阵对角	矩阵 行 列 ── 矩阵对角	返回矩阵中从索引(行,列)开始的对角线元素	通过调整节点大小添加行、列输入和矩阵对角输出
获取矩阵元素	矩阵 行 列 ── 元素	回矩阵中位于行或列的元素	如连接标量数据至行和列(例如,行为 i,列为 j),函数将返回包含元素索引为(i,j)的标量

名　称	图　标	功　能	说　明
获取子矩阵	矩阵　行1　行N　列1　列N　子矩阵	返回矩阵中从行1和列1开始，行N和列N结束的子矩阵	如需获取矩阵中不相邻的两个元素，可使用获取矩阵元素函数
矩阵大小	矩阵　行数　列数	返回矩阵的行数和列数	矩阵必须为实数或复数矩阵、一维或二维数组
调整矩阵大小	矩阵　行数　列数　调整矩阵大小	依据行数和列数调整矩阵大小	如增加矩阵的行数或列数，函数返回的矩阵中，超出范围的元素值为无效运算值
设置矩阵对角	矩阵　行　列　新对角　输出矩阵	设置矩阵中从（行，列）开始的对角线	通过调整节点大小添加行、列和新对角线输入和输出矩阵
设置矩阵元素	矩阵　行　列　新元素　输出矩阵	设置索引为行和列的矩阵元素	行和列输入用于指定行和列的索引
设置子矩阵	矩阵　行1　行N　列1　列N　新子矩阵　输出矩阵	添加子矩阵，行1和列1开始，行N和列N结束	通过调整节点大小添加行、列、新子矩阵输入和输出矩阵
矩阵转置	矩阵　转置的矩阵	返回矩阵的共轭转置	对于实数矩阵，转置和共轭转置运算的结果相同

3.4.6　簇操作

簇的创建比较简单。从前面板的"控件→新式→数组、矩阵与簇"中选择"簇"控件，放置在前面板上即可。此时的簇是一个空的簇，用户可以往里填充任何类型的数据，如图 3－37 所示。

簇也可以通过把不同类型的数据通过"捆绑"来实现。捆绑完成后，多路数据就变成了单路数据输出。这在很多场合是非常有用的，可以减少数据的端口，尤其是在封装子 VI 的时候。当然，簇数据还可以通过"解除捆绑"将簇中有各路数据分离出来，如图 3－38 所示。

与这些功能相关的函数位于后面板的"函数→编程→簇、类与变体"子面板中，如图 3－39 所示。

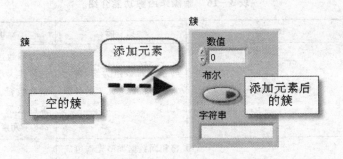

图 3 - 37 簇的创建

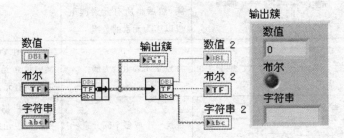

图 3 - 38 通过函数创建簇与分离簇元素

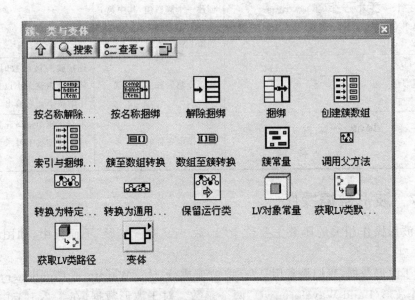

图 3 - 39 与簇数据操作相关的函数子面板

下面对这些函数的用法与功能作一简要说明,如表 3 - 16 所列。

表 3 – 16　簇操作函数功能介绍

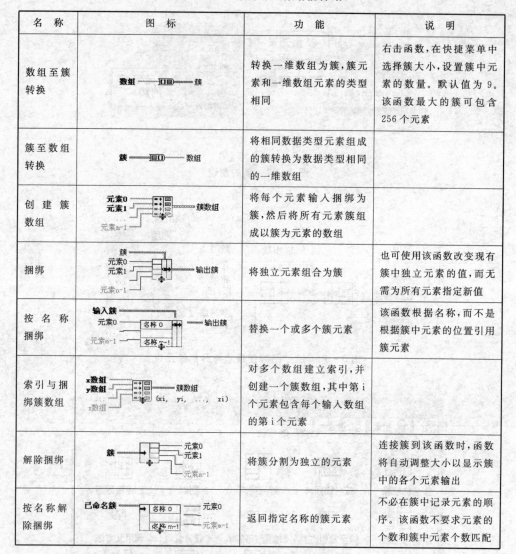

名　称	图　标	功　能	说　明
数组至簇转换	数组 ——□□□—— 簇	转换一维数组为簇,簇元素和一维数组元素的类型相同	右击函数,在快捷菜单中选择簇大小,设置簇中元素的数量。默认值为 9。该函数最大的簇可包含 256 个元素
簇至数组转换	簇 ——□□□—— 数组	将相同数据类型元素组成的簇转换为数据类型相同的一维数组	
创建簇数组	元素0 元素1 元素n-1 —— 簇数组	将每个元素输入捆绑为簇,然后将所有元素簇组成以簇为元素的数组	
捆绑	簇 元素0 元素1 元素n-1 —— 输出簇	将独立元素组合为簇	也可使用该函数改变现有簇中独立元素的值,而无需为所有元素指定新值
按名称捆绑	输入簇 元素0 名称0 元素m-1 名称n-1 —— 输出簇	替换一个或多个簇元素	该函数根据名称,而不是根据簇中元素的位置引用簇元素
索引与捆绑簇数组	x数组 y数组 z数组 —— 簇数组 (xi, yi, ..., zi)	对多个数组建立索引,并创建一个簇数组,其中第 i 个元素包含每个输入数组的第 i 个元素	
解除捆绑	簇 —— 元素0 元素1 元素n-1	将簇分割为独立的元素	连接簇到该函数时,函数将自动调整大小以显示簇中各个元素输出
按名称解除捆绑	已命名簇 名称0 元素0 名称m-1 元素m-1	返回指定名称的簇元素	不必在簇中记录元素的顺序。该函数不要求元素的个数和簇中元素个数匹配

3.4.7　波形数据操作

　　与波形操作相关的函数主要位于"函数→编程→波形"子面板中,如图 3 - 40 所示。

　　对于波形数据,我们最常用是"获取波形成分(Get Waveform Components. vi)"和"创建波形(Build Waveform. vi)"两个函数。对于波形数据,在 3.2.1 节中讲到,它主要由波形起始时刻 t0、波形采样时间间隔 dt、波形数据 Y 3 个元素构成。这两个函数的作用就是将这 3 个元素组合到一起,变成一路波形数据,或者是将一路波形

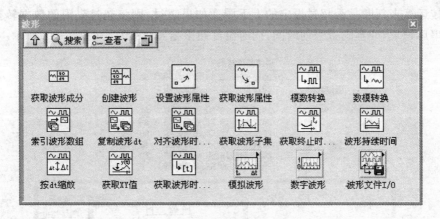

图 3 - 40　波形数据操作函数

数据,分解成 3 个不同的分量,如图 3 - 41 所示。

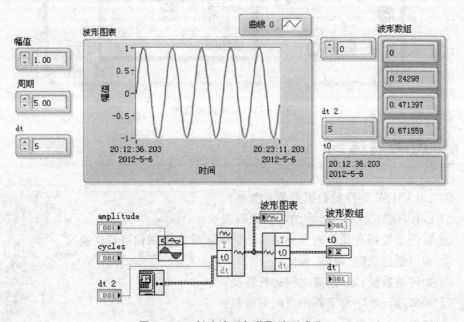

图 3 - 41　创建波形与获取波形成分

3.5　综合实例:温度报警装置

例 3 - 3　温度报警装置

本例实现一个温度报警的模拟装置,主要是向大家演示一下基本的数学算操作、数值与字符串之间的转换操作和比较运算操作等操作函数的具体用法与功能。

具体步骤为:用一个"随机数发生器"产生 0～100 之间的随机数,来模拟温度。

用比较运算来判断是否超过设定的上下限。如果超过,则将超过界限的数据转换成字符串后记录,并且附带当前时间,同时温度超限指示灯变亮,如图 3 - 42 所示。

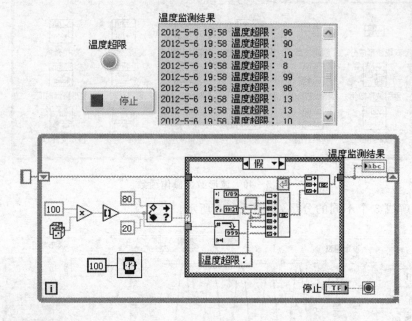

图 3 - 42 模拟温度监测

3.6 思考与练习

① LabVIEW 支持的数据类型有哪些?

② LabVIEW 中不同类型的数据如何表示?

③ 数值型数据有几种表示方法? 不同表示法之间如何进行切换?

④ 如何创建数组、矩阵、簇?

⑤ 如何在数组、矩阵、簇之间进行转换?

⑥ 如何进行数字与字符串之间的转换?

⑦ 如何进行字符串与路径之间的转换?

⑧ 如何进行数字与布尔值之间的转换?

⑨ 如何用一个函数实现前 100 个自然数求和?

⑩ 簇数据的使用有什么好处?

第**4**章

数据表达与显示

　　数据的表达与显示是一门编程语言中不可缺少的部分。LabVIEW 中数据表达与显示主要可以分为：数值型数据的表达与显示、布尔型数据的表达与显示、二维图形显示、三维图形显示和图片显示等。这些图形化显示控件极大简化了数据的表达与显示。通过这些控件，工程师能够方便地分析大量数据，而不必在编写复杂的界面上花费大量精力。本章主要给大家介绍上述数据表达与显示控件的基本用法。

【本章导航】
  ➢ 基本数据表达与显示
  ➢ 二维图形控件的使用
  ➢ 三维图形控件的使用
  ➢ 其他图形显示控件的使用

4.1　基本数据表达与显示

4.1.1　数值型数据的表达与显示

　　LabVIEW 提供多种风格的数值输入与显示控件，如图 4-1～图 4-4 所示。

　　从图中可以看到，除了一些传统的数值表达与显示控件之外，LabVIEW 还提供了一些比较个性化的控件，图 4-5 所示为几种不同风格的滑动杆。

　　数值型数据表达与显示控件的使用与设置方法基本相似，主要有数据的类型、显示精度和默认值等，下面对照一些简单的例子说明它们的使用方法。

1. 数值输入与显示控件

　　数值输入与显示控件是编写界面时使用比较频繁的一种控件，它可以用来显示整数、小数等，也可以指定显示的数据精度。默认情况下它的显示格式为：双精度 64

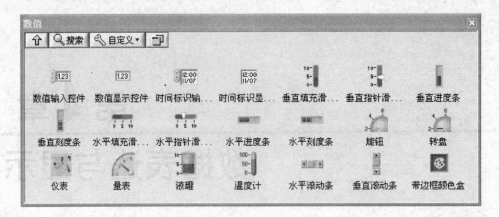

图 4－1　位于前面板"控件→新式→数值"子面板中的数值输入与显示控件(a)

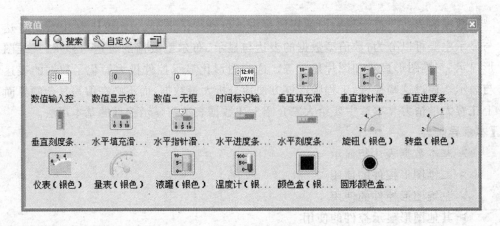

图 4－2　位于前面板"控件→银色→数值"子面板中的数值输入与显示控件(b)

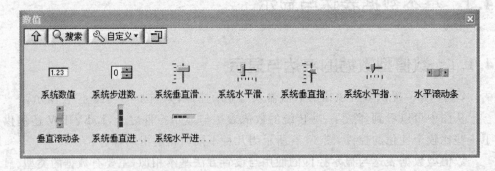

图 4－3　位于前面板"控件→系统→数值"子面板中的数值输入与显示控件(c)

位实数,6 位有效数,隐藏无效的 0。如果输入或者显示的数据超过 7 位(包括 7 位)则自动用科学计数法表示,如图 4－6 所示。

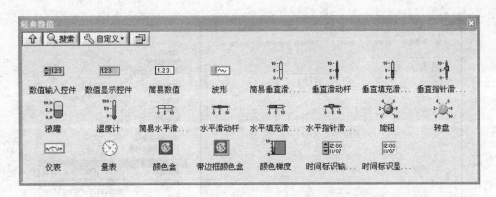

图 4 - 4 位于前面板"控件→经典→数值"子面板中的数值输入与显示控件(d)

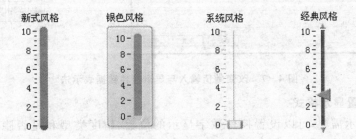

图 4 - 5 不同风格的滑动杆

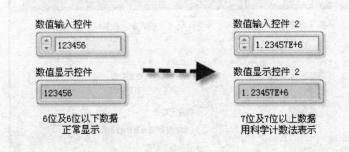

图 4 - 6 数值输入与显示控件

(1) 设置表示法

改变表示法的目的:一方面是数值输入和显示的需要,另一方面是在编程过程中数据类型转换的需要(这里所说的数据类型转换指的是不同表示法之间的转换和不同数据类型之间的转换,如 int32 转 double64,布尔型转数值型)。数值输入与显示控件默认情况表示为双精度 64 位实数,用户可以根据自己需要进行任意改变。具体方法有两种:一种是右击控件,在弹出的级联菜单中选择"表示法",然后在面板上选择自己需要的数据表示方法;另一种是右击控件,在弹出的级联菜单中选择"属性",打开属性对话框,在"数据类型"选项卡中进行修改。这两种方法如图 4-7 所示。

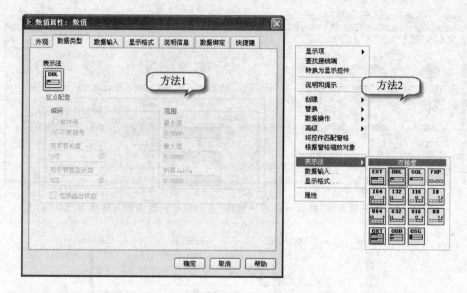

图 4 - 7　改变数值输入与显示控件数据表示法

（2）设置显示格式

　　根据显示需要，可以设置控件数字显示的位数、精度类型和是否隐藏无效的 0 等。设置方法与"表示法"类似，如图 4 - 8 所示。

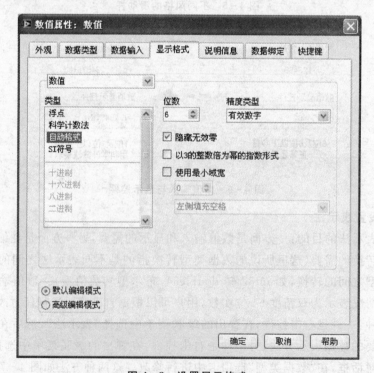

图 4 - 8　设置显示格式

(3) 设置显示上下边界与步长

默认情况下控件的显示边界为($-\infty$,$+\infty$),步长为1,可在属性页的"数据输入"选项卡中进行设置,如图4-9所示。

图 4-9　设置显示边界与步长

(4) 外观

默认情况下数值输入控件显示"增量/减量"按钮。如果无须显示,只要在属性页的"外观"选项卡中去掉"显示增量/减量按钮"的选项即可,如图4-10所示。

> 提示:输入控件与显示控件可以相互变换,变换的方法为"右击控件→转换为显示控件",即可将输入控件转换为同类型的显示控件。反之,则可以把显示控件转换成同类型的输入控件。

2. 滑动杆控件

滑动杆也可以根据需要设置不同的数据表示方法、显示格式、上下限、步长和外观。滑动杆可以分为填充滑动杆和指针滑动杆两类,每类滑动杆又有水平和竖直两种。滑动杆的填充方式有填充至最大值、填充至最小值、填充至当前值以上、填充至当前值以下和无填充5种选项。填充方式的选择既可以通过属性对话框中的"外观"标签页,也可以通过右击滑动杆,在弹出菜单中设置。其他属性的设置与数值输入与显示控件相同,如图4-11所示。

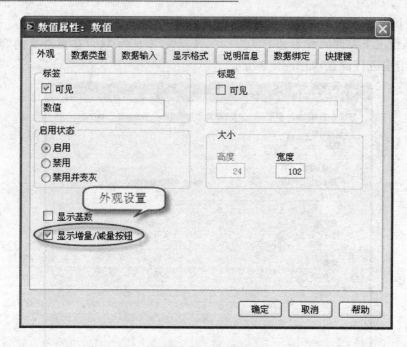

图 4 - 10　外观设置

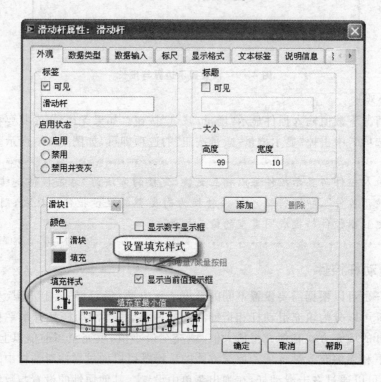

图 4 - 11　设置滑动杆填充样式

例4-1 滑动杆使用示例

在前面板的"控件→银色→数值"子面板中选择"垂直填充滑动杆"作为输入,"垂直指针滑动杆"作为显示控件,这里要注意的是默认情况下"垂直指针滑动杆"是作为输入控件的,在这里须将它转换为显示控件。具体方法为右击控件,在弹出的级联菜单中选择"转换为显示控件"。为了使程序能够连续运行,须在程序代码中添加一个While循环,关于While循环的具体内容将在后面的章节中给大家详细介绍,这里只给出一个直观的概念。程序框图和运行结果如图4-12所示。

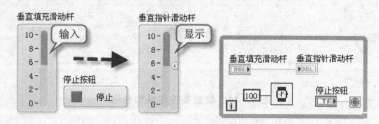

图4-12 滑动杆使用举例

3. 进度条控件

进度条控件有两种显示风格:进度条与刻度条。它们的区别在于填充方式的不同。进度条控件的填充是连续的,刻度条的填充是分段的。其设置方法与前面的控件相同。进度条有别于前面控件的地方是它可以设置数据与显示的映射方式:对数或者线性。

进度条经常用来显示程序的执行进度。在使用时,要注意设置"最大值"然后把"当前值"作为输入就可以直观地显示当前进度了。

例4-2 进度条使用示例

在工程应用中,如果知道程序运行的总时间或者总的步骤数,就可以用此例类似的方法进行进度显示。

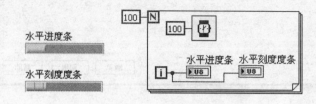

图4-13 进度条使用示例

4. 其他个性控件

LabVIEW一个最大的特点就是可以用非常形象的控件来表示实际的物理模型,比如"旋钮"、"液灌"、"温度计"等。这些个性控件的用法和设置方式与前面所讲的几种控件基本类似,这里不再赘述,下面用几个例子来说明它们的用法。

例 4-3 旋钮类控件使用示例

旋钮类控件的设置方法与其他控件类似,在外观方面,旋钮类控件可以添加一圈与数值对应的色带,如图 4-14 所示。具体设置方法为,右击控件,在弹出的级联菜单中选择"属性",在"标尺"选项卡中勾选"显示颜色梯度控件",如图 4-15 所示。

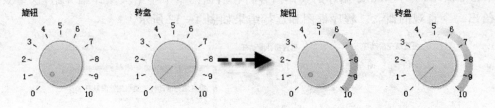

图 4-14 旋钮类控件增加色带

图 4-15 设置旋钮类控件颜色梯度

例 4-4 液罐使用示例

在本例中,模拟一个储水罐的蓄水和放水过程,用"液罐"控件来显示储水罐里面的液面状态,如图 4-16 所示。

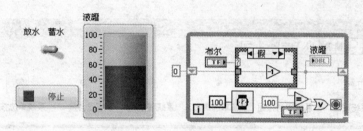

图4-16 储水罐水位模拟

提示:滑动杆、进度条和旋钮等大多数控件可以设置数据与控件刻度的映射方式,具体设置方法为右击控件,在弹出的级联菜单中选择"标尺→映射→线性/对数"。

4.1.2 布尔型数据的表达与显示

布尔型控件主要用于布尔型变量的输入与显示。作为输入控件使用时,主要有按钮式开关、摇杆式开关和翘板式开关几种类型;作为显示控件使用时,主要为圆形和方形指示灯,如图4-17~图4-20所示。

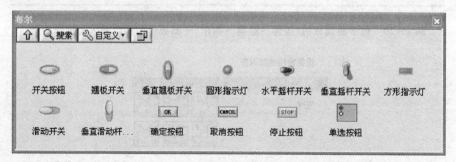

图4-17 位于前面板的"控件→新式→布尔"子面板中的布尔输入与显示控件

图4-18 位于前面板的"控件→银色→布尔"子面板中的布尔输入与显示控件

与传统编程语言不同的是,布尔型输入控件有一个重要的属性叫"机械动作"。这个属性可以模拟真正开关的动作特性。右击布尔型控件,选择"机械动作"或者在"属性"对话框中选择"操作"页,即可对控件的机械特性进行设置,如图4-21和图4-22所示。

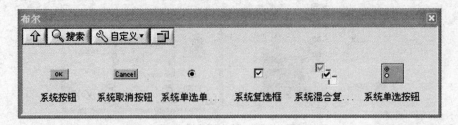

图 4-19　位于前面板的"控件→系统→布尔"子面板中的布尔输入与显示控件

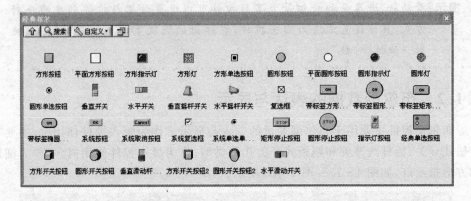

图 4-20　位于前面板的"控件→经典→布尔"子面板中的布尔输入与显示控件

图 4-21　设置布尔型控件机械动作设置方法 1

各机械动作的含义说明如表 4-1 所列。

表 4-1　布尔型控件各机械动作含义说明

图　标	动作名称	含　义
	单击时转换	按下按钮时改变状态，按下其他按钮之前保持当前状态
	释放时转换	释放按钮时改变状态，释放其他按钮之前保持当前状态
	保持转换直到释放	按下按钮时改变状态，释放按钮时返回原状态

续表 4-1

图 标	动作名称	含 义
	单击时触发	按下按钮时改变状态,LabVIEW 读取控件值后返回原状态
	释放时触发	释放按钮时改变状态,LabVIEW 读取控件值后返回原状态
	保持触发直到释放	按下按钮时改变状态,释放按钮且 LabVIEW 读取控件值后返回原状态

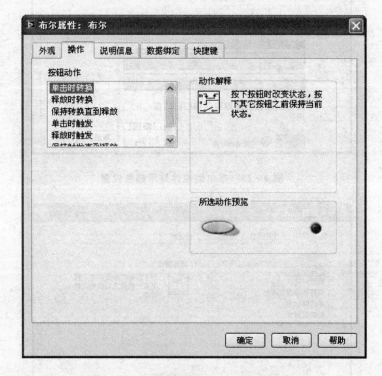

图 4-22   布尔型控件机械动作设置方法 2

　　布尔型控件可以对控件的显示颜色、机械动作等属性进行更改与设置,这些设置选项的调用可以通过右击控件或者"属性"菜单实现,如图 4-23 和图 4-24 所示。

　　布尔型控件的使用也比较简单,下面通过具体例子说明它们的属性设置与使用方法。

例 4-5   指示灯使用示例

　　本例在例 4-4 的基础上加入了对水位状态的显示,如图 4-25 所示。当水位低于 20 时,缺少状态指示灯亮;当水位高于 80 时,过满状态指示灯亮;当水位在 20~80 之间时,正常状态指示灯亮。

图 4 – 23 布尔型控件显示颜色设置

图 4-24 布尔型控件机械动作属性设置

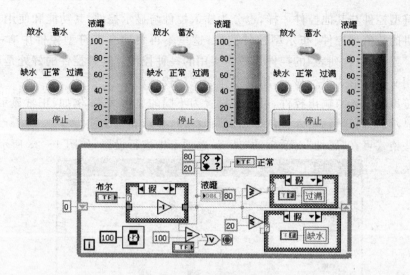

图 4 - 25 指示灯使用举例

4.1.3 字符型数据的表达与显示

LabVIEW 中的字符型数据主要包括字符串和路径两类,与字符型数据相关的控件主要在"控件→字符串与路径/下拉列表与枚举"子面板中,如图 4 - 26 和图 4 - 27 所示。当然,在"系统"、"经典"、"Express"等面板中也可以找到不同风格的相应控件。

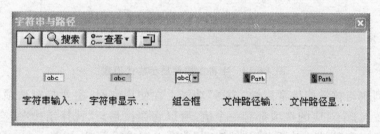

图 4 - 26 字符串与路径控件面板

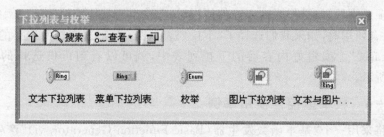

图 4 - 27 下拉列表与枚举控件面板

　　字符型控件与其他控件一样,也分为输入控件与显示控件,其功能和使用方法与前面所讲的数值型控件、布尔型控件类似,这里不再赘述。字符型控件中有一类叫"组合框"或者"下拉列表"的控件是较为实用的一种控件。这种控件的好处是可以将我选项用文字的形式进行显示,用户操作起来比较直观。

　　字符串的输入与输出控件,可以被设置为不同的显示格式,例如,正常显示、反斜杠符号显示、密码显示、十六进制显示、单行/多行显示和自动换行等。

　　这些格式可在"属性"对话框的"外观"选项卡中进行设置,如图 4 - 28 所示。

图 4 - 28　字符串控件显示格式设置

　　下拉列表与枚举控件常用做"选择"功能。在使用它时,主要是对选项内容进行编辑和设置,每个对应的选项都有一个值,所以它往往是与"选择结构"结合使用的。选项内容可以在"属性"对话框的"编辑项"选项卡中进行设置,如图 4 - 29 所示。

　　对于已经编辑好的项,可以通过右侧的"上移/下移"按钮改变位置。项后面的值表示这个项选中后,如果作为输入控件使用时,它输出给其他控件的值。例如,与"选择结构"联合使用时,如果我们选择了"下拉列表示例 0",则这个控件选择的是"选择结构"的"case0"。编辑好内容后的下拉列表中,就可以看到可供选择的内容,如图 4 - 30 所示。

例 4 - 6　枚举型控件使用举例

　　本例将采用一个"基本函数发生器(Basic Function Generator. vi)"产生不同类型的信号,再用一个枚举型的控件来选择信号的类型。运行结果与程序框图如图 4 - 31 所示。

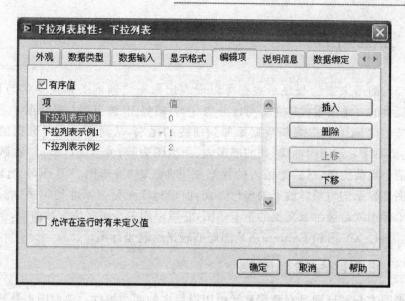

图 4 - 29 下拉列表项目内容编辑示例

图 4 - 30 编辑好内容后的下拉列表

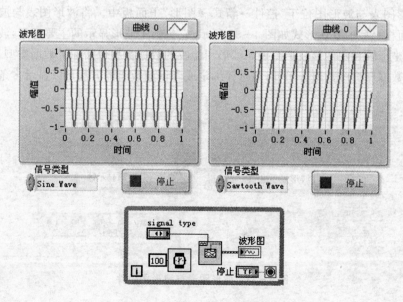

图 4 - 31 枚举型控件使用举例

4.2 二维图形

用二维图形来表达与显示数据可以展现出数据之间的关系及变化趋势,Lab-VIEW 提供的二维图形控件主要可以分为 3 类:趋势图、波形图与坐标图。

趋势图(Chart)可以将新数据添加到曲线的尾端,从而反映实时数据的变化趋势,它主要用来显示实时曲线,如波形图表、强度图表等;波形图(Graph)在画图之前会自动清空当前图表,然后把输入的数据画成曲线,如波形图、XY 图等。波形图表与波形图是显示均匀采样波形的理想方式,而坐标图则是显示非均匀采样波形的好选择。坐标图就是通常意义上的笛卡尔图,它可以用来绘制多值函数曲线,例如圆和椭圆等。通过 XY 图和 Express XY 图能够轻松绘制坐标图。

4.2.1 波形图与波形图表

波形图表与波形图是在数据显示中用得最多的两个控件。波形图表是趋势图的一种,它将新的数据添加到旧数据尾端后再进行显示,可以反映数据的实时变化。它和波形图的主要区别在于波形图是将原数据清空后重新画一张图,而趋势图保留了旧数据,保留数据的缓冲区长度可以通过右击控件并选择"图表历史长度"来设定。下面分别对它们的用法与设置进行详细介绍。

1. 波形图表与波形图的使用

波形图表与波形图位于"控件→新式→图形"子面板中。将波形图表与波形图放置在前面板上后的默认形式如图 4-32 所示,它包括了波形显示的主要元素:波形显示区、横纵坐标轴和图例。波形图表和波形图接收的数据类型包括标量数据类型、一维数组、波形数据和二维数组。另外,通过簇绑定或者创建数组的方法可以显示多条曲线。

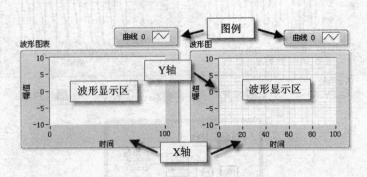

图 4-32 波形图表与波形图控件

例 4-7 标量数据显示

对于标量数据,波形图表直接将数据添加在曲线尾端,逐点显示,而波形图不能逐点显示,只能输入一维数组。在本例中,用"正弦(sine. vi)"函数产生一个正弦波,分别用波形图表和波形图来显示,程序运行结果和框图如图 4 - 33 所示。

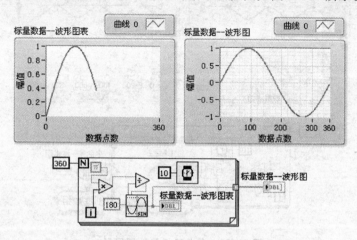

图 4 - 33　标量数据显示

例 4 - 8　一维数组数据显示

对于一维数组数据,波形图表将它一次添加到曲线的末端,也就是说曲线每次向前推进的点数为数据的点数,这和波形图的显示效果一样,程序运行结果和框图如图 4 - 34 所示,请读者仔细比较与上一例的区别。

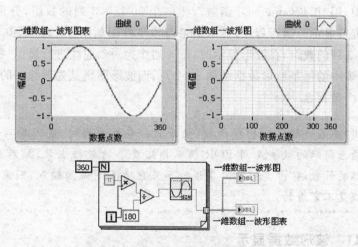

图 4 - 34　一维数组数据显示

例 4 - 9　多曲线数据显示

在本例中,实现在一个图形中显示多条曲线。对于波形图表,用簇里的"捆绑"函数就可以实现在一个波形图形中显示多条数据曲线,而对于波形图,则要用"创建数组"函数,运行结果与程序框图如图 4 - 35 所示。

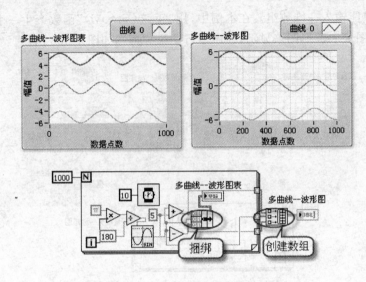

图 4-35　多曲线标量数据显示

例 4-10　二维数据显示

对于二维数组,波形图表默认情况下将它转置,即每一列作为一条曲线来显示。而对于波形图,默认是将行作为一条曲线显示,需要用户手动对数据进行转置,具体方法为右击波形图,选择"转置数组"。

在本例中,用"正弦(sine.vi)"函数产生一个 30 行×3 列的数组,分别用波形图表和波形图进行显示。运行程序,显示结果与程序框图如图 4-36 所示。图中所示为一个 30 行 3 列的数组,在波形显示时,每一列作为一条曲线进行显示,程序每运行一次,波形图表中的每条波形数据增加 30 个点,而波形图则是先清除旧的数据点,再显示新的 30 个数据点。

> **提示**:当用"函数→数学→初等函数"里面的函数画波形时,要求输入是弧度制的。简单的做法是用 FOR 循环指定要画的数据点数,然后用 FOR 循环的计数端"i"×π÷180 实现。如果直接将"i"做为输入,则画出来的曲线是不光滑的。

例 4-11　波形数据显示

对于波形数据,波形图表只能显示当前的输入数据,并不能将新数据添加到曲线的尾端。这是因为波形数据包含了横坐标的数据,因此每次画出的数据都和上次结果无关,等价于图表。

在本例中,用"创建波形"函数来创建一个正弦函数的波形数据,用"获取日期/时间"函数获取系统的当前时间,作为波形数据的起始时间。从图中可以看出,波形图

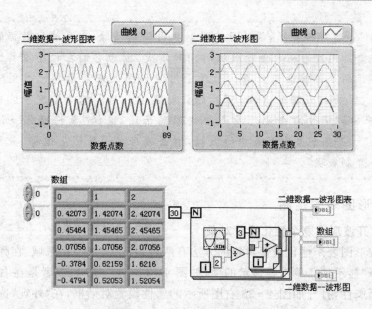

图 4 - 36　二维数组数据显示

表的横坐标显示的是系统当前时间,而用波形图显示时间时要在波形图控件上右击,选择取消"忽略时间标识",请读者仔细比较它与前面几个案例的区别。运行程序,显示结果和程序框图如图 4 - 37 所示。

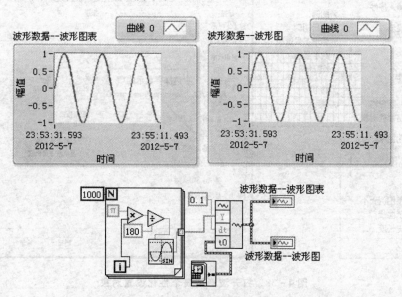

图 4 - 37　波形数据显示

在这个例子中可以看到,对于波形数据,除了波形数据"Y"之外,还有两个重要参数"t0"和"dt"。读者可以改变"t0"的值,观察波形数据显示时,时间轴的变化。

> 提示：当 VI 运行停止后，缓冲区中的数据并没有清除，对于波形数据的显示或者是用波形图来显示数据时问题不大，因为它们在程序重新运行时显示的是当前最新数据。而对于用波形图表来显示其他类型的数据时，因为旧数据的存在，可能会引起混淆。如果想清除缓冲区中的数据，可以通过右击波形图表的波形显示区，选择"数据操作→清除图表"。如果想复制图表中的数据，右击波形显示区域后选择"数据操作→复制数据"。

2. 波形图表的定制

(1) 打开波形图表个性化设置对象

打开波形图表个性化设置对象的方法有两种：右击波形显示区域，在弹出的快捷菜单中选择"显示项"，单击要显示的项，如图 4-38 左图所示；或者是在右击弹出的菜单中选择属性，打开如图 4-38 右图所示的属性设置对话框，在"外观"选项卡中选择要显示的项目（图中画圈区域），设置完成后的波形图表及各对象功能如图 4-39 所示。

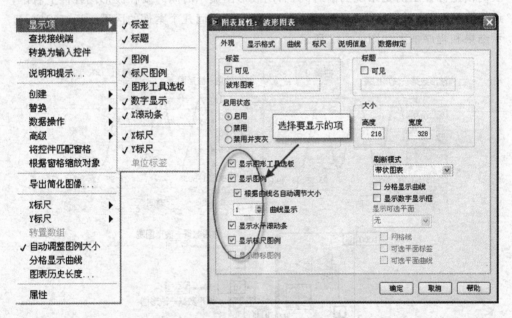

图 4-38　打开波形图表个性化设置对象

(2) 设置坐标轴显示

● 自动调整坐标轴

如果用户想让 Y 坐标轴的显示范围随输入数据变化，可以右击波形图表控件，在弹出的菜单中选择"Y 标尺→自动调整 Y 标尺"。如果取消"自动调整"选项，则用

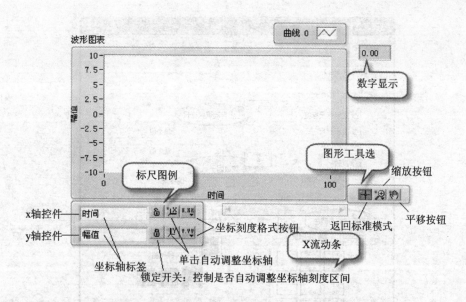

图 4 - 39　设置完成的波形图表及各对象功能

户可任意指定 Y 轴的显示范围,对于 X 轴的操作与之类似。这个操作也可在属性对话框里的"标尺"选项卡中完成,如图 4 - 40 的区域"1"。

● 坐标轴缩放

在图 4 - 40 的区域"2"中可以进行坐标轴的缩放设置,坐标轴的缩放一般是对 X 轴进行操作,主要是使坐标轴按一定的物理意义进行显示。例如,对用采集卡采集到的数据进行显示时,默认情况下 X 轴是按采样点数显示。如果要使 X 轴按时间显示,就要使 X 轴按采样率进行缩放。

● 设置坐标轴刻度样式

右击坐标轴,在弹出菜单中选择"X 标尺→样式",也可以在图 4 - 40 的区域"3"中进行设置,同时可对刻度的颜色进行设置。

● 设置网格样式与颜色

网格样式与颜色在图 4 - 40 的区域"3"中进行设置。

● 多坐标轴显示

默认情况下的坐标轴显示如图 4 - 32 所示。右击坐标轴,在弹出的菜单中选择"复制标尺",新生成的坐标轴标尺在原标尺侧,如图 4 - 41 中右上图所示。再右击标尺,从弹出菜单中选择"两侧交换",这样坐标轴标尺就对称地显示在图表两侧了,如图 4 - 41 中右下图所示。

> **提示:**对于波形图表来说,只能对 Y 轴的坐标进制两侧显示,而对于 X 轴则不能;而对于波形图来说,X 轴与 Y 轴都可以进行两侧的坐标显示。如果要删除多坐标显示,则右击标尺,在弹出菜单中选择"删除标尺"即可。

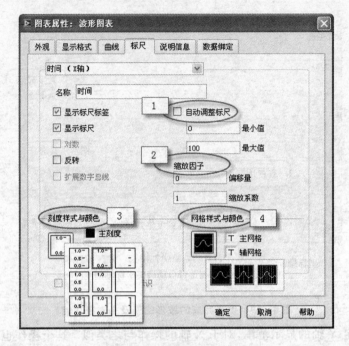

图 4 - 40　波形图表属性设置

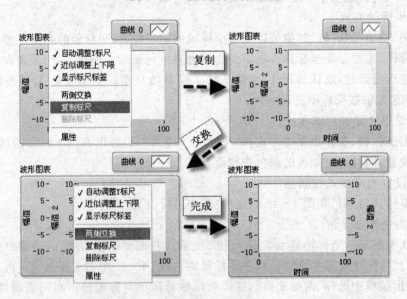

图 4 - 41　多坐标轴显示

(3) 图例

默认情况下图例只显示一条曲线,若想要显示多条曲线的图例,直接将图例往下拉即可。右击图例,在弹出菜单中可以对曲线的颜色、线型和显示风格等进行设置,如图 4 - 42 所示。双击图例文字可以改变曲线名称。

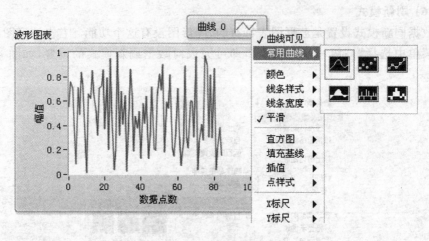

图 4-42　设置图例

（4）图形工具选板

默认情况下第一个十字标志按钮被选中，表示此时图形区的游标可以移动。放大镜标志用来对图形进行缩放，共有 6 种模式，如图 4-43 所示。对于第一排中的放大方式，只需要选中该放大方式后，在图形区域拖动鼠标就能实现，用 Ctrl＋Z 可以撤销上一步操作，选中手形标志后可以随意在显示区域拖动图形。

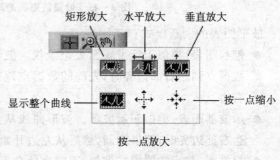

图 4-43　图形工具选板

（5）更改缓冲区长度

波形图表显示时，数据首先存放在一个缓冲区中，这个缓冲区的大小默认为 1 024 个数据。这个数值大小是可以调整的，具体方法为在波形图表上单击右键，选择"图表历史长度"，在弹出的对话框中输入缓冲区的大小，如图 4-44 所示。

图 4-44　更改缓冲长度

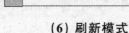

(6) 刷新模式

数据刷新模式设置是波形图表特有的,图形图没有这个功能。右击波形图表,在弹出菜单中选择"高级→刷新模式",即可完成对数据刷新模式的设置,如图 4 - 45 所示。

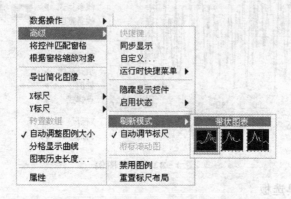

图 4 - 45　设置波形图表刷新模式

波形图表的刷新模式有 3 种:

- 带状图表:类似于纸带式图表记录仪。波形曲线从左到右连续绘制,当新的数据点到达右部边界时,先前的数据点逐次左移,而最新的数据会添加到最右边。
- 示波器图表:类似于示波器。波形曲线从左到右连续绘制,当新的数据点到达右部边界时,清屏刷新,然后从左边开始新的绘制。
- 扫描图:与示波器模式类似,不同之处在于当新的数据点到达右部边界时,不清屏,而是在最左边出现一条垂直扫描线,以它为分界线,将原有曲线逐点右推,同时在左边画出新的数据点。

示波器模式及扫描式图表比带状图表运行速度要快,因为它们无须像带状图表那样处理屏幕数据滚动而另外开销时间。

例 4 - 12　分格显示曲线,每条曲线用不同样式表示

分格显示曲线是波形图表特有的功能,右击波形图表控件,在弹出菜单中选择"分格显示曲线"即可实现此功能,当然也可以在属性对话框的"外观"选项卡中进行设置。在本例中用"正弦(sine. vi)"函数产生一个正弦波,在一个波形图表中分别用 3 种不同的线条样式来显示同一个波形。运行程序,显示效果和程序框图如图 4 - 46 所示。

> **提示**:在设置分格显示曲线时,需要在属性对话框的"外观"标签项中指定要显示的曲线数目。

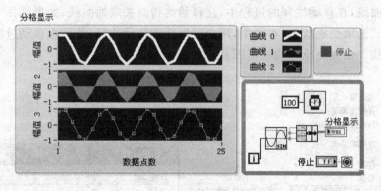

图 4 - 46 分格显示曲线

3. 波形图的定制

波形图的个性化定制方法大部分和波形图表是相似的，对于相同的部分，这里不再赘述，只对不同的部分进行介绍。

（1）游标

和波形图表相比，波形图的的个性化设置对象没有"数字显示"，但多了一个"游标图例"，如图 4 - 47 所示。通过游标图例，用户可以在波形显示区中添加游标，拖动游标，在游标图例中就会显示游标的当前位置。游标可以不止一个，可通过右击游标图例并选择"创建游标"来添加游标。选中某个游标后，还可以用游标移动器来移动游标。右击游标图例，从弹出菜单中可对光标的样式，颜色等进行个性化设置。

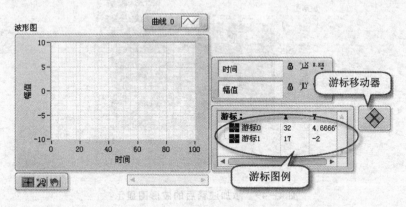

图 4 - 47 波形图游标设置

（2）添加注释

在前面板上右击波形图，在弹出菜单中选择"数据操作→创建注释"，弹出创建注释对话框，如图 4 - 48 所示。在创建注释对话框中，用户可以在"注释名称"中输入想要在波形图中显示的注释名称。在"锁定风格中"指定注释名称是"关联至某一条曲线"还是"自由"，如果选择"关联至某一条曲线"，则用户需要在"锁定曲线"中指定注释关联的曲线,在移动注释的过程中,注释始终指向关联的曲线;如果选择"自由",则"锁定曲线"选项变成灰色,不可用,用户可以任意移动注释,并且在移动过程中,注释不指向曲线。设置完成后的波形图显示如图 4 - 49 所示。

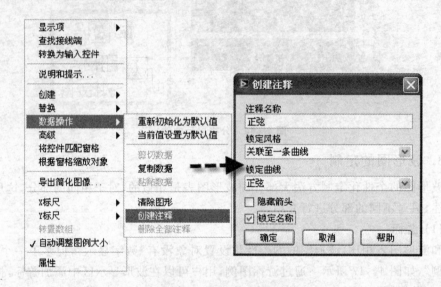

图 4 - 48 添加波形注释

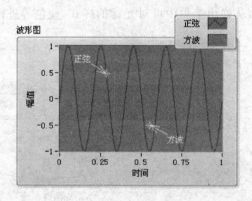

图 4 - 49 添加注释后的波形图显示

例 4 - 13 绘制李萨如图形

在本例中,产生两个长度不同的正弦波和方波,分别用族数组和二维数组进行显示,运行结果和程序框图如图 4 - 50 所示。从图中可以看出,用簇数组显示的波形图中,只显示实际的数据点数,而用二维数组显示时,缺少的数据点用"0"补齐。

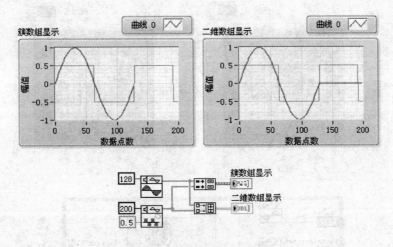

图 4 - 50　簇数组与二维数组显示

4.2.2　XY 图和 Express XY 图

由于波形图表与波形图的横坐标都是均匀分布的,因而不能描绘出非均匀采样得到的数据曲线,但用坐标图就可以轻松实现。LabVIEW 中 XY 图和 Express XY 图是用来画坐标图的一个有效控件。XY 图和 Express XY 图的输入数据需要包含两个一维数组,分别包含数据点的横坐标和纵坐标的数值。在 XY 图中需要将两个数组合成一个簇,而在 Express XY 图中则只需将两个一维数组分别和该 VI"X 输入端口"和"Y 输入端口"相连。

例 4 - 14　绘制李萨如图形

李萨如图形是一个质点的运行轨迹,该质点在两个垂直方向的分运动都是简谐振动。李萨如图形是物理学的重要内容之一,在工程技术领域也有很重要的应用,利用李萨如图形可以测量未知振动的频率和初相位。

假设形成李萨如图形的两个简谐振动,一个在 X 轴,一个在 Y 轴上,分别用如下两个式子来表示:

$$x = A\cos{(mat + \varphi_1)}$$
$$y = A\cos{(mat + \varphi_2)}$$

它们的合运动轨迹就是李萨如图形。运行结果和程序框图如图 4 - 51 所示。

读者可以通过改变信号的频率,相位等参数来观看波形的变化。对图表各个参数的具体操作方法请参看前面的介绍。

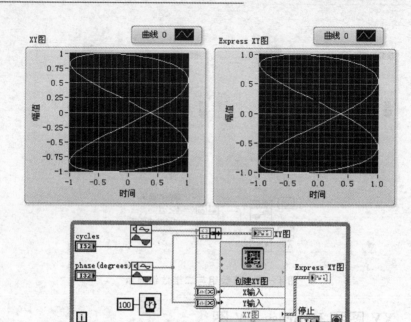

图 4 - 51　李萨如图形

4.2.3　强度图表与强度图

　　强度图表和强度图提供了一种在二维平面上表现三维数据的方法,可用来形象地显示热成像力、地形图等。它用 X 轴和 Y 轴来标志坐标,用屏幕色彩的亮度来表示该点的值。它的输入是一个二维数组,默认情况下数组的行坐标作为 X 轴坐标,数组的列坐标作为 Y 轴坐标,也可以通过右击图表并选择"转置数组",将数组的列作为 X 轴,行作为 Y 轴。

　　强度图表和强度图的大部分组件和功能都是相同的,区别在于显示波形的实现方法和过程不同,类似于波形图表与波形图的区别。

例 4 - 15　用强度图表和强度图来表示一个二维数组

　　本例中用两个 For 循环嵌套产生一个二维数组,分别用强度图表和强度图来显示。从图 4 - 52 中可以明显看出两种显示方式的区别:强度图表是把新数据添加到旧数据尾端,然后进行显示;而强度图是只显示当前最新数据。

　　提示:默认情况下,强度图表和强度图是用单色来显示的。如果想改变显示的颜色,可以参考 LabVIEW 本身的例程,位置为"帮助→查找范例→基础→图形和图表→创建强度图色码表"。

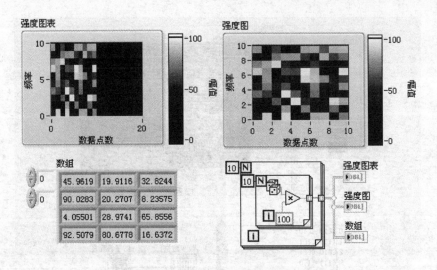

图 4 - 52　强度图表与强度图显示

4.2.4　数字波形图和混合波形图

在数字电路设计中我们经常要分析时序图，LabVIEW 提供了数字波形图来显示数字时序图。在介绍数字波形图之前，先介绍一下"数字数据"控件，它位于"控件→新式→I/O"子面板中。将它放置到前面板上，类似于一张真值表，如图 4 - 53 所示。用户可以随意增加和删除数据（数据只能为 0 或者 1），插入行或者删除行可以通过右击控件行的位置并选择"插入行/删除行"进行设置，对于列的操作则需要用户右击控件列的位置并选择"插入列/删除列"选项。

图 4 - 53　数字数据控件

1. 用数字数据作为输入直接显示

用数字数据输入直接显示，横轴代表数据序号，纵轴从上到下表示数字信号从最低位到最高位的电平变化，如图 4 - 54 所示。

2. 组合成数字波形后进行输出

用"创建波形（buiildwaveform. vi）"将数字数据与时间信息或者其他信息组合成数字波形，用数字波形图进行显示，如图 4 - 55 所示。

3. 族绑定输出

对于数组输入，可以用"捆绑"对数字信号进行打包，数据捆绑的顺序为：Xo、Delta x、输入数据、Number of Ports。这里的 Number of Ports 反映了二进制的位数

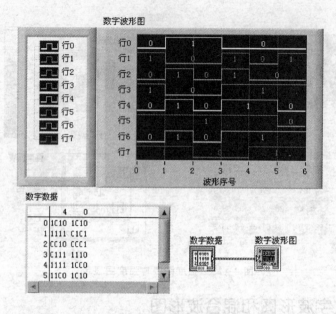

图 4 - 54　数字数据输入直接显示

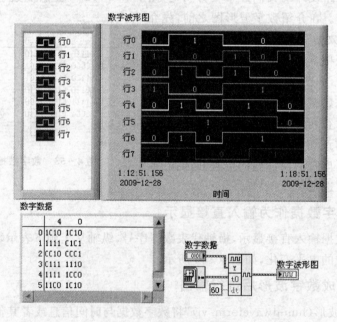

图 4 - 55　数字波形输出

或字长,等于 1 时为 8 bit,等于 2 时为 16 bit,依次类推。族绑定输出的数字波形图及框图如图 4 - 56 所示。

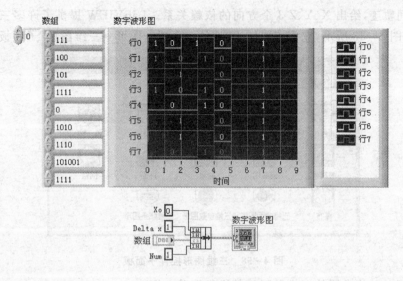

图 4-56 族绑定输出

4. 混合信号输出

混合信号图可以将任何波形图、XY 图或数字波形图能接受的数据类型连线到混合图上。不同的数据类型通过"捆绑"函数相连接,混合信号图在不同的绘图区域绘制模拟和数字波形,如图 4-57 所示。

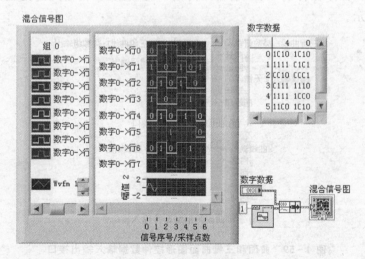

图 4-57 混合信号输出

4.3 三维图形

在实际工程应用中,三维图形是一种最直观的数据显示方式,它可以很清楚地描绘出空间轨迹,给出 X、Y、Z 3 个方向的依赖关系。LabVIEW 提供了许多三维图形控件,如图 4-58 所示,它们主要位于"控件→新式→图形→三维图形"子面板中。

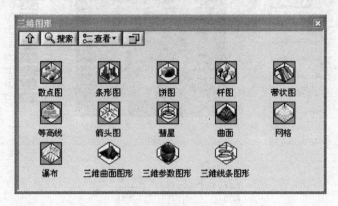

图 4-58　三维图形控件子面板

下面对一些常用的三维图形控件进行简单介绍。

4.3.1　三维曲面图

三维曲面图用来描绘一些简单的曲面,LabVIEW 提供的曲面图形控件可以分为两种类型:曲面(3D Surface Plot. vi)和三维曲面图形(3D Surface Graph. vi)。曲面和三维曲面图形控件的 X、Y 轴输入的是一维数组,Z 轴输入的是三维数组,如图 4-59 所示。

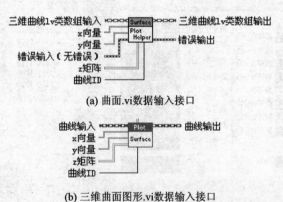

(a) 曲面.vi数据输入接口

(b) 三维曲面图形.vi数据输入接口

图 4-59　曲面和三维曲面图形控件数据输入输出接口

例 4-16　用曲面和三维曲面控件绘制正弦曲面

它们在显示方式上没有太大差别,都可以将鼠标放置到图像显示区后,将图像在 X、Y、Z 方向上任意旋转;两者最大的区别在于,"曲面"控件可以方便地显示三维图形在某个平面上的投影,例如,对于图 4-60 的图形,单击 ▓ 即可显示图形在 XY 平

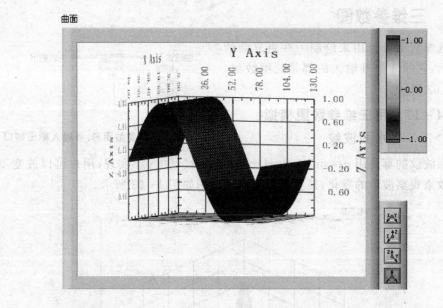

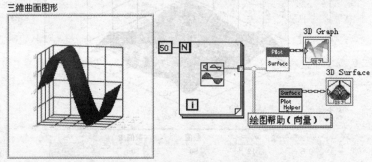

图 4 - 60　曲面与三维曲面图形

面上的投影,在其他平面上的操作与之类似,显示结果如图 4 - 61 所示。

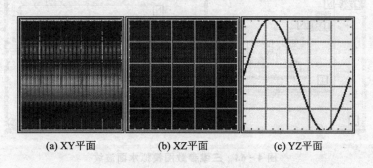

(a) XY平面　　　　　(b) XZ平面　　　　　(c) YZ平面

图 4 - 61　三维曲面在 3 个坐标轴平面上的投影

4.3.2　三维参数图

三维参数图可以用来绘制一些更复杂的空间图形,它的 3 个轴输入的都是二维数组,如图 4-62 所示。

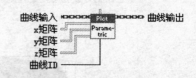

例 4-17　用三维参数图模拟水面波纹

图 4-62　三维参数图形.vi 输入输出端口

水面波纹的算法用 $z = \sin(sqrt(x^2 + y^2))/sqrt(x^2 + y)^2$ 实现,用户可以改变不同的参数来观察波形的变化,显示效果和程序框图如图 4-63 所示。

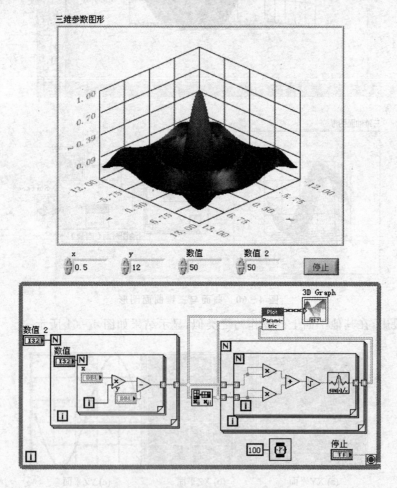

图 4-63　三维参数图模拟水面波纹

4.3.3 三维曲线图

三维曲线图形控件用来绘制空间曲线,它的3个输入端都是一维数组,如图4-64所示。

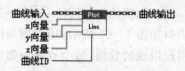

图4-64 三维线条图形.vi 输入输出端口

例4-18 用三维曲线控件绘制螺旋曲线

显示效果和程序框图如图4-65所示,通过改变绘制的数据点数,可以看到图形的变化。

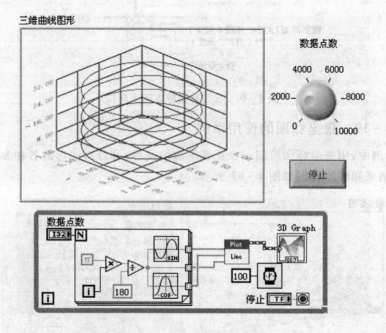

图4-65 三维曲线绘制螺旋线

三维图形子面板中还提供了"散点图"、"饼图"、"等高线图"等许多控件,这些控件的使用方法与例中所讲的控件类似,此处不再赘述。

4.4 其他图形显示控件

除了上面介绍的几种基本的图表图形控件之外,LabVIEW还提供了极坐标图、雷达图,以及图片等多种控件。这里不再对它们一一描述,仅选几种常用的控件举例介绍。读者如果想要了解更多,可以在"帮助→查找范例"中输入相应的关键字查找相关例程进行学习。

4.4.1　极坐标图

极坐标图位于"控件→新式→图形→控件"子面板中。极坐标图控件的输入、输出端口如图4-66所示,用户用到的接口主要是"数据数组"和"尺寸"。"数据数组"是由点组成的数组,每个点是由幅度和以度为单位的相位组成的簇,用于指定标尺的格式和精度。"尺寸"由宽度和高度两个要素组成:宽度指定右侧增加的水平坐标;高度指定底部增加的垂直坐标。

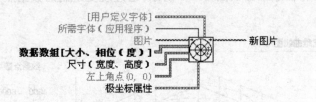

图4-66　极坐标图输入输出端口

例4-19　极坐标图的使用举例

在本例中,用极坐标图绘制一个正弦函数的波形,可以对波形的各种参数进制设置,运行结果和程序框图如图4-67所示。

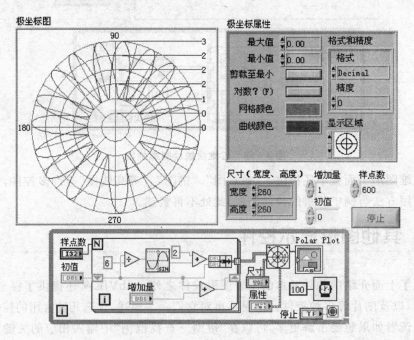

图4-67　极坐标图使用示例

4.4.2　最小-最大曲线显示控件

最小-最大曲线显示控件位于"控件→新式→图形→控件"子面板中,控件的输入输出端口如图 4-68 所示。最主要的是"数据"输入端口,该点数组中的每个元素是由 X 和 Y 的像素坐标组成的簇。

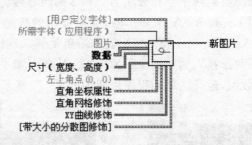

图 4-68　最小-最大曲线显示控件的输入输出端口

例 4-20　用最小-最大曲线显示控件绘制螺旋曲线

本例用最小-最大曲线显示控件绘制一条螺旋曲线,程序的前面板和后面板如图 4-69 所示。读者可以改变输入参数观察波形的变化,"属性"等参数设置项是一个族数组。

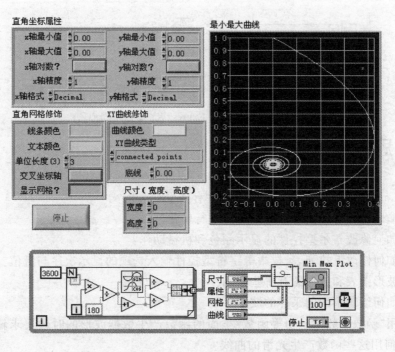

图 4-69　用最小-最大曲线控件绘制螺旋曲线

4.5 综合实例：绘制同心圆

例 4-21 同心圆

在本例中，用坐标图绘制两个半径分别为 1 和 2 的同心圆。用 XY 图显示时，对数据要进行族绑定；用 Express XY 图显示时，如果显示的只是一条曲线，则只要将两个一维数组分别输入到 Express XY 的 X 输入端和 Y 输入端即可。本例中为显示两个同心圆，所以在将数据接入到 Express XY 的输入端时，要先用"创建数组.vi"将数据连接成一个二维数组，运行结果和程序框图如图 4-70 所示。

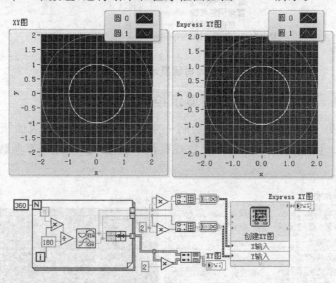

图 4-70 用 XY 图和 Express XY 图显示同心圆

4.6 思考与练习

① LabVIEW 提供的输入、输出控件有多少种风格？

② 输入控件和输出控件之间如何进行转化？

③ 如何修改布尔型控件的显示颜色和机械动作？

④ 如何修改下拉列表、枚举等字符型控件输入选项的显示次序与键值？

⑤ 波形图表和波形图有哪些区别？

⑥ 如何绘制不均匀采样的波形？

⑦ 用"函数→数学→初等函数"里面的函数产生数据波形的时候要求输入的是弧度，如何用这些函数产生光滑的曲线？

⑧ 学习"帮助→查找范例→基础→图形和图表"中提供的例程。

第 5 章

程序结构

程序结构是程序流程控制的节点和重要因素,直接关系到程序的质量和执行效率。在 LabVIEW 中,程序结构是一个大小可调的方框,在方框内编写该结构控制的图形代码,不同结构间可以通过连线进行数据交换。与其他编程语言一样,Lab-VIEW 也有循环结构、条件结构、事件结构和顺序结构等基本结构,同时还有比较特殊的公式节点、反馈结构和使能结构等。这些程序结构在"函数→编程→结构"子面板中,如图 5-1 所示。

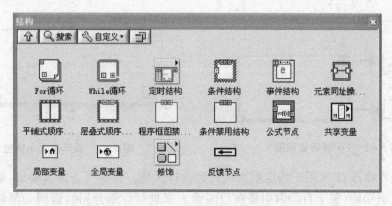

图 5-1 LabVIEW 函数模板中的程序结构子模板

【本章导航】
- ➢ For 循环与 While 循环
- ➢ 条件结构的使用
- ➢ 事件结构的使用
- ➢ 变量的使用
- ➢ 其他特殊结构的使用

5.1 基本程序结构

在这一节中,主要给大家介绍 LabVIEW 中基本程序结构的用法,包括 For 循环、While 循环和顺序结构。

5.1.1 For 循环

1. For 循环的基本结构与建立方法

For 循环位于"函数→编程→结构"子面板中,一个完整的 For 循环体包含两个端口:循环次数(输入端口)和循环计数(输出端口),如图 5-2 所示。

建立 For 循环的方法是:在函数面板上选择 For 循环结构,然后在后面板上按住鼠标左键不放,并拖动,画出一个如图 5-3 所示的方框。这个方框就叫循环体。创建 For 循环的结构可以在编写完代码之后,也可以在编写代码之前。如果是前者,则在创建 For 循环的循环体时,要将所有已经编写好的代码框到循环体内;如果是后者,则只要在 For 循环创建完成后,在循环体内添加需要的代码就可以了。当 For 循环的循环体创建完成后,可以对循环体的大小进行调整,具体方法为:将鼠标放到循环体的边框上,会出现可以调整的点,读者可以在这些点上将循环体沿各个方向拉伸,如图 5-3 所示。

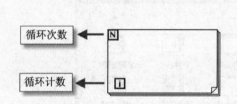

图 5-2 For 循环结构图

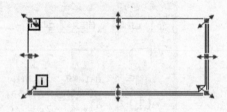

图 5-3   循环体大小调整

循环次数端口 N 用于指定框图代码的执行次数。它是一个输入端口,除非应用了自动索引功能(关于自动索引将在后面给大家进行详细介绍),否则必须输入一个整型数。当连接一个浮点数时,LabVIEW 会自动对它按"四舍五入"的原则进行强制转换。

循环计数端口 i 是一个输出端口,记录当前的循环次数。要注意的是,它是从 0 开始的,框图内的代码每执行一次,i 的值就自动加 1,直到 N-1,程序自动跳出循环。循环次数和循环计数端口的数值范围为 $0 \sim 2^{31}-1$ 的长整型数,如果给 N 的赋值为 0,则程序一次也不执行。

例 5-1   利用 For 循环产生固定点数的正弦波

在做算法仿真时,经常需要产生指定点数的数据波形,最基本的实现方法就是通过 For 循环叠加基本函数的方式。在本例中,给大家演示用 For 循环产生固定数据点数的正弦波。数据点数用循环次数指定,正弦波形用"sine"函数实现。运行结果与程序框图如图 5-4 所示。

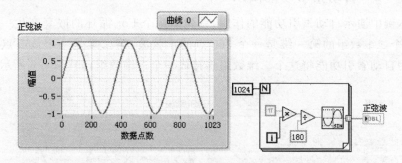

图 5-4　用 For 循环产生固定数据点数的正弦波

2. For 循环的索引通道

当数据进出循环时,需要通过索引通道实现。索引通道的表现形式如图 5-5 所示,有自动索引和禁用索引两种状态,下面对它们分别进行介绍。

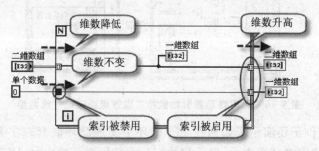

图 5-5　自动索引

正常情况下 For 循环是要指定循环次数程序才能正常执行的,但如果我们不知道具体的循环次数,那又该如何运用 For 循环呢? For 循环的自动索引功能正好能解决这个难题。当我们不知道一个数组的元素个数,仅关心怎样取出它的各个元素来进行处理时,只要将这个数组直接连接到 For 循环体中,自动索引功能自动会把数组进行降维处理,同时指定循环次数。For 循环的自动索引功能默认情况下是自动开启的,只要有数据线穿过循环体的边框,就会产生自动索引的图标,如图 5-5 所示。在自动索引开启的状态下,数据进入循环体时进行降维操作,输出循环体时进行升维操作,例如,一个二维数组进入循环体后,变成一维数组,一维数组进入循环体后变成单个的数字;反之,出循环体时,单个的数字变成一维数组,一维数组变成二维数组。

如果自动索引功能被禁用,数据的维数不会发生改变。切换索引功能开启与关闭的方法为:右击索引通道,在弹出的级联菜单中选择"禁用/启用索引"即可。另外,如果输入的是单个数据,则索引功能自动关闭。这很好理解,是因单个的数据不可能再降维了。

例 5 - 2　自动索引功能演示

在本例中演示自动索引功能的作用,首先用两个 For 循环的嵌套产生一个二维数组,这个二维数组的第一维是一个 360 点的正弦波,第二维是一个 360 点的余弦波。再用自动索引功能将这个二维数组连接成一个一维数组,如图 5 - 6 所示。

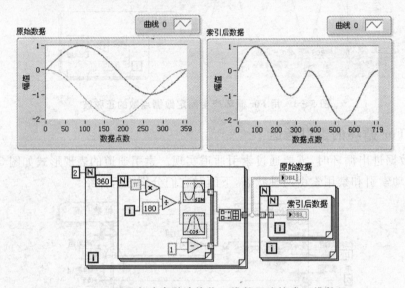

图 5 - 6　利用自动索引功能将二维数组连接成一维数组

同时,这个例子还演示了如何在 For 循环中实现循环嵌套。在 LabVIEW 中用框图的嵌套来实现循环嵌套,一层一层执行。在数据向外输出时,嵌套执行的顺序是先内后外,在数据向内输入时,嵌套执行的顺序是先外后内。

3. 移位寄存器

如果程序后一次的运行需要用到前一次的值,则可以使用移位寄存器。它实际上是 For 循环和 While 循环独有的局部变量。移位寄存器的使用要经过创建和初始化两步。

(1) 移位寄存器的创建

移位寄存器表现为一个带方框的下三角,如图 5 - 7 所示。右击循环体的边框,在弹出的菜单中选择"添加移位寄存器"即可完成移位寄存器的创建。这时,在循环体的两个竖边框上会出现两个相对的"黑色"端口,只有将它连接到相应的数据端时,才会显示相应数据类型的颜色。

移位寄存器的左右端口可以成对出现,也可以"一对多"。在"一对多"的情况中要特别注意的是,只能是右侧的"一个端口"对应左侧的"多个端口",而不能反向。其

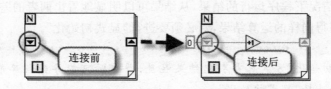

图 5-7　移位寄存器的创建与连接数据前后的变化

中,右侧的端口用来存放本次循环的结果,左侧的端口存放上次循环的结果。添加"一对多"端口时,可右击对应的端口,在弹出的级联菜单中选择"添加元素"。两种情况下的移位寄存器端口如图 5-8 所示。

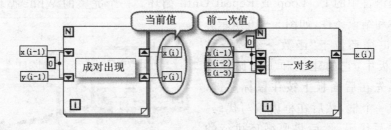

图 5-8　移位寄存器

(2) 移位寄存器的初始化

移位寄存器可以存储的数据类型有:数值型、布尔型、数组和字符串型等。移位寄存器的初始化可以分为"显式初始化"和"非显式初始化"。给移位寄存器赋初值称为"显式初始化","非显式初始化"不给移位寄存器指定明确的初始值。

当位寄存器在"非显式初始化"状态工作并首次执行时,程序自动给寄存器赋初值 0,对于布尔型的数据,则为"False"。后一次程序执行时就调用前一次的值,只要 VI 不退出,则寄存器一直保持前一次的值。图 5-9 所示为"显式初始化"和"非显示

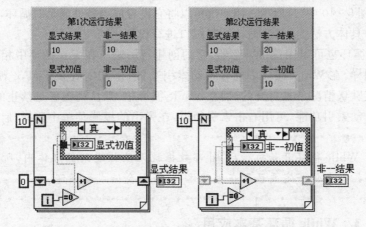

图 5-9　"显示初始化"和"非显示初始化"的运行结果

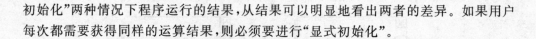

初始化"两种情况下程序运行的结果,从结果可以明显地看出两者的差异。如果用户每次都需要获得同样的运算结果,则必须要进行"显式初始化"。

> **提示:**"非初始化"方式容易引起结果混乱,严重时可能导致程序崩溃。建议读者选择"显式初始化"。

5.1.2 While 循环

While 循环重复执行循环体内的代码,直到满足某种条件为止。它相当于传统文本编程语言中的 Do Loop 或 Repeat-Until 循环。一个完整的 While 循环应该包括循环体和结束条件,如图 5-10 所示。

While 循环位于"函数→编程→结构"子面板中,它的建立和 For 循环类似。可以先在后面板上按住鼠标左键,拖动形成一个框,然后在框内编写代码。也可以先写代码,然后将要循环执行的代码用 While 循环框起来。和 For 循环不同的是,它事先不知道循环次数,只有循环条件,当件满足时就停止执行循环

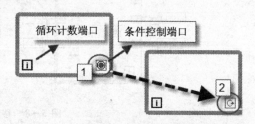

图 5-10 While 循环

体内的代码。While 包含两个端口:条件接线端(输入端口)和循环计数端(输出端口),如图 5-10 所示。其中,循环计数端口输出的是当前的循环执行次数,从 0 开始计数,所以实际运行次数应该是当前的输出值"i+1"。条件输入端可以是一个确定的布尔值,也可以是一个状态、一种确定的判断结果等。

While 循环条件输入端口是一个布尔型的量。默认情况下,是当条件满足时循环停止,如图 5-10 中"1"所示。用户也可以将它设置成当条件满足时循环,如图 5-10 中"2"所示,具体方法为:单击循环控制端口进行设置。

While 循环也可以用移位寄存器,它的创建与用法与在 For 循环中相似,这里不再赘述。同样,在 While 循环中也有自动索引功能,不同之处在于:For 循环中的自动索引功能默认情况下是打开的,而在 While 循环中,默认情况下是禁止的。如果用户要启用自动索引功能,可用右击索引通道,在弹出的级联菜单中选择"启用索引"。

> **提示:**当 While 循环开始执行后,外部数据就无法传递到循环体内,所以循环的控制条件一定要放置在循环体内,否则会造成死循环。

例 5-3 While 循环基本应用

在本例中演示 While 循环的基本应用,用"sine"函数产生正弦波,用"停止"控件

来控制程序的停止,如图 5-11 所示。

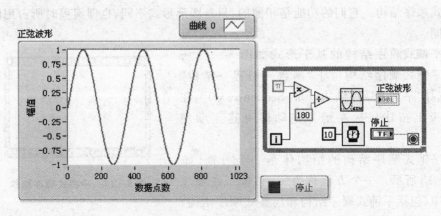

图 5-11　While 循环基本应用

例 5-4　利用 While 计算前 100 个自然数求和

在这个例子中给大家演示如何利用 While 计算前 100 自然数的和。在上一例的 While 循环基本应用中,循环停止条件是由一个布尔控制实现的。在这里,我们用一个判断结果的输出来控制,将循环计数端"+1"后作为自然数,同时将它与"100"进行比较,当运行次数达到 100 时停止。运行结果与程序框图如图 5-12 所示。

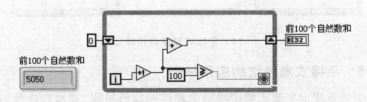

图 5-12　用 While 循环计算前 100 个自然数的和

> 提示:使用 While 循环时,建议用户设定循环间隔。因为如果没有循环间隔的话,While 循环是"全速"运行的,这样会占用过多的系统资源,尤其是对需要长时间执行的循环。

5.1.3　顺序结构

1. 平铺式顺序结构

LabVIEW 是图形化的编程语言,程序的执行顺序是基于数据流向的。也即,数据的连接即指定了程序的执行顺序,没有数据线连接的不同程序块是并行执行的。所以一般情况下不用顺序结构,但在某些特殊时候,如果一定指定某几段程序执行的先后顺序,则要用到顺序结构。LabVIEW 提供的顺序结构包括平铺式顺序结构和层叠式顺序结构。它们的功能是相同的,只是图形形式不同,也即编程时所占用的空间不同。

平铺式顺序结构的基于形式如图 5 - 13 所示。平铺式顺序结构位于"函数→编程→结构"中,选择"平铺式顺序结构(Flat Sequence. vi)",在后面板上按住鼠标左键并拖动即可建立顺序结构。

图 5 - 13　平铺式顺序结构

平铺式顺序结构的结构体是一个方框,如图 5 - 13 所示。一个方框称为一个"帧",在顺序结构中(包括平铺式顺序结构和层叠式顺序结构)代码是按帧执行的,同一个帧的代码执行不分先后。用户可在代码框上右击,在弹出菜单中选择"在后面添加帧"或"在前面添加帧",如图 5 - 14 所示。这样,程序在执行时就按从前往后的顺序一帧一帧往下进行。如果在某一帧中要向外传递数据,则要等到这个帧里所有的代码都执行完毕后才能实现。

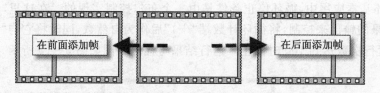

图 5 - 14　平铺式顺序结构帧添加

例 5 - 5　平铺式顺序结构应用举例

在本例中主要演示平铺式顺序结构中程序的执行流程,观察程序执行流程最好方法就是使用运行菜单上的"高亮显示",执行过程和程序框图如图 5 - 15 和图 5 - 16 所示。

在本例中,两个顺序帧中分别用 While 循环连续产生正弦波和三角波,并用波形图表进行显示。从图中可以明显看出顺序结构的执行过程:当第一帧正在执行,但还未执行完毕时,第二帧是不会开始执行的。如图 5 - 15 中的正弦波数据正在连续不断地产生,而三角波的图表是空的,即三角波数据还没有开始产生;当停止正弦波的产生,即结束第一帧程序时,第二帧就开始执行,如图 5 - 16 所示,三角波的图表开始有数据显示。

2. 层叠式顺序结构

层叠式顺序结构的建立方法与帧添加的方法与平铺式顺序结构相同,只是展现在用户面前的形式不同。对于层叠式顺序结构,用户只能看到一个帧,其他帧是层叠起来的,如图 5 - 17 所示。代码按"0、1、2……"的帧结构顺序执行,顺序框图上方显

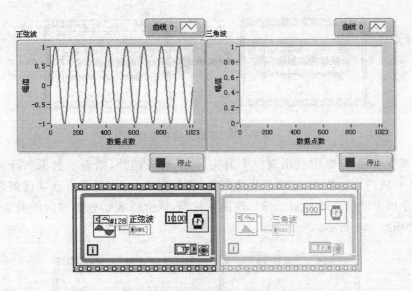

图 5 - 15 正在执行顺序结构的第一帧,第二帧还未执行

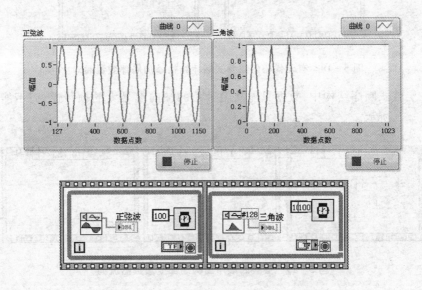

图 5 - 16 第一帧执行完毕,开始执行第二帧

示的是当前帧的序号和总的帧数。例如"0[0..2]"表示这个程序共有 3 帧,当前为第 1 帧。

对于平铺式的顺序结构,前后帧的数据可以通过数据连线直接传递。而对于层叠式的顺序结构,则要借助局部变量实现前后帧数据的传递。

创建层叠式顺序结构的局部变量的方法是在顺序结构的边框右击,在弹出的快捷菜单中选择"添加顺序局部变量"。这样,在每一帧的对应位置会出现一个方框。

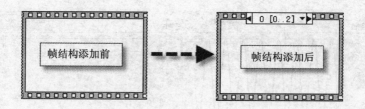

图 5 - 17　层叠式顺序结构

添加局部变量后,方框中会出现一个箭头,如果箭头朝外,则表示数据向外传递,反之,则表示向内传递数据。"顺序局部变量"添加完成后,如果没有连接任何数据,则以一个空白方框的形式显示。如果连接了数据,则会以表示数据流向的箭头形式来显示,如图 5 - 18 所示。

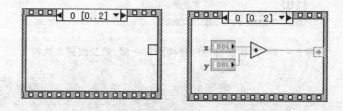

图 5 - 18　有无代码的层叠式顺序结构添加局部变量后对比

在层叠式顺序结构中,数据只能从编号小的帧向编号大的帧传递,而不能反向,如图 5 - 19 所示。

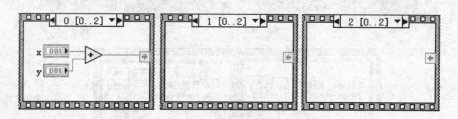

图 5 - 19　层叠式顺序结构局部变量数据流向

例 5 - 6　层叠式顺序结构应用举例

本例的目的是观察层叠式顺序结构局部变量的数据流向。创建一个两帧的顺序结构,在第一帧中实现 $x+y$,在第二帧中实现 $(x+y)^2$,用"高亮显示"进行观察。运行结果与程序框图如图 5 - 20 所示。

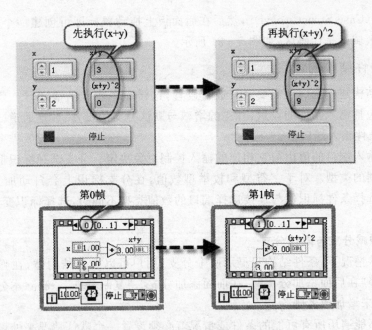

图 5-20　层叠式顺序结构数据流程

5.2　特殊程序结构

这一节主要给大家介绍 LabVIEW 中的一些特殊的程序结构,包括条件结构、事件结构、定时结构、程序框图禁用结构和条件禁用结构。

5.2.1　条件结构

条件结构即选择结构,用于根据条件判断或者用户选择执行相应的程序代码,相当于 C 语言中的"case"结构。

1. 条件结构的基本形式与建立方法

条件结构的基本形式如图 5-21 所示,主要包含 3 部分内容:条件输入端口、条件标识与代码区。条件输入端决定执行哪个子图形的代码。条件输入值可以是整型、字符串型、布尔型或者枚举型,默认情况是布尔型。选择条件标识框里盛放了所有可以被选择的条件,并显示了当前子图形代码被执行的条件。

条件结构位于"函数→编程→结构"子面板里,其建立方法与其他几种结构类似。选择

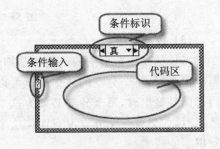

图 5-21　条件结构

"条件结构(Case Structure. vi)",然后在后面板上拖动鼠标即可创建一个方形区域,这个方形区域就是代码区,如图 5 - 21 所示。

2. 条件结构的设置

条件结构建立之后还需要对其进行设置,这样程序才能正常运行。条件结构的设置主要包括输入条件的设置、分支的增减与默认分支的设置、数据通道 3 个方面。

(1) 条件输入端口

条件输入端口的值由与它相连的输入控制对象决定。分支选择标识框自动调整为输入数据的类型。对于字符型和枚举型数值,在分支标识上会自动加上双引号。当键入的选择条件标识值与连接选择端口的数值类型不同时,选择标识变为红色,表示有误。

(2) 增减分支与默认分支

在默认情况下,条件结构只显示两个分支,用户可以右击结构体,在弹出的快捷菜单中选择"在后面添加分支"、"在前面添加分支"、"复制分支"、"删除本分支"和"删除空分支"来增加或者删除分支。

如果不能遍历所有可能的条件或情况就必须设置一个默认情况来处理超出条件选项范围的事件。例如,如果条件输入端口连接的是一个数值型的控制量,而选择条件标识框中的可选分支只有"1、2、3"3 个选项,显然不能遍历所有可能。所以要设置一个默认的情况,即当不满足其他条件时,执行默认条件子图形框中的代码。

默认情况下,条件结构把第一个分支作为默认分支,如果用户想设置其他分支为默认分支,可右击边框,在弹出的快捷菜单中选择"本分支设置为默认分支"即可,如图 5 - 22 所示。

图 5 - 22 设置默认分支

(3) 数据通道

条件结构中数据的输入输出是通过数据通道实现的。当数据从外部向条件结构框中输入时,每个分支的数据通道可以连接也可以不连接。但是当数据从条件结构内部向外输出时,每个分支必须为这个通道连接数据,程序才能正常执行。向外输送数据时,如果有一个分支没有连接这个通道,则在这个分支中,该通道是空心的,连接数据后变成实心。

如果某个分支没有数据要与输出通道连接,则可右击数据通道,在弹出的快捷菜单中选择"未连接时使用默认",程序运行时,会在这些分支的通道节点处输出相应数据类型的默认值,如图 5 - 23 所示。

例 5 - 7　条件结构基本应用示例

在本例中,主要演示条件选择结构
的基本功能。这个例子的条件结构共
有 3 个选项:三角波、正弦波、其他。其
中,"三角波"和"正弦波"分别对应一个

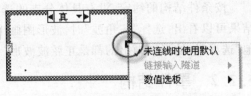

图 5 - 23　设置未连接通道

分支,并且"正弦波"分支为默认分支,"其他"选项没有对应具体的分支。运行结果与
程序框图如图 5 - 24 所示。

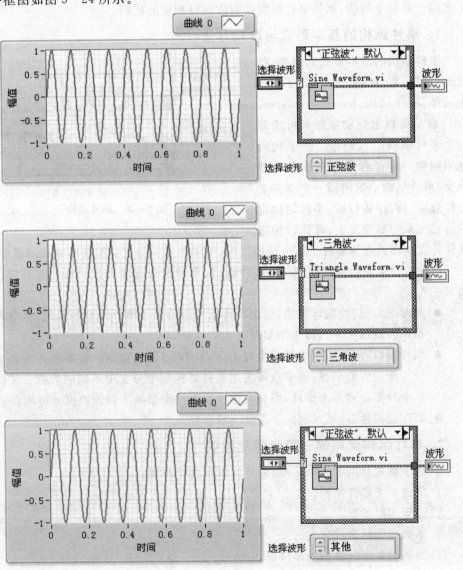

图 5 - 24　选择结构基本应用示例

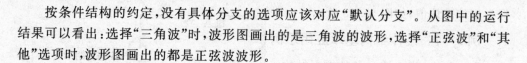

按条件结构的约定,没有具体分支的选项应该对应"默认分支"。从图中的运行结果可以看出:选择"三角波"时,波形图画出的是三角波的波形,选择"正弦波"和"其他"选项时,波形图画出的都是正弦波波形。

5.2.2　事件结构

在 VB、Delphi 等可视化编程环境下,单击控件对象,或者当控件的值发生变化时都可以触发一个事件,这就是人机交互的事件驱动机制。LabVIEW 同样也支持事件驱动。在 VI 程序中设置好以后就可以对数据流编程进行控制。在事件没有发生之前一直处于等待,如果事件触发就响应执行相应的代码。

1. 事件结构的基本形式与建立方法

事件结构的基本形式如图 5-25
所示,从"函数→编程→结构"子面板
中选择"事件结构(Event Structure.
vi)",在后面板上拖动鼠标即可创建
一个事件结构的代码框。一个代码
框架叫做一个子程序框图或者事件
分支,事件结构一般包括一个或多个
事件分支。程序运行后,事件结构将
等待直至某一事件发生,并执行相应

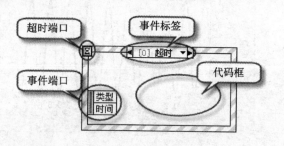

图 5-25　事件结构

条件分支从而处理该事件。右击结构边框,可添加新的分支并配置需处理的事件。

事件结构主要包括:超时端口、事件端口、事件选择标签和代码框。各端口说明如下:

- 超时端口:接线端连接值,指定事件结构等待某个事件发生的时间,以毫秒为单位。默认为-1,即永不超时。
- 事件端口:用于识别事件发生时 LabVIEW 返回的数据。根据事先为各事件分支所配置的事件,该节点可显示事件结构每个分支中不同的数据。如配置单个分支处理多个事件,则只有被所有事件类型所支持的数据才可用。
- 事件选择标签:显示当前事件分支的名称。

2. 事件结构使用的一般步骤及建议

- 对于事件结构的使用,一般可分为以下几个步骤:
① 创建一个事件结构。
② 设置超时参数。
③ 添加或删除事件分支。
④ 编辑触发事件结构的事件源。
⑤ 设置默认分支结构(系统默认将超时分支作为默认分支)。

⑥ 创建一个 While 循环,将事件结构包含在 While 循环体内。

要特别注意的是,事件结构必须放在 While 循环体内才能正常执行。

● 事件结构使用建议

① 避免在循环外使用事件结构。

② 将事件触发源控件放置在相应的事件分支中。

③ 不要使用不同的事件数据将一个分支配置为处理多个过滤事件。

④ 如含有事件结构的 While 循环是基于一个触发停止的布尔控件的值而终止,记得在事件结构中处理该触发停止布尔控件。

⑤ 如无须通过程序监视特定的前面板对象,考虑使用"等待前面板活动"函数。

⑥ 用户界面事件仅适用于直接的用户交互。

⑦ 避免在一个事件分支中同时使用对话框和"鼠标按下?"过滤事件。

⑧ 避免在一个循环中放置两个事件结构。

⑨ 使用动态注册时,确保每个事件结构均有一个"注册事件"函数。

⑩ 使用子面板控件时,含有该子面板控件的顶层 VI 将处理事件。

⑪ 如需在处理当前事件的同时生成或处理其他事件,考虑使用事件回调注册函数。

⑫ 请谨慎选择通知或过滤事件。如果使用了通知事件的事件分支,将无法响应用户交互的事件;如要响应用户交互事件,可使用过滤事件。

⑬ 不要将前面板关闭通知事件用于重要的关闭代码中,除非事先已采取措施确保前面板关闭时 VI 不中止。例如,用户关闭前面板之前,确保应用程序打开对该 VI 的引用。或者可使用"前面板关闭?"过滤事件,该事件在面板关闭前发生。

> 提示:关于回调注册函数、通知事件和过滤事件等基本概念可参考 LabVIEW 的帮助文档,具体方法为在菜单栏中选择"帮助→搜索 LabVIEW 帮助",打开 LabVIEW 的帮助文档,在"索引"选项卡中输入相应的关键词即可。

3. 事件结构的配置

事件结构的使用与配置稍微有一点复杂,下面结合一个具体的例子来讲解它的使用与配置方法。

在这个例子中,我们要实现一个单击计数器。当用户单击"＋"按钮时,计数加 1,当用户单击"－"时,计数减 1。按如下步骤创建程序:

① 创建事件结构。从"函数→编程→结构"中选择"事件结构(Case Structure. vi)",在后面板上创建一个事件结构的代码区。

② 设置事件超时。默认情况为"－1",表示永不超时,这里设置为 50 ms。

③ 添加事件源。切换到前面板,从"控件→银色→布尔"中选择 3 个布尔控件,

分别命名为"加 1"、"减 1"和"停止",如图 5 - 26 所示。

④ 编辑"事件分支"。在这里,共有 4 个事件需要处理:"超时"、"加 1"、"减 1"和"停止"。现在先对第 1 个事件"超时"进行处理:右击事件结构体,选择"编程本分支所处理的事件",弹出如图 5 - 27 所示的"编辑事件"对话框,按图中所示内容进行配置,配置完成后,单击"确定"关闭对话框。

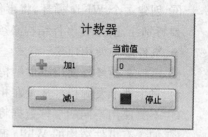

图 5 - 26 计数器界面

下面根据图 5 - 27 对事件编辑对话框的配置作几点说明:

1) 从图中可以看出,事件编辑对话框分为 3 栏,第 1 栏为当前分支所选择的事件源与事件;第 2 栏为用户可选择的事件源;第 3 栏为这些事件源能产生的事件。

2) 如果用户想要为一个事件分支添加或删除事件,可以通过第 1 栏的最下方"添加事件"和"删除"实现。

3) 在第 2 栏中,系统自动对整个程序包含的事件源进行分类,用户可以选择想要触发的事件源。

4) 当用户在第 2 栏中选择了一个事件源后,在第 3 栏中会列出该事件源所包含的事件,用户可以根据需要进行选择。

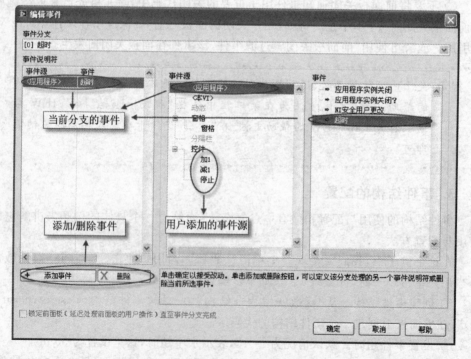

图 5 - 27   事件编辑对话框 1(超时事件)

5）当用户选定了事件源和触发的事件后，在第 1 栏中会自动显示用户的选择，单击后，其包含的"事件源"和"事件"都会高亮显示。

⑤ 添加第 2 个事件分支——"加 1"事件分支。右击事件结构体，选择"添加事件分支"，在弹出的事件配置对话框中，选择事件源"加 1"，事件为"值改变"，如图 5 - 28 所示。

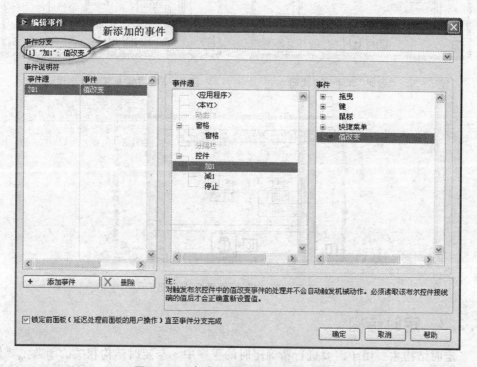

图 5 - 28　事件编辑对话框 2(加 1 事件)

⑥ 按步骤⑤的方法，添加、配置第 3 和第 4 个事件分支——"减 1"事件分支和"停止事件分支"。

⑦ 添加相应的代码。以添加"加 1"事件代码为例：在程序后面板中，为 While 循环添加移位寄存器，用来存储当前的计数值。在事件结构的"加 1"分支中添加"＋1"代码，如图 5 - 29 所示。其他代码添加方法类似，添加完成后各分支事件代码如图 5 - 30、图 5 - 31 和图 5 - 32 所示。

所有分支编写完成之后，运行程序，单击"加 1"按钮时，当前值增加 1，单击"减 1"按钮时，当前值减少 1。前面板没有操作时，当前值不发生变化。

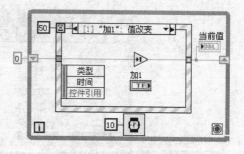

图 5 - 29　"加 1"事件代码

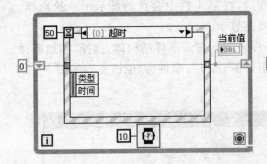

图 5-30 "超时"事件分支代码

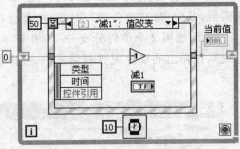

图 5-31 "减 1 事件分支代码"

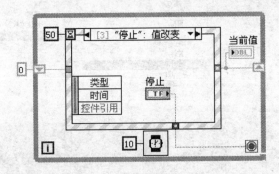

图 5-32 "停止"事件分支代码

5.2.3 定时结构

定时结构主要用于需要进行精确定时的程序中。与定时结构相关的函数主要位于"函数→编程→结构"中,如图 5-33 所示。定时结构主要有定时循环和定时顺序两种结构,它们的用法相对要比前面所讲的循环结构和顺序结构复杂一些,下面分别对它们进行介绍。

图 5-33 定时结构子面板

1. 定时循环

定时循环根据指定的循环周期顺序执行一个或多个子程序框图或帧。定时循环的基本形式如图 5－34 所示,主要包括以下 5 部分内容:

- 输入节点:确定定时循环的循环时序、循环优先级和循环名称等参数。
- 左侧数据节点:提供上一次循环的时间和状态信息,例如上一次循环是否延迟执行、上一次循环的实际执行时间等。
- 循环体:和 While 循环类似,定时循环的循环体包括循环计数端口和循环条件输入端口。前者用于指示当前的循环次数,后者连接一个布尔型变量,指示循环退出或者继续的条件。
- 右侧数据节点:接收左数据节点的信息,以决定下次循环的时间或者状态。
- 输出节点:输出循环执行中可能出现的错误信息。

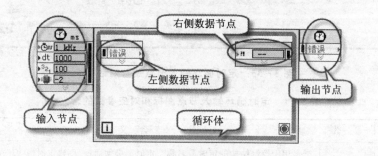

图 5－34　定时循环框图

定时循环结构主要应用在以下情况中:开发支持多种定时功能的 VI、精确定时、循环执行时返回值、动态改变定时功能或者多种执行优先级。在“函数→编程→结构→定时结构”中选择“Timed Loop. vi(定时循环)”,在后面板上拖动鼠标即可建立定时循环,右击结构边框,在弹出的快捷菜单中可添加、删除、插入及合并帧。

定时循环是在 While 循环上发展起来的,其循环体的使用规则和 While 循环一样,包括“自动索引”功能和移位寄存器。不同在于有 4 个对循环时间和状态进行设定和输出的节点,While 循环中的循环时间间隔在这里不再适用。下面重点介绍定时循环中循环时间和状态的设定。

双击定时循环的输入节点,或者右击在弹出菜单中选择“配置输入节点”即可打开如图 5－35 所示的节点设定对话框。

对输出节点参数的设定可以在配置对话框中完成,也可以直接在框图输入端完成。默认情况下框图只显示部分参数,用户可以通过拉伸输入节点显示更多的参数。表 5－1 列出了输入节点框图中的图标和配置对话框中对应参数的含义。

对于其他节点更详细的说明请读者参考 LabVIEW 相应的说明和帮助文件。

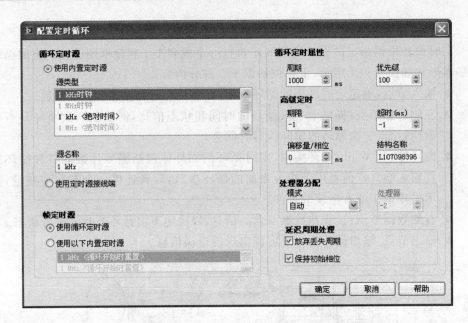

图 5 - 35　定时循环输入节点配置对话框

表 5 - 1　定时循环输入节点图标和对应参数的含义

图　标	参　数	含　义
🕐nr	源名称	指定用于控制结构的定时源名称。定时源必须通过"创建定时源 VI"在程序框图上创建,或从"配置定时循环"对话框中选择
⏳	期限	指定定时源的周期,单位与源名称指定的定时源一致
🔒	结构名称	指定定时循环的名称
t0	偏移量	指定定时循环开始执行前的等待时间。偏移量的值相对于定时循环的开始时间,单位由定时源指定
dt	周期	指定定时源的周期,单位与源名称指定的定时源一致
³2₁	优先级	指定定时循环的执行优先级。定时结构的优先级用于指定定时结构相对于程序框图上其他对象的执行开始时间。优先级的输入值必须为 1~65 535 之间的正整数
👁	模式	指定定时循环处理执行延迟的方式。共有 5 种模式:无改变;根据初始状态处理错过的周期;忽略初始状态,处理错过的周期;放弃错过的周期,维持初始状态;忽略初始状态,放弃错过的周期
🖥	处理器	指定用于执行任务的处理器。默认值为 -2,即 LabVIEW 自动分配处理器。如需手动分配处理器,可输入介于 0~255 之间的任意值,0 代表第一个处理器。如输入的数量超过可用处理器的数量,将导致运行时错误且定时结构停止执行

续表 5 - 1

图 标	参 数	含 义
	超时	指定定时循环开始执行前的最长等待时间。默认值－1表示未给下一帧指定超时时间。超时的值相对于定时循环的开始时间或上一次循环的结束时间,单位由帧定时源指定
▶‼▐	错误	在结构中传递错误。错误接收到错误状态时,定时循环将不执行

2. 定时顺序

定时顺序结构的基本形式如图 5 - 36 所示,一个定时顺序结构由一个或多个子程序框图(也称"帧")组成,在内部或外部定时源控制下按顺序执行。与定时循环不同,定时顺序结构的每帧只执行一次,不重复执行。定时顺序结构适于开发只执行一次的精确定时、执行反馈和定时特征等动态改变或有多层执行优先级的 VI。右击定时顺序结构的边框,在弹出的快捷菜单中可添加、删除、插入及合并帧。

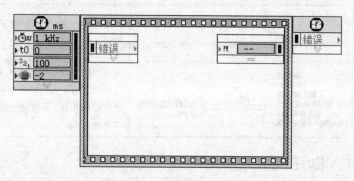

图 5 - 36 定时顺序结构框图

定时顺序结构也包括输入节点、左侧数据节点、右侧数据节点和输出节点,它们的作用和定时循环中的节点一样,设定方法和功能与类似,这里不再赘述。

> 提示:While 循环、For 循环、顺序结构和定时结构之间可以相互替换,具体方法为右击结构体的代码框,从弹出的快捷菜单中选择相应的结构进行替换,替换后要注意更改各个结构运行的参数。

3. 定时 VI

对于一般的程序,通过以上节点的设置完全能够实现一个程序中的多种运行速度。但对于一些高级编程,可能还需要提供自定义的定时时钟标准,多个定时循环同步和一些辅助的 VI 来实现。下面对它们的基本功能作一简单说明,如表 5 - 2 所列。

表 5 - 2   定时 VI 的基本功能

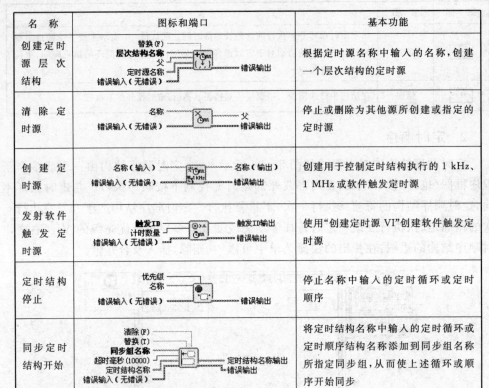

名　称	图标和端口	基本功能
创建定时源层次结构	替换(F) 层次结构名称 父 定时源名称 错误输入(无错误) 错误输出	根据定时源名称中输入的名称,创建一个层次结构的定时源
清除定时源	名称 错误输入(无错误) 父 错误输出	停止或删除为其他源所创建或指定的定时源
创建定时源	名称(输入) 名称(输出) 错误输入(无错误) 错误输出	创建用于控制定时结构执行的 1 kHz、1 MHz 或软件触发定时源
发射软件触发定时源	触发ID 计时数量 错误输入(无错误) 触发ID输出 错误输出	使用"创建定时源 VI"创建软件触发定时源
定时结构停止	优先级 名称 错误输入(无错误) 错误输出	停止名称中输入的定时循环或定时顺序
同步定时结构开始	清除(F) 替换(T) 同步组名称 超时毫秒(10000) 定时结构名称 错误输入(无错误) 定时结构名称输出 错误输出	将定时结构名称中输入的定时循环或定时顺序结构名称添加到同步组名称所指定同步组,从而使上述循环或顺序开始同步

例 5 - 8　定时循环应用举例

在进行仿真时,经常要产生两个相差一定数据点数的波形(即两波形起始相位不同的波形),前面所讲的基本程序结构无法实现这一功能,而用定时结构则可以轻松实现。在本例中用定时循环产生两个相差指定数据点数的正弦波形,波形总点数可以任意指定,运行结果和程序框图如图 5 - 37 所示。

5.2.4　禁用结构

禁用结构是从 LabVIEW8 开始新增的功能,用来控制程序是否被执行。禁用结构有两种:一种是程序框图禁用结构,其功能类似于 C 语言中的/ * …… * /,可用于注释程序;另一种是条件禁用结构,用于通过外部环境变量来控件代码是否执行,类似于 C 语言中通过宏定义来实现条件编译。它们的使用方法与"条件结构"类似。

1. 程序框图禁用结构

在 C 语言中,如果不想让一段程序运行,可以用/ * …… * /的方法把它注释掉,但是在 LabVIEW7 及前版本中只能通过"条件结构"来实现。从 LabVIEW8 开始增加了程序框禁用结构,能实现真正的注释功能,而且使用方法非常简单,只要把需要

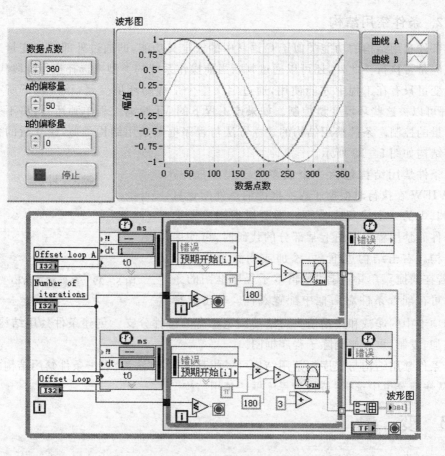

图 5 - 37　定时循环应用举例

注释的代码放置到框图中,并使之为"禁用"即可。如果要恢复此段代码,右击禁用结构,在弹出的菜单中选择"启用本子程序框图"即可,如图 5 - 38 所示。

图 5 - 38　程序框图禁用结构

提示:如果你用同样的方法再把它设置为"禁用"时,一定要将另一个条件框使能,否则程序不能被执行。

2. 条件禁用结构

条件禁用结构的功能类似于 C 语言中的宏定义功能,即通过外部环境变量来控制代码是否执行。此外,还可以通过判断当前操作系统的类型来选择执行哪段代码。环境变量只有在工程中才能使用,通过定义整个工程的环境变量,该工程下所有的 VI 都可以被这些环境变量控制。如果该工程下的 VI 脱离工程单独运行,将不受环境变量的控制。条件禁用结构的建立方法与程序框图禁用结构类似,建立后的条件禁用结构如图 5-39 所示。

条件禁用结构包括一个或多个子程序框图,LabVIEW 在执行时根据子程序框图的条件配置只使用其中的一个子程序框图。需要根据用户定义的条件而禁用程序框图上某部分的代码时,可使用该结构。右击结构边框,可添加或删除子程序框图,若在快捷菜单中选择"编辑本子程序框图的条件",可在配置条件对话框中配置条件。单击选择器选项卡中的递减和递增箭头可滚动浏览已有的条件分支。创建条件禁用结构后,可添加、复制、重排或删除子程序框图。

图 5-39 条件禁用结构

条件禁用结构与程序框禁用结构可以相互转换,方法为:右击条件禁用结构的边框,从快捷菜单中选择"替换为程序框图禁用结构"。

5.3 变 量

变量是用来在程序内部或者程序之间进行值传递的参数,LabVIEW 的变量可以分为 3 类:局部变量、全局变量和共享变量。

5.3.1 局部变量

局部变量主要用于在程序内部传递数据,它既可以作为控制量向其他对象传递数据,也可以作为显示量接收其他对象传递过来的数据。

创建局部变量的方式有两种:

- 第一种是先从"函数→编程→结构"中直接选择"局部变量"放置到后面板上,然后右击,在弹出的快捷菜单中选择"选择项",连接要连接的对象;
- 第二种方法是右击创建局部变量的已有对象,在弹出的快捷菜单中选择"创建→局部变量"。

对于第一种方式,当"局部变量"刚放置到后面板上时,局部变量没有与任何对象连接,此时局部变量显示为"?",连接对象后,显示为对象的名称,如图 5-40 所示。

选择局部变量连接对象的方法有两种:一种是右击局部变量图标,在弹出的菜单

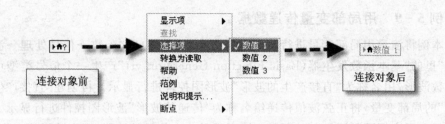

图 5 - 40　用第一种方法创建局部变量

中选择"选择项",如图 5 - 40 所示。"选择项"中显示的项目是程序中所有能够连接的对象。在此例中,前面板创建了 3 个数值控件,即图中显示的"数值 1、数值 2、数值 3",单击要连接的对象即可;另一种方法是直接右击局部变量图标,即会弹出可连接的对象菜单,从中选择要连接的对象即可。

　　对于第二种方式,我们仍以创建"数值 1"的局部变量为例,创建过程如图 5 - 41 所示。

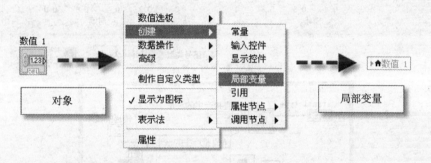

图 5 - 41　用第二种方法创建局部变量

　　一个对象可以创建多个局部变量,局部变量既可以作为输入控件,也可以作为输出控件。局部变量创建时,默认都是作为输入控件,右击选择"转换为读取"就可以将其转换为输出控件,如图 5 - 42 所示。从图中可以看出:作为输入时,连接端口在左侧,细框,转换为输出后,连接端口在右侧,细框变成粗框。

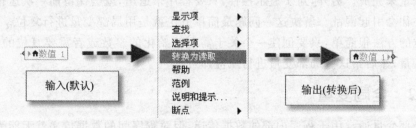

图 5 - 42　局部变量转换

例 5 - 9　用局部变量传递数据

本例将演示用局部变量进行值传递的功能。程序中用"函数→信号处理→波形生成"里的"基本函数发生器(Basic Function Generator. vi)"产生一个信号类型可选的函数波形,用名称为"直接产生的波形"波形图控件进行显示。再创建"直接产生的波形"的局部变量,将正弦波值传递给名称为"传递的波形"波形图控件进行显示。运行结果和程序框图如图 5 - 43 所示。读者可以改变信号的波形,观察波形的变化。

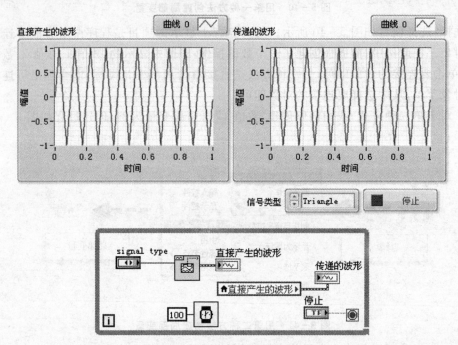

图 5 - 43　用局部变量传递数据

局部变量的另一个重要作用就是对控件或者变量进行赋值。对于一个完善的程序,在程序执行之前一般需要对某些参数或者变量进行初始化,初始化的工作可以由局部变量来完成。另外,对于显示控件,只要程序未退出,就会保留前一次运行的值,这样往往会引起混乱。解决这一问题最简单方法就是用局部变量进行复位。初始化与复位的方法很简单,只要创建一个关于需要初始化的参数或者需要复位的控件的局部变量,然后给这些局部变量进行赋值即可。

5.3.2　全局变量

局部变量通常用于程序内部的数据传递,但对程序间的数据传递就无能为力了,而全局变量可以解决这个问题。

局部变量的创建方式也有两种。第一种方法是在 LabVEW 的新建菜单中选择"全局变量",如图 5 - 44 所示。

图 5 - 44　新建全局变量

　　单击"确定"后可以打开全局变量的设计窗口,如图 5 - 45 所示。这是一个没有后面板的 LabVIEW 程序,即它仅是一个盛放前面板控件的容器,没有任何代码。在其中加入控件,保存成一个 VI 后便创建了一个全局变量。

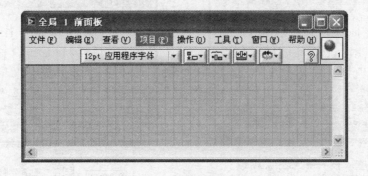

图 5 - 45　全局变量编辑框

　　第二种方法是从"函数→编程→结构"中选择"全局变量(Global Variable)",放置到后面板上生成如图 5 - 46 所示的图标。双击图标即可打开如图 5 - 45 所示的编辑窗口,在这里就可以编辑该全局变量了。

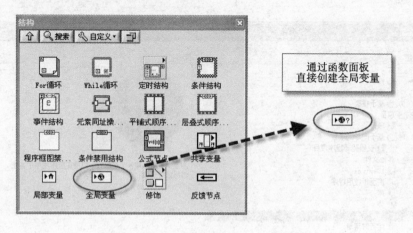

图 5 - 46　通过函数面板创建全局变量

例 5 - 10　用全局变量在不同 VI 之间传递数据

全局变量一个常用的功能就是在不同的 VI 之间进行数据的传递。在本例中，演示用一个全局变量在两个不同的 VI 之间传递波形数据。在 VI-1 中产生一个信号类型可选的波形，并用"波形图 1"进行显示。通过全局变量"波形全局变量"将此波形数据传递给 VI-2 用"波形图 2"进行显示。程序运行之后就可以在 VI-2 中看到从 VI-1 中传递过来的数据波形，如图 5 - 47 所示。读者可以选择 VI-1 中不同的信号类型，观察 VI-2 中波形的变化。

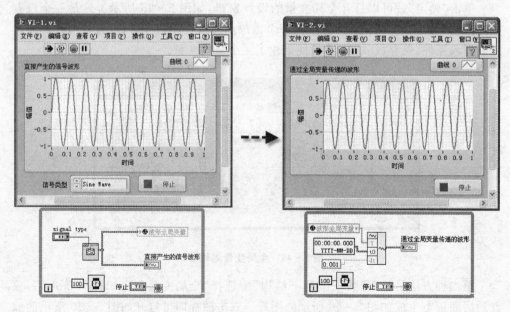

图 5 - 47　用全局变量在不同 VI 间传递数据

5.3.3　共享变量

在项目或者网络中,可以通过"共享变量"读取实时数据。在创建共享变量之前必须先打开一个项目。如需将程序框图中的共享变量节点和处于活动状态的项目中的共享变量进行绑定,可在程序框图中放置共享变量节点,然后双击或右击该共享变量节点,在快捷菜单中选择"选择变量→浏览",选择"显示变量对话框",在对话框中进行选择。也可将"项目浏览器"窗口中的共享变量拖放至相同项目中 VI 的程序框图,从而创建一个共享变量节点。

在项目中打开包含共享变量节点的 VI 时,如共享变量节点无法在项目浏览器窗口中找到与其相关联的共享变量,将导致共享变量节点断开。任何与缺失的共享变量相关联的前面板控件也将断开。Windows 的这个特性仅适于 Windows,且仅当在项目中打开 VI 时发生。如在主应用程序实例中打开 VI,则将无法接收到缺失共享变量的通知。

共享变量有 3 种:单进程,网络发布,以及时间触发的共享变量。后两种主要应用于不同硬件设备、不同计算机、不同进程程序间的数据交换。单进程共享变量,顾名思义就是作用域为单个程序进程的共享变量。它与全局变量的性质几乎相同,唯一的不同点是单进程共享变量带错误输入/输出端,我们可以利用错误处理连线来控制单进程共享变量的执行顺序。共享变量的种类可以在它的属性页中进行修改,不过这个属性页要在项目浏览器中打开,如图 5-48 所示。

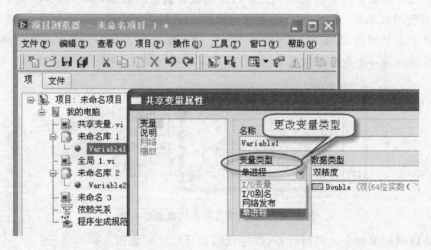

图 5-48　更改共享变量类型

VI 上通过网络发布的共享变量节点使用.aliases 文件确认其所在项目中计算设备的 IP 地址。运行 LabVIEW 项目中的 VI 时,VI 将找到项目的.aliases 文件并使用该文件解释别名。项目将各计算设备的记录保存在.aliases 文件中,并随着计算设备 IP 地址的改变而更新该文件。位于主应用程序实例中的 VI 运行时,其使用与

LabVIEW.exe 同一目录下的 LabVIEW.aliases 文件查找别名。.aliases 文件不同，该文件并不自动更新。生成使用共享变量的应用程序时，应确保生成规范包括.aliases 文件。

需要注意的是，必须手动为.aliases 文件添加 IP 地址。如 VI 无法找到别名，则共享变量节点将使用最近的已知 IP 地址。如共享变量在最近的已知 IP 地址上已不再部署，则共享变量将返回错误。

另外，如使用网络发布的共享变量节点且该节点被配置为读取数据，在共享变量节点订阅并开始接受缓冲值前，必须启用各个共享变量节点。

如要发布的共享变量包含少于 8 KB 的数据，LabVIEW 只需 10 ms 即可将其发布至网络。刷新共享变量数据 VI 允许用户立即刷新缓冲区以避免延迟。

5.4　综合实例：等差序列求和

例 5 - 11　当 $a_n < 100$ 时，求等差数列 $a_n = 2 + (n-1) \times 3$ 的和

对于等差数列的求和可以由公式（1）或者公式（2）进行计算：

$$S_n = na_1 + n(n-1)d \tag{1}$$

$$S_n = \frac{1}{2}n(a_1 + a_n) \tag{2}$$

首先要知道它的初始值 a_1，公差 d，和项数 n 的值。在本题中，初始值为 2，公差为 3，只有项数未知，对于项数，需要通过条件 $a_n < 100$ 来确定。

对于这个问题，我们可以用一个 While 循环来解决，循环停止的条件就是 $a_n < 100$，当前的循环次数减 1 就是 n 的值，确定 n 与 a_n 的程序代码如图 5 - 49 所示。

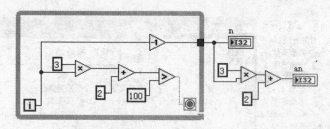

图 5 - 49　确定符合条件的项数与末项

然后利用求和公式进行计算，程序代码和运行结果如图 5 - 50 所示。

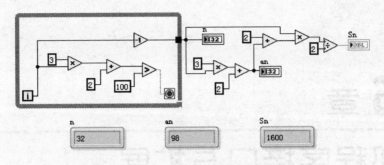

图 5 - 50　对符合条件的前 n 项进行求和

5.5　思考与练习

① LabVIEW 的基本程序结构有哪些？特殊程序结构有哪些？

② For 循环和 While 循环有什么特点？使用中要注意哪些细节？

③ 如何正确使用 For 循环和 While 循环中的索引通道？

④ 移位寄存器有哪些功能？使用过程中要注意什么？

⑤ LabVIEW 中的顺序结构有哪几种形式？各有什么特点？

⑥ 条件结构的条件输入端可以是哪些类型？默认分支的作用是什么？在使用条件结构时要注意什么？

⑦ 如何正确建立事件结构？事件结构中事件源的选择要注意什么？

⑧ LabVIEW 中的定时结构有哪些？有哪些应用场合？

⑨ LabVIEW 中禁用结构有哪些？各有哪些用处？

⑩ LabVIEW 的变量可以分为哪几类？各有哪些特点和用处？

第**6**章

外部程序接口与扩展

LabVIEW 是一种功能强大的编程语言。同时，它还有丰富的外部接口与良好的可扩展性，可以在 LabVIEW 环境中实现与其他编程语言的无缝接合，充分利用各种不同编程语言在各自领域的不同优势。在本章中，主要介绍 LabVIEW 中的 DLL 调用、API 调用及与 MATLAB 的混合编程等内容，并通过实例详细讲解具体的使用方法。

【本章导航】
> LabVIEW 中的 DLL 调用
> LabVIEW 中的 Windows API 调用
> LabVIEW 中的可执行文件的调用
> LabVIEW 中的 ActivX 调用
> LabVIEW 与 MATLAB 混合编程

6.1 DLL 调用

动态链接库(Dynamic Link Library，DLL)是基于 Windows 程序设计的一个重要部分。动态链接库是相对于静态链接库而言的。所谓静态链接库，是指把要调用的函数或者过程链接到可执行文件中，成为可执行文件的一部分。当多个程序都调用相同的函数时，内存中就会存在这个函数的多个拷贝，这样就浪费了宝贵的内存资源。动态链接库所调用的函数代码并没有复制到应用程序的可执行文件中去，而是仅仅加入了一些所调用函数的描述信息(往往是一些重要的定位信息)。仅当应用程序运行时，在 Windows 的管理下，应用程序根据链接产生的定位信息，转去执行这些函数代码。因而，它是位于应用程序外部的过程库，并没有被绑定到.exe 文件上，代码执行速度很快。

动态链接库是一个可以多方共享的程序模块，内部对共享的全程和资源进行了封装。动态链接库的扩展名一般是.dll,也可能是.drv、.sys 或.fon。它与可执行文件(.exe)非常类似,最大的区别在于 DLL 虽然包含了可执行代码却不能单独运行,只能通过 Windows 应用程序直接或间接调用。

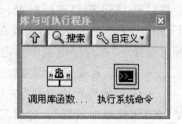

LabVIEW 中的动态链接库调用是通过 CLF (Call Library Function,调用库函数)节点实现的。CLF 节点位于"函数→互连接口→库与可执行程序"子面板中,如图 6-1 所示。

图 6-1　CLF 节点所在的函数子面板

单击 CLF 节点的图标,将它放置于 Lab-VIEW 的后面板上,如图 6-2 所示。此时的 CLF 不能发挥任何功能,必须对它进行配置以后才能使用,下面通过一个具体的示例来说明 CLF 节点的配置方法。

图 6-2　未经配置的 CLF 节点

在这个例子中,我们通过调用 DLL 的方法来实现在 LabVIEW 中对第三方硬件设备的驱动开发。DSO25216 是一种 USB 型的采集卡/逻辑分析仪,在 LabVIEW 的硬件驱动包里没有它的现成驱动。对于这类产品,我们可以通过调用 DLL 的方法来实现它的驱动开发。在这里,我们只简单介绍一下如何通过 CLF 节点调用 DLL,关于这个仪器的完整详细驱动,请参考本章最后的综合实例。下面简单介绍一下通过 CLF 节点调用 DLL 的过程:

① 新建一个 VI,切换到后面板,在"函数→互连接口→库与可执行程序"子面板中单击 CLF 节点,将它放置在程序面板上。

② 双击 CLF 节点,弹出如图 6-3 所示的配置对话框。在"库名或路径"中指定所需 DLL 的路径,这时在函数名的下拉菜单里可以看到这个 DLL 所包含的函数名

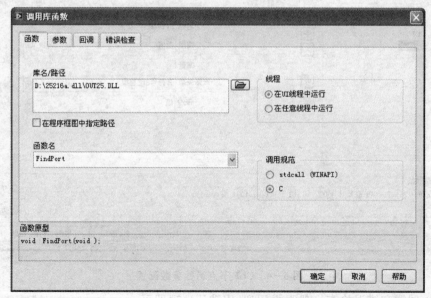

图 6-3　CLF 节点配置对话框

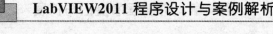

称。然后对 USB 端口进行配置。选择 FindPort 函数,这时的函数原型里面还看不到 FindPort 所包含的参数,需要在"参数"选项卡里对它进行配置。如果在选择 DLL 路径时选择了"在程序框图中指定路径",那么 DLL 的路径在程序框图中由参考路径给出,此时的"库名或路径"失效。

③ 在右面的线程中选择"在 UI 线程中运行"或者"在任意线程中运行",默认情况是"在 UI 线程中运行"。这时需要注意的是,如果被调用的函数返回时间很长,则会导致 LabVIEW 不能执行线程中的其他任务。因此界面反应可能会很慢,甚至导致死机。这时候最好把 DLL 设置成"在任意线程中运行",前提是必须保证该 DLL 能被多个线程同时安全调用,譬如不包含可能产生竞争的全局变量或文件等。

④ 在调用规范里指定该动态链接库是"标准 WINAPI 调用"还是"普通的 C 调用",一般来说都采用"普通的 C 调用",但是对于 API 来说,必须采用"标准 WINAPI 调用"。

⑤ 选择"参数"选项卡,添加 FindPort 函数所包含的参数。点击 ➕ 和 ✖ 可进行参数的添加和删除,同时下方的上下箭头可调整参数的顺序。选中一个参数名后,可在右边的当前参数里对它进行设置,包括参数的名称、类型和数据类型等。具体配置要根据参数的实际情况而定。配置完成后的对话框如图 6-4 所示,在函数原型里会显示当前的配置信息。

图 6-4　CLF 节点函数参数配置

⑥ 回调和错误检查一般很少用到,用默认选项即可。

至此,整个 DLL 的调用过程就完成了,配置完成后的 CLF 节点就会出现前面图 6-4 中配置的函数端口,如图 6-5 所示。

在通过 CLF 节点进行 DLL 调用时,最容易出错的地方就是参数类型的配置。LabVIEW 中的数据类型和其他编程语言对应的数据类型有一些不同,因此需要知道它们的对应关系。如 Windows API 中 BYTE、WORD 和 DWORD 类型分别对应于 LabVIEW 中的 U8、U16 和 U32。在配置对话框中选定一个参数后,

图 6-5　配置完成后的 CLF 节点

Type 下拉框中可以看到有如下几中可选的参数类型:Numeric、String、Waveform、Digtal Waveform、Digtal Data、ActiveX、Adapt to Type 和 Instance Data Pointer。

选中一种类型后,在下方可以看到更详细的配置信息。其中数值类型比较简单,波形、数字波形、数字数据是 LabVIEW 自身支持的数据,理解也不难,这里不再赘述。实例数据指针类型用于回调函数,使用较少,下面对比较常用的数组、字符串和匹配到类型这 3 种类型进行详细介绍。

1. 数组

对于数组类型,主要需要配置数组元素的类型、维数及传递格式。数据类型和数组的维数都比较容易理解,在数组格式下拉框中有 3 种类型。

- 数组数据指针:数组的首地址,这是最常用的类型。
- 数组句柄。
- 数组句柄指针:指向数组句柄地址的指针。

最小尺寸输入框仅用于为一维数组分配空间。

2. 字符串

对于字符串类型,有以下几种形式:

- C 字符串指针:以 Null 字符结尾的字符串,C 语言中的字符串格式,是最常用的格式。
- Pascal 字符串指针:以一个字符串长度字节开头的字符串,即 Pascal 格式字符串。
- 字符串句柄:如果调用的动态链接库是由 LabVIEW 编写的,可能会用到该格式。
- 字符串句柄指针:指向字符串句柄数组的指针。

最小尺寸输入框用于为字符串分配空间。

3. 匹配至类型

匹配至类型对应于 Void 类型数据,即在函数原型中对应于"Void *"类型。它可以用来传递多种数据类型,例如结构类型等。具体是何种数据类型则由输入数据

的类型决定。它满足如下的规则：

① 对于标量,传递的是标量的引用。数组和字符串的传递格式则由 Data Format 设置决定：

- 按值处理：传递句柄。
- 句柄指针：传递指向句柄的指针。
- 数组数据指针：传递数组首地址。

② 对于簇,传递的是簇的引用。

③ 数组和簇中所包含的标量传递的也是引用。

④ 数组中的簇传递的也是引用。

⑤ 簇中的数组和字符串传递的是句柄。

LabVIEW 提供了各种数据类型使用方法的演示程序,读者可以在 Example Finder 中输入"DLLs"关键字打开 LabVIEW 自带的实例 Call Dll. vi 查看。

6.2 Windows API 调用

API(Application Programming Interface)是应用编程接口的简称,是 Windows 的核心。通过 API 函数的调用,可搭建出界面丰富、功能灵活的应用程序。尤其是在搭建某些特殊功能或者复杂系统时,更是少不了对 API 函数的调用。下面列出了 Windows 系统目录下主要 API 函数的一些 DLL 及说明。

- Advapi32. dll:高级 API 连接库,包括大量的 API 如 Security 和 Registry 调用等。
- Comdlg. dll:通用对话框库。
- Gdi32. dll:图形设备接口库,如显示和打印等。
- Kernel32. dll:Windows 系统核心 32 位 API 基础库,如内存和文件的管理。
- Lz32. dll:32 位数据压缩 API 库。
- Netapi32. dll:32 位网络 API 库。
- Version. dll:系统版本信息库。
- Winmm. dll:Windows 多媒体 API 库。
- User32. dll:用户接口库,如键盘、鼠标、声音和系统时间等。

Windows API 函数封装在 Windows 目录下提供的多个 DLL 文件中,通过这些 DLL 的调用即可实现对 API 的调用。不同的是在配置 CLF 节点时,需要设置调用规范为"stdcall(WINAPI)"。下面通过一个具体的实例说明其调用方法。

例 6-1 CLF 节点调用 Windows API 函数

MessageBox 是 Windows 的动态链接库函数 User32. dll 中的一个函数,功能是创建 Windows 消息框。用户可以自定义消息框的标题、显示的内容、消息框的具体形式与按键组合。像在 6.1 小节中介绍的 DLL 调用步骤一样,创建一个 CLF 节点,打开配置对话框如图 6 - 6 所示。

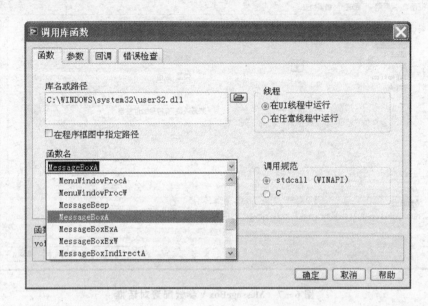

图 6 - 6　MessageBoxA 配置

LabVIEW 能检测出 DLL 包含的函数,但不能检测出每个函数所包含的参数,需要用户对所调用的 DLL 比较熟悉才能实现功能。MessageBoxA 函数有 4 个主要的参数,名称及含义如下:

- hWnd:创建消息框的父窗口句柄,如果些参数设置为 Null,则消息不与任何窗口关联。
- lpText:在消息框中显示的文字。
- lpCaption:在消息框标题栏中显示的文字。
- uType:指定消息框的图标类型及其按键组合。

可按图 6 - 7 配置参数。

配置完成后点"确定"按钮,退出 CLF 配置对话框。这时的 CLF 节点图标上出现了刚才配置的几个函数的连线端口,如图 6 - 8 所示。将各端与输入相连,运行后程序显示的消息对话框如图 6 - 9 所示。

uType 的数值由 4 部分参数值相加得到,这 4 部分参数的作用分别为:指定消息框中显示的按钮组合;指定消息框中显示的标志类型;指定默认按钮;指定消息框的模态形式和文本显示方式等各种属性。具体的参数值与对应的功能如表 6 - 1 所列。

例如,图 6 - 9 显示的消息框中包含"取消"、"重试"、"继续"和显示标志 (i),且第三个按钮为默认按钮,所以 uType 参数的输入值为(6＋64＋512)＝582。

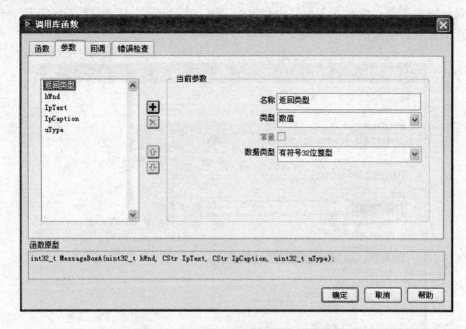

图 6-7 MessageBoxA 参数配置对话框

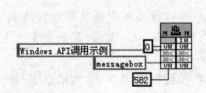

图 6-8 配置完成后的 CLF 节点　　　图 6-9 MessageBox API 调用程序运行结果

表 6-1 uType 值及含义

参数值	含 义
按钮组合	
0	显示"确定"按钮
1	显示"确定"、"取消"按钮
2	显示"终止"、"重试"、"忽略"按钮
3	显示"是"、"否"、"取消"按钮
4	显示"是"、"否"按钮
5	显示"重试"、"取消"按钮
6	显示"取消"、"重试"、"继续"按钮

续表 6 - 1

参数值	含　义
标志类型	
0	不显示任何标志
16	显示 ❌
32	显示 ❓
48	显示 ⚠
64	显示 ℹ
默认按钮	
0	第一个按钮为默认按钮
256	第二个按钮为默认按钮
512	第三个按钮为默认按钮
768	第四个按钮为默认按钮
消息框其他属性	
0	消息框窗口的形式为应用程序窗口,用户必须首先响应消息框,然后当前的应用程序才能继续运行
4 096	消息框窗口的形式为系统模态,此时所有的应用程序处理暂停状态,直到用户响应消息框为止
16 384	在消息框中添加 Help 按钮
65 536	将消息框窗口设定为最前面的窗口
524 288	消息框中的文本右对齐
1 048 576	在希伯来(Hebrew)和阿拉伯(Arabic)系统中文本由右到左显示

　　单击消息框中的不同按钮值时会返回不同的值,用户可以根据这些值来控制不同的程序运行结构。表 6 - 2 为这些按钮返回值的对应关系。

表 6 - 2　消息框中不同按钮返回值对照表

按　钮	返回值	按　钮	返回值
OK	1	Ignore	5
Cancel	2	Yes	6
Abort	3	No	7
Retry	4		

提示:以前版本的 LabVIEW 支持的 CIN 节点,在 2011 中不再支持。可用
"调用库函数(CLF)"节点来代替它的功能。

6.3 可执行程序的调用

在 LabVIEW 开发的软件中,用户可能需要调用.exe 可执行文件。在 Lab-VIEW 中调用可执行程序的通常做法是使用系统执行命令 VI,位于"函数→互连接口→库与可执行程序"子面板中,如图 6-1 所示。

可以参照在"<labview>\examples\comm"目录下调用系统执行命令 VI 来熟悉使用调用方法。下面的例子,以一种简单的方式通过 LabVIEW 调用 Windows 系统的计算器程序。

例 6-2 通过系统执行命令调用可执行程序

在本例中,通过"System Exce.vi(系统执行命令)"来调用 Windows 系统的计算器程序。对于其他.exe 程序的调用方法也是类似的。前面板和程序框图如图 6-10 所示。

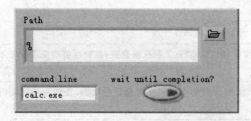 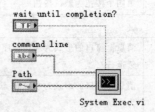

图 6-10 通过系统执行命令调用可执行程序

单击运行后,程序打开计算器程序,如图 6-11 所示。

通过这种方式调用可执行程序不方便的是,系统执行命令 VI 并不支持在文件名称后面跟上调用选项。用户可以用下面的方法以带选项的方式调用可执行程序:

创建格式为(filename.exe -option1 -option2)的 filename.bat 文件,以带选项的方式调用可执行文件。然后用系统执行命令 VI 来调用上述 filename.bat 文件,这样那些调用选项就会得到处理了。

下面是一些关于系统执行命令 VI 的重要说明:

图 6-11 调用可执行程序运行结果

① 可以直接调用外部非可执行的文件。例如,如果要使用文件名为"My Document.txt"的文件。你不能在系统执行命令 vi 的输入命令行中直接键入"MyDocument.txt",而是需要在命令行中输入"Notepad My Document",然后系统执行命令

VI 将会在记事本中打开.txt 文件。

② 同时请注明系统执行命令 VI 的"等待直到结束"输入端。该输入端的默认设置为真,这也就意味着 LabVIEW 会一直等待而不执行后面的代码,直到可执行程序已经在运行并不占用内存为止。如果该输入端置为假,LabVIEW 将会打开可执行程序,并同时执行后面的代码。

6.4　ActiveX 调用

ActiveX 是微软提出的一组使用组件对象模型(Componet Object Model,COM)。它是使得软件组件在网络环境中进行交互的技术集,与具体的编程语言无关。LabVIEW 支持对 ActiveX 控件的调用。一个程序可以通过 ActiveX 控制另一个程序,其中一个程序作为客户端,另一个作为服务器,LabVIEW 既可以作为客户端,也可以作为服务端。这就是 ActiveX 的自动化功能,也是 ActiveX 的重要功能之一。

ActiveX 最常见的用法就是通过 ActiveX 控件获得其界面、属性和方法。它是存在于 ActiveX 容器中的一个可嵌入的组件,任何一个支持 ActiveX 容器的程序都能允许用户在其中"放置"ActiveX 控件。程序对嵌入式控件的操作是通过属性和方法实现的。ActiveX 是一种事件驱动的技术,类似于 LabVIEW 中的事件结构,当定义的事件发生时才去执行相应的程序。

1. ActiveX 自动化

LabVIEW 作为客户端,可以访问现有的 ActiveX 对象来增强自身的功能;作为服务端,其他程序可以访问 LabVIEW 提供的 ActiveX 自动化服务,如 VI 调用、LabVIEW 控制等。

下面介绍 LabVIEW 作为客户端时是如何访问 ActiveX 对象的。打开 ActiveX 对象,访问 ActiveX 对象的属性和方法等需要通过 LabVIEW 提供的 ActiveX 函数来实现,这些函数位于"函数→互连接口→ActiveX"子面板中,如图 6-12 所示。

图 6-12　ActiveX 函数子面板

主要函数的功能说明如下：

- 打开自动化：打开 ActiveX 对象，获得对象的自动引用句柄。
- 属性节点：获取（读取）→设置（写入）对象的属性。
- 调用节点：在引用上调用一个方法或动作。
- 事件回调注册：注册一个 VI 使之在事件发生时被调用。
- 转换为变体：将 LabVIEW 数据转换为变体数据类型。
- 变体转换为数据：将变体数据转换为 LabVIEW 中处理和显示的数据。
- 静态 VI 引用：可配置输出一个普通或者严格类型的 VI 引用。
- 取消注册事件：取消注册所有与事件注册相关联的句柄。
- 关闭引用：关闭与打开的 VI、ActiveX 等相关的引用句柄。

LabVIEW 作为客户端操作 ActiveX 对象的基本步骤为：

① 打开自动化。

② 调用属性节点或方法节点访问 ActiveX 对象的属性或方法。

③ 关闭引用。

下面通过一个具体的实例来介绍 LabVIEW 调用 ActiveX 对象的方法。

例 6 - 3　ActiveX 调用举例

本例通过 Microsoft PowerPoint 11.0 Object Library 提供的 ActiveX 对象来实现 PPT 的自动播放。

下面编写程序，操作步骤如下：

① 首先打开自动化函数，右击图标，在弹出的菜单中选择"创建→输入控制"，右击该控件并选择"选择 ActiveX 类→浏览"，打开如图 6 - 13 所示的对话框。

图 6 - 13　ActiveX 自动化对象选择对话框

② 在对话框中选择 Microsoft PowerPoint 11. 0 Object Library 中的 Application 对象,单击"确定"完成自动化引用句柄与 PowerPoint 应用的链接。下面只要将自动化引用句柄的输出与属性节点或者调用节点连接就可以获得对象属性的方法了,程序的后面板如图 6-14 所示。

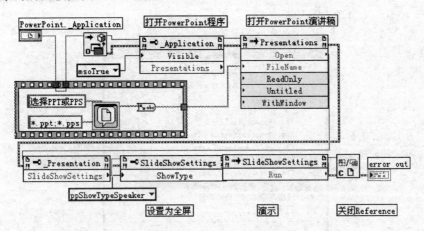

图 6-14　利用 ActiveX 自动化对象播放 PPT 后面板

2. ActiveX 容器

通过 ActiveX 容器,用户可以在 LabVIEW 的 VI 前面板中嵌入各种 ActiveX 组件,并访问其方法和属性。这好比在 Word 中嵌入了 Excel 表格,你可以在 Word 中编辑、使用 Excel 表格。ActiveX 容器位于前面板的"控件→新式→容器→ActiveX 容器"子面板中,如图 6-15 所示。

使用 ActiveX 容器的流程如图 6-16 所示。

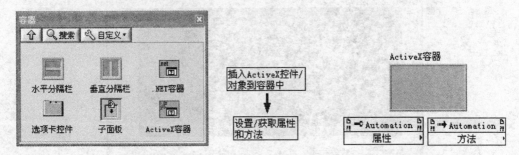

图 6-15　ActiveX 容器了面板　　　图 6-16　ActiveX 容器编程

下面通过一个具体的例子来说明 ActiveX 容器的使用方法。

例 6-4　ActiveX 容器调用 Windows Media Player ActiveX 控件

按如下步骤创建程序:

选择"ActiveX"容器控件,在前面板上画一个框用来盛放 ActiveX 对象,然后右击 ActiveX 容器控件,在弹出的快捷菜单中选择"插入 ActiveX 对象",弹出对象选择对话框,从中可以选择要插入的 ActiveX 控件。有 3 个选项,分别为"创建控件"、"创建文档"和"从文件中创建对象"。在这个实例中,我们选择"创建控件",并在下面列出的 ActiveX 控件中选择 Windows Media Player,如图 6 – 17 所示。单击"确定",退出"选择 ActiveX 对象"对话框。

图 6 – 17 "选择 ActiveX 对象"对话框

此时的程序前面板变成如图 6 – 18 所示。

图 6 – 18 添加 Windows Media Player 控件后的程序前面板

切换到程序后面板,从"函数→互连接口→ActiveX"子面板中选择"megeActiveXInvokeNode. vi(调用节点)",将 Windows Media Player ActiveX 控件的输出端口与"调用节点"的句柄输入端口相连。单击"调用节点"图标中的"方法"选择 open-

Player,这个方法的含义是打开 Windows Media Player 播放影片。在前面板上放置
一个文件打开路径控件,在后面板中用"路径到字符串转换"控件将路径转成字符串
后与"调用节点"的 bstrURL 输入端相连,前面板与程序框图如图 6-19 所示。

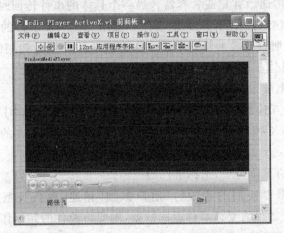

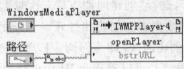

图 6-19　ActiveX 容器调用 Media Player 前面板与程序框图

运行效果如图 6-20 所示。

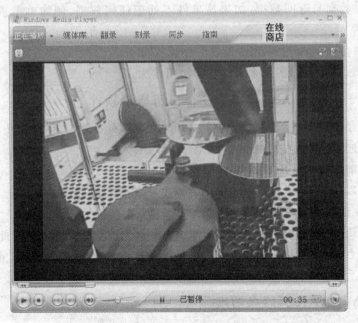

图 6-20　ActiveX 容器调用 Media Player 运行效果

3. ActiveX 事件

许多 ActiveX 控件除了与其关联的属性和方法之外,还定义了一套事件。当这些事件发生时,就传递给客户或者容器。当一个具体的事件传回时,客户端可以通过执行代码实现任何必要的动作来处理事件。使用 ActiveX 事件的基本步骤是:创建 ActiveX 对象→注册该对象的特定事件→创建该事件发生时调用的回调 VI→VI 退出时注销事件。具体步骤如下:

① 在前面板上放置 ActiveX 控件。

② 从"函数→互连接口→ActiveX"子面板中选择"事件回调注册"函数放置在后面板上。将 ActiveX 控件的输出句柄与"事件回调注册"节点的"事件"输入端口相连。

③ 单击事件的下拉箭头,选择事件的类型。

④ 将该事件需要使用的参数与"用户参数"相连,参数类型可以是任何 LabVIEW 数据类型。如果需要该事件返回数据,则要将控件的句柄作为输入。

⑤ 右击"VI 引用端口",选择"创建回调 VI"。这时 LabVIEW 会自动根据所选择的事件类型和用户参数的数据类型创建并打开一个新的 VI,并将该 VI 的输出句柄与 VI 引用端口连接。新创建的 VI 即为回调 VI,当选择的事件发生时,程序就会转向去执行该 VI。双击回调 VI,可以看到此 VI 中已经包含了以下控件:

● 事件通用数据:在事件源中 1 代表 ActiveX 事件,2 代表.NET 事件
● 控件引用:ActiveX 或者.NET 对象的引用,用户可通过右击选择
● 事件数据与返回数据:如果该事件不处理任何数据,例如单击事件,则没有该项
● 用户参数:与第④项用户设定的参数相同

下面通过一个具体实例来讲解它的使用方法。

例 6-5 ActiveX 事件编写一个日历显示软件

该实例是通过事件的方法调用 Calendar 控件来实现的,具体操作步骤与前面所讲的基本相同,这里不再赘述。

程序的前面板和后面板如图 6-21 所示。

用户可以控制日历显示的格式,如背景色、字体颜色和显示方式等。当单击某一个日期时,在前面板的右下角会显示选中的日期。

回调 VI 的作用是当用户单击日历上的某一个日期时,该 VI 响应此单击事件,通过属性节点获取日期值,并按用户设定的格式返回此值。回调 VI 的后面板如图 6-22 所示。

4. LabVIEW 作为服务器端

前面介绍了 LabVIEW 作为一个客户端时调用其他 ActiveX 控件的方法。现在

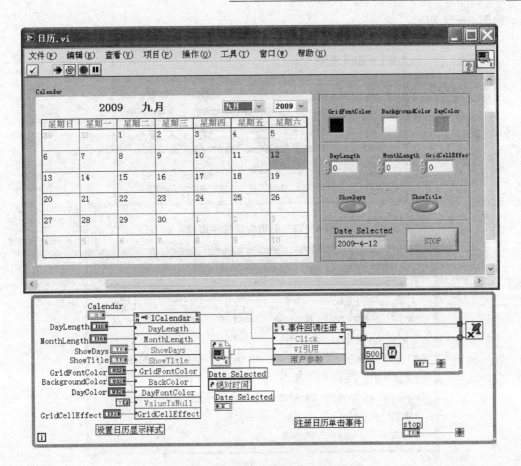

图 6-21　日历软件的前面板与后面板

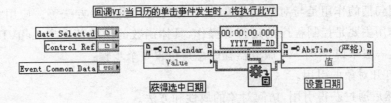

图 6-22　回调 VI 的后面板

我们来看一下 LabVIEW 作为一个服务器端时,如何向其他程序提供 ActiveX 对象,如 Visual Basic、Visual C++ 等,让它们可以像调用普通 ActiveX 一样调用 Lab-VIEW。

(1) 相关控件与函数

与 LabVIEW 作为一个服务器端相关的控件和函数主要有两个:一个是"引用句柄"控件,它位于前面板的"控件→新式→引用句柄"子面板中,如图 6-23 所示;另一个是"应用程序控制"函数,它位于后面板的"函数→编程→应用程序控制"子面板中,如图 6-24 所示。

图 6-23　引用句柄控件面板

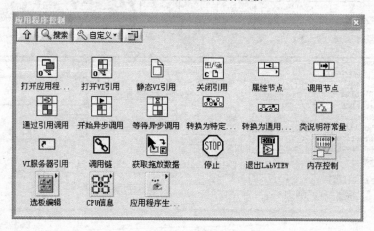

图 6-24　应用程序控制函数面板

引用句柄的作用是与对象发生关联，获得对象的属性和方法等。应用程序控制函数的作用主要是控制程序的运行等操作，具体函数的功能请参考 LabVIEW 的帮助文件。一般来说，一个 VI 服务器程序总是包含 3 个步骤：

① 打开对象的引用。

② 然后通过获得引用，访问对象的属性和方法。

③ 最后关闭引用。

（2）作为服务器端的相关设置

配置与启动 VI 服务器的方法是在菜单栏中选择"工具→选项"，打开如图 6-25 所示的对话框，选择"VI 服务器：配置"，在"协议"栏中选中"TCP/IP"复选框就启动了 VI 服务器，用户可以随意配置它的端口。在"VI 服务器：机器访问"栏中可以配置允许哪些计算机访问该 VI 服务器。如果想允许任何计算机访问该 VI 服务器，可以添加一个允许项目为"＊"。在"VI 服务器：用户访问"栏中可以配置允许哪些用户有权限访问该 VI，从 LabVIEW8.0 开始，LabVIEW 增加了用户安全管理功能。关于这些功能的具体设置,用户可以单击对话框右下角的"帮助"按钮查看具体内容。

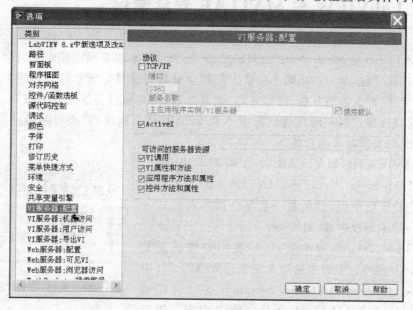

图 6-25 VI 服务器配置对话框

(3)通过外部程序控制 LabVIEW

若要启动 LabVIEW 作为 ActiveX 的服务器端,必须先对 VI 进行配置,配置方法如前面所述。下面以 LabVIEW 自带的一个程序来演示如何在 Visual Basic 中调用 LabVIEW。

例 6-6 在 Visual Basic 中启动 LabVIEW 并运行该 VI

该程序是 LabVIEW 自带的实例,用户可以在 LabVIEW 的安装路径"...＜LabVIEW＞\examples\comm\VBToLV.vbp"中找到它。打开之后可以看到代码,程序运行之后的界面如图 6-26 所示,它的功能是对输入的数进行计算后输出结果。

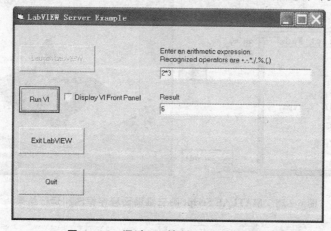

图 6-26 通过 VB 控制 LabVIEW 运行

6.5 LabVIEW 与 MATLAB 混合编程

MATLAB 是 Math Work 公司的产品,一个为科学和工程计算而专门设计的高级交互式软件包,是一款功能十分强大的数学分析与信号处理软件。它的工具箱功能非常丰富,涉及数值分析、信号处理、图像处理、仿真和自动控制等领域,但在界面开发、仪器连接控制和网络通信方面不及 LabVIEW。因此,若能将两者结合起来,则可以充分发挥两者的长处。

LabVIEW 与 MATLAB 混合编程可以通过"MATLAB Script Node. vi(MATLAB 脚本节点)"实现,它位于后面板的"函数→数学→脚本与公式→脚本节点"子面板中,如图 6-27 所示。

图 6-27 MATLAB 脚本节点

使用 MATLAB 脚本节点,需要用户提前安装 MATLAB 程序。节点中的脚本完全是 MATLAB 中的 M 文件,运行 MATLAB Script 节点时会启动 MATLAB,并在 MATLAB 中执行脚本内容。用户同样可以为 MATLAB Script 结果添加输入和输出,指定数据的类型,下面通过一个具体的例子看它的用法。

例 6-7 MATLAB Script 节点使用举例

在本例中,用 MATLAB Script 节点画一个三维曲面图,程序框图和运行结果如图 6-28 所示。

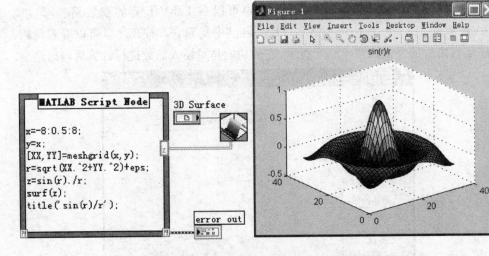

图 6-28 MATLAB Script 画三维曲面程序框图和运行结果

> 提示：MATLAB 编译器能将函数文件编译成 C/C++代码，这些代码又能被 C/C++编译器编译成 DLL 文件。只要接口安排合适，就可以将 MATLAB 编写的程序集成到 LabVIEW 环境中，从而脱离 MATLAB 环境。

6.6　综合实例：通过调用动态链接库实现驱动开发

例 6-8　通过调用 DLL 的方式实现 DSO25216 的驱动开发

DSO25216 是数字型存储示波器，兼有逻辑分析仪的功能。在 LabVIEW 环境下没有现成的驱动程序，需要采用调用动态链接库的方式进行驱动开发。采用这种方法进行驱动开发的关键是要了解该仪器的动态链接库的程序结构和调用顺序。图 6-29 所示为 DSO25216 动态链接库的程序框图。

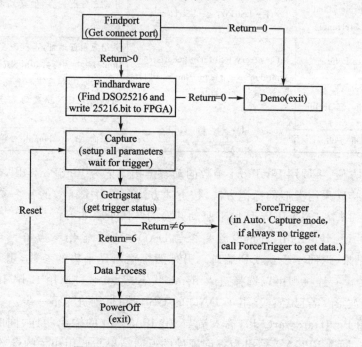

图 6-29　DSO25216 动态链接库程序框图

DSO25216 在 LabVIEW 环境下驱动开发的总体思路就是利用 CLF 节点函数按图 6-29 的框图程序的顺序调用动态链接库。关于 DLL 的调用方法，在 6.1 节中已经简单介绍，在这里对 DSO25216 驱动开发的过程进行完整详细地说明。从"函数→编程→互联接口→库与可执行程序"子面板中选择"Call Library Function(CLF)(调用库函数)"节点,将其放置在程序框图中。此时该节点没有与任何 DLL 连接,右击该节点并选择 Configure 选项或者直接双击该节点可以打开配置对话框,按 6.1 节中的介绍进行配置。

　　LabVIEW 支持绝大部分 Windows、ANSI、数组和结构体等数据类型。每一种数据类型都对应于 LabVIEW 中的某一类型的数据控件,表 6-3 所列为 LabVIEW 与 C 语言中参数类型的对应关系。

表 6-3　LabVIEW 与 C 语言中参数类型的对应关系及说明

LabVIEW 描述	C/C++描述	说　明
C String Pointer	unsigned char*	以 0 作为字符串的结尾
Pascal String Pointer	unsigned char*	以字符串的长度作为字符串的开始,长度≤255
LabVIEW String Handle:LStrptr	typedef struct {int 32 cnt; unsigned char str[1];} LStr, *LStrPtr, **LStrHandle	cnt 记录字符串长度,str[0]存放第一个字符。若长度大于 1,可以在 DLL 中动态分配内存,但必须调用 CIN 函数完成
LabVIEW String Handle Pointer:LStrHandle		
Array Data Pointer	int * arrary Pointer typedef struct {int dimSizes[2]; int Numeric[1];} TD1, **TD1Hdl;	数组元素首地址,不能改变数组大小,dimSize[0]为行数,dimSize[1]为列数,Numeric[0]存放第一个元素,按存储,可以调用 CIN 函数动态分配内在,改变数组大小
Array Handle:TD1Hdl		
Array Handle Pointer	typedef TD1 ** TD1HdlPtr	即指向 Arrray Handle 变量的指针

　　为表述方便,将调用 FindPort 函数的动态链接库记为 FindPort.dll,调用其他函数的动态链接库采用类似的标记方法,按上述方法配置每个函数的各个参数。

　　DSO25216 在 LabVIEW 环境下驱动开发的整体步骤如下:

　　① 调用 FindPort.dll,确定电脑是否与 DAQ 相连。输出参数第一个是返回寻找 USB 的结果,返回 4 表示找到端口。另外两个输出是采集的参数,用于和下一个 dll 相连。若没有连接则可以选择进入 demo 状态,系统通过调用 LabVIEW 中的模块自动产生波形。若已经连接上了 DAQ 的 USB 接口,则进入下一步。

　　② 调用 FindHardware.dll,输入端与 FindPort.dll 的输出相连,同时将配置文件 25216.bit 写入 FPGA。输出为查询硬件的返回结果与调用相关的参数,返回 1 表示配置文件写入成功,硬件可以工作。

　　③ 调用 Capture.dll,先将采集参数传递给硬件,之后将数据采集到数据采集卡的数据缓冲区。Capture 函数的输入参数为各数据采集的参数以及初始化过的采样数据存放数组。

　　④ 调用 GetTrigStat.dll,从硬件读状态寄存器,通过返回值是否为 6 确定硬件

赋值是否完毕且数据已采集到硬件缓存区。若不是,则判断触发方式是 Single、Normal 还是 Auto。若是 Single,流程结束;若是 Normal,则跳转到第一步;若是 Auto,调用 ForceTrigger.dll 使硬件自动产生一个适当的触发,开始采样。若返回为 6,则传送硬件采样的数据到计算机内存。

⑤ 调用 Capture.dll 结束采集。在 Capture 的输入参数使用了事件(event case)结构。当前面板的某些与采集有关的数据改变时,触发事件结构,运行 case 中的结构,否则跳过此处直接进入调用 GetTrigStat.dll 状态。这样的设置有利于增加数据实时采集的速度,省去了不断的读取前面板状态,不断调用 Capture.dll 的过程。

⑥ 调用 PowerOff.dll 结束程序,关闭硬件电源。

整个驱动程序的后面板如图 6-30 所示。

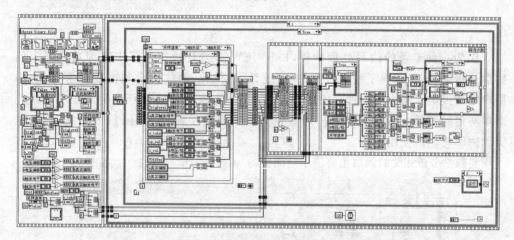

图 6-30 DSO25216 驱动程序框图

6.7 思考与练习

① DLL 有哪几种形式? 在 LabVIEW 中如何进行调用? 可以应用在哪些场合?

② Windows API 的基本概念? 如何进行 API 的调用? 常用 API 有哪些?

③ 如何进行可执行文件的调用?

④ 如何用 ActiveX 实现办公自动化? 在调用 ActiveX 作为服务器端时如何进行设置?

⑤ 如何实现 LabVIEW 与其他编程语言之间的无缝结合?

⑥ 如何实现 LabVIEW 与 MATLAB 的混合编程?

第 **7** 章

数学分析

　　作为一种专业的信号处理软件，LabVIEW 开发环境提供了丰富而功能强大的数学分析工具包，涵盖了线性代数、概率统计、最优化、曲线拟合和微积分等方面，为用户编程提供了极大的方便。熟练运用这些工具，能在进行信号分析与处理中达到事半功倍的效果。本章将系统讲述数学分析子模板中典型 VI 函数的功能，并通过实例讲解它们的使用方法。

　　与数学分析相关的函数主要位于后面板的"函数→数学"子面板中，如图 7-1 所示。

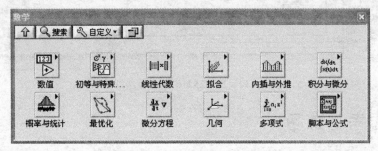

图 7-1　数学分析函数子面板

【本章导航】
  ➢ 基本数学分析函数
  ➢ 概率统计与最优化问题
  ➢ 曲线拟合与插值
  ➢ 其他分析函数

7.1　基本数学分析

7.1.1　初等与特殊函数

　　初等与特殊函数主要位于"函数→数学→初等与特殊函数"子面板中，如图 7-2

所示。这个子面板主要提供了一些常用数学函数，如三角函数、指数函数和双曲函数等。

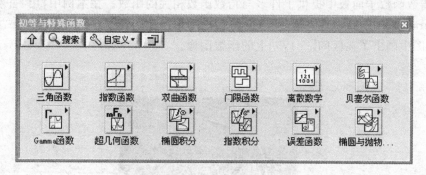

图 7 - 2 初等与特殊函数子面板

在初等与特殊函数子面板中，有许多功能强大的函数。在本书中，主要选取一些比较常用的函数，以举例的方法给大家讲解具体的使用方法。

例 7 - 1 三角函数应用举例

在本例中，演示"正弦"与"反正弦"函数的使用方法。在程序中，利用正弦函数与反正弦函数求 $\left[-\dfrac{\pi}{2}, \dfrac{\pi}{2}\right]$ 范围内的正弦值与反正弦值，并用 XY 图控件画出图像。运行结果与程序框图如图 7 - 3 所示。

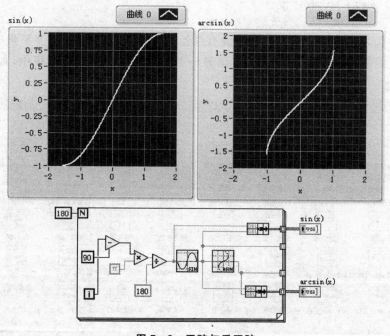

图 7 - 3 正弦与反正弦

例 7 - 2   画 $y=\ln(x)$ 的函数图像

指数函数子面板中提供了许多与指数函数相关的函数。在本例中，用"自然对数 (Natural Logrithm. vi)"实现，用 XY 图实现图形绘制。图 7 - 4 为运行结果与程序框图，图中画出了在区间[-1,9]上的函数图像。

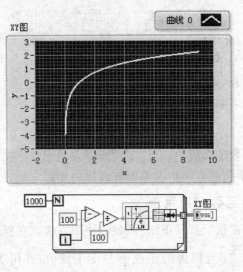

图 7 - 4   自然对数函数曲线绘制

7.1.2   线性代数

线性代数在现代工程和科学领域有广泛的应用，LabVIEW 提供了强大的线性代数运算函数，这些函数主要位于"函数→数学→线性代数"子面板中，如图 7 - 5 所示。

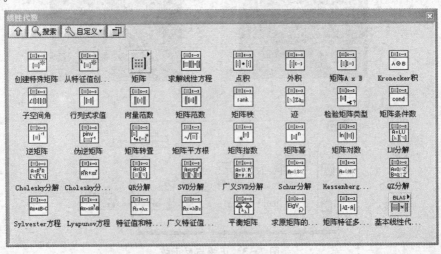

图 7 - 5   线性代数子面板

对于线性代数的函数运用方法,我们选举几种典型的应用通过举例的方法进行说明。

例 7 – 3 线性方程组求解

在本例中演示"求解线性方程(Solve Liner Equations. vi)"函数的用法。假设方程组为

$$\begin{cases} 2x_1 + 3x_2 + x_3 = 2 \\ 2x_1 + 1x_2 + 2x_3 = 3 \\ x_1 + 2x_2 + x_3 = -2 \end{cases}$$

对于线性方程组求解的问题,需要将方程组写成 $AX = B$ 的形式,得到

$$A = \begin{bmatrix} 2 & 3 & 1 \\ 2 & 1 & 2 \\ 1 & 2 & 1 \end{bmatrix}, B = \begin{bmatrix} 2 \\ 3 \\ -2 \end{bmatrix}$$

求解线性方程(Solve Liner Equations. vi)图标与端口如图 7–6 所示。

在求解线性方程组时,只要将 A 和 B 分别连接函数的两个输入端口,即可得到结果,运行结果与程序框图如图 7–7 所示。

图 7–6 求解线性方程函数图标及端口

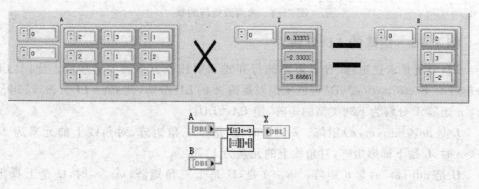

图 7–7 线性方程组求解

例 7 – 4 求矩阵的秩

矩阵的秩是反映矩阵固有特性的一个重要概念。设 A 是一组向量,定义 A 的极大无关组中向量的个数为 A 的秩。

定义 1 在矩阵 A 中,任意决定 k 行和 k 列交叉点上的元素构成 A 的一个 k 阶子矩阵,此子矩阵的行列式,称为 A 的一个 k 阶子式。例如,在阶梯形矩阵中,选定 $1,3$ 行和 $3,4$ 列,它们交叉点上的元素所组成的 2 阶子矩阵的行列式就是矩阵 A 的一个 2 阶子式。

定义 2 $A = (a_{ij})_{m \times n}$ 的不为零的子式的最大阶数称为矩阵 A 的秩,记作 rA,或

rank$A$。特别规定零矩阵的秩为零。显然 $rA \leqslant \min(m,n)$，易得：若 A 中至少有一个 r 阶子式不等于零，且在 $r < \min(m,n)$ 时，A 中所有的 $r+1$ 阶子式全为零，则 A 的秩为 r。

由定义直接可得 n 阶可逆矩阵的秩为 n，通常又将可逆矩阵称为满秩矩阵；不满秩矩阵就是奇异矩阵。

在本例中，用"矩阵秩（Matrix Rank.vi）"来求一个实数矩阵的秩，运行结果和程序框图如图 7-8 所示。

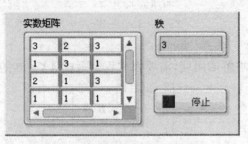

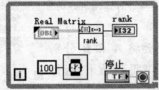

图 7-8　求实数矩阵的秩

例 7-5　矩阵的 LU 分解

LU 分解是求逆矩阵、计算矩阵的行列式和解线性方程的关键步骤。使用"LU 分解（LU Factorization.vi）"可以实现对矩阵 A 的 LU 分解，使 $PA = LU$。该 VI 可使 $m \times n$ 矩阵 A 分解为下列类型的矩阵，使 $PA = LU$：

L 是 $m \times \min(m,n)$ 矩阵。$m \leqslant n$ 时，L 是下三角矩阵，对角线上的元素为 1。$m > n$ 时，L 是下梯形矩阵，对角线上的元素为 1。

U 是 $\min(m,n) \times n$ 矩阵。$m \geqslant n$ 是，U 是上三角矩阵；$m < n$ 时，U 是上梯形矩阵。

P 为 $m \times m$ 的置换矩阵，是已经对行进行互换的单位矩阵。

对于奇异矩阵，VI 完成分解后可返回警告，在 U 的对角线上至少有一个元素为 0。

下列方程是 A 为方阵时，LU 分解的可用属性：

$$\det(A) = \prod_{k=0}^{n-1} U_{kk}$$

$\det(A)$ 是 A 的行列式。运行结果与程序代码如图 7-9 所示。

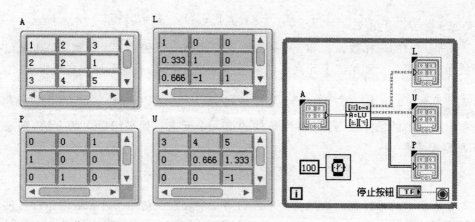

图 7 - 9　矩阵的 *LU* 分解

7.1.3　微积分

微积分函数的使用相对比较简单,这些函数位于"函数→数学→微积分"子面板中,如图 7 - 10 所示。

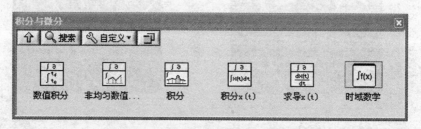

图 7 - 10　微积分函数子面板

例 7 - 6　求导函数使用举例

LabVIEW 提供的"求导 $x(t)$(Derivative $x(t)$. vi)"用来对采样信号 x 进行离散微分。

函数 $F(t)$ 的微分 $f(t)$ 定义为:

$$f(t) = \frac{\mathrm{d}}{\mathrm{d}t}F(t)$$

使 y 表示采样输出序列 $\mathrm{d}x/\mathrm{d}t$。

如采用二阶中心的方法,则通过下列等式可得 y:

$$y_i = \frac{1}{2\mathrm{d}t}(x_{i+1} - x_{i-1}), \quad i = 0, 1, 2, \cdots, n-1$$

n 是 $x(t)$ 的采样数,x_{-1} 是初始条件的第一个元素,x_n 是最终条件的第一个元素。如采用四阶中心的方法,则通过下列等式可得 y:

$$y_i = \frac{1}{12\mathrm{d}t}(-x_{i+2} + 8x_{i+1} - 8x_{i-1} + x_{i-2}), \quad i = 0, 1, 2, \cdots n-1$$

n 是 $x(t)$ 的采样数，x_{-2} 和 x_{-1} 是初始条件的第一个和第二个元素，x_n 和 x_{n+1} 是最终条件的第一个和第二个元素。如采用前向的方法，则通过下列等式可得 y：

$$y_i = \frac{1}{\mathrm{d}t}(x_{i+1} - x_i), \quad i = 0, 1, 2, \cdots n-1$$

n 是 $x(t)$ 的采样数，x_n 是最终条件的第一个元素。如采用后向的方法，则通过下列等式可得 y：

$$y_i = \frac{1}{\mathrm{d}t}(x_i - x_{i-1}), \quad i = 0, 1, 2, \cdots n-1$$

n 是 $x(t)$ 的采样数，x_{-1} 是初始条件的第一个元素。初始条件和最终条件可使边界错误最小化。

在本例中求函数 $\sin(x)$ 的导数，并在区间 $[0, 2\pi]$ 上画出函数图像，运行结果与程序框图如图 7-11 所示。

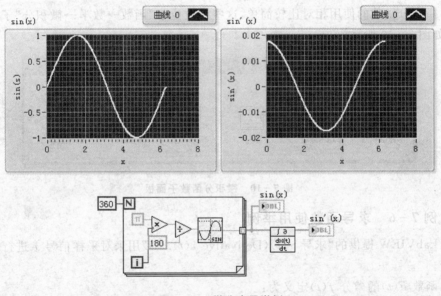

图 7-11　微分应用举例

例 7-7　积分应用举例

LabVIEW 提供的"积分（Integral x(t).vi）"用于对采样信号 x 进行离散积分。

函数 $f(t)$ 的积分 $F(t)$ 定义为：

$$F(t) = \int f(t)\mathrm{d}t$$

如积分方法为梯形法则，VI 通过下列方法获取 y 的元素：

$$y_i = \frac{\mathrm{d}t}{2} \sum_{j=0}^{i} (x_{j-1} + x_j), \quad i = 0,1,2\cdots,n-1$$

n 是 x 的采样数，x_{-1} 是初始条件的第一个元素。如积分方法为 Simpson 法则，VI 通过下列方法获取 y 的元素：

$$y_i = \frac{\mathrm{d}t}{6} \sum_{j=0}^{i} (x_{j-1} + 4x_j + x_{j+1}), \quad i = 0,1,2\cdots,n-1$$

n 是 x 的采样数，x_{-1} 是初始条件的第一个元素，x_n 是最终条件的第一个元素。如积分方法为 Simpson 3/8 法则，VI 通过下列方法获取 y 的元素：

$$y_i = \frac{\mathrm{d}t}{8} \sum_{j=0}^{i} (x_{j-2} + 3x_{j-1} + 3x_j + x_{j+1}), \quad i = 0,1,2\cdots,n-1$$

n 是 x 的采样数，x_{-1} 和 x_{-2} 是初始条件的第一个和第二个元素，x_n 是最终条件的第一个元素。如积分方法为 Bode 法则，VI 通过下列方法获取 y 的元素：

$$y_i = \frac{\mathrm{d}t}{90} \sum_{j=0}^{i} (7x_{j-2} + 32x_{j-1} + 12x_j + 32x_{j+1} + 7x_{j+2}), \quad i = 0,1,2\cdots,n-1$$

n 是 x 的采样数，x_{-1} 和 x_{-2} 是初始条件的第一个和第二个元素，x_n 和 x_{n+1} 是最终条件的第一个和第二个元素。

初始条件和最终条件通过增加边界的精度（尤其是当采样数较少时）减少总的错误。应当在实际增加精度前确定边界条件。

在本例中，求函数 $\sin(x)$ 在区间 $[0, 2\pi]$ 上的定积分与不定积分，运行结果与程序框图如图 7 - 12 所示。

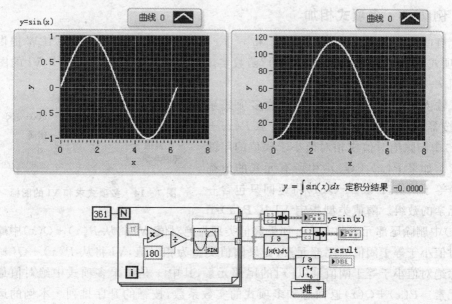

图 7 - 12　积分运算函数使用举例

7.1.4 多项式

多项式操作函数位于"函数→数学→多项式"子面板中,如图 7 - 13 所示。Lab-VIEW 提供了丰富的关于多项式操作的函数,这些函数的使用相对比较简单,下面通过一个简单的例子来说明函数的用法。

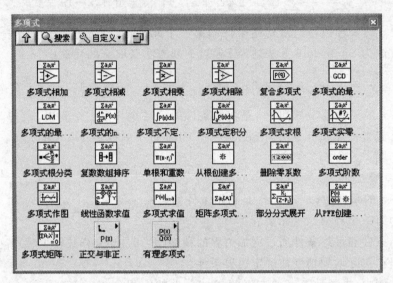

图 7 - 13　多项式函数子面板

例 7 - 8　多项式相加

有两个多项式:$x^3 + 3x^2 + x + 1$ 和 $x^2 + x + 3$,现在演示如何用 LabVIEW 提供的"多项式相加(Add Polynomials. vi)"函数实现这两个多项式相加。这个 VI 的图标如图 7 - 14 所示。

输入端 $P(x)$、$Q(x)$ 包含实数多项式系数,按幂的升序排列。阈值指定 VI 从 $P(x)+Q(x)$ 中删除绝对值或相对值小于阈值的尾部元素。如果 $P(x)+Q(x)$ 中所有元素的值都小于等于阈值,$P(x)+Q(x)$ 将返回只包含一个元素的数组。阈值类型指定 VI 从 $P(x)+$

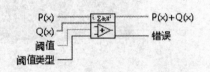

图 7 - 14　多项式求和 VI 的图标

$Q(x)$ 中删除尾部元素的方式。如果阈值类型为绝对值,VI 将从 $P(x)+Q(x)$ 中删除绝对值小于等于阈值的尾部元素;如果阈值类型为相对值,VI 将从 $P(x)+Q(x)$ 中删除绝对值小于等于阈值乘以 $|x|$ 的尾部元素,其中 x 是结果多项式中绝对值最大的元素。$P(x)+Q(x)$ 返回总和多项式的实数系数,按幂的升序排列。本例的运行结果与程序代码如图 7 - 15 所示。

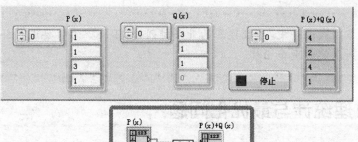

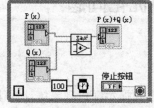

图7-15 多项式求和

例7-9 多项式的n阶导数

本例中演示如何进行多项式 n 阶导数的求解。假设有多项式 $3x^5+x^3+2x+1$，利用 LabVIEW 提供的"多项式 n 阶导数（nth Derivative of Polynomial.vi）"实现 2 阶导数求解。"多项式 n 阶导数"VI 的图标如图7-16所示。

其中，$P(x)$ 包含实数多项式系数，按幂的升序排列。阶数指定要计算的导数的阶数，如果阶数小于 0，VI 可设置 $P(x)$ 的 n 阶导数为空数组并返回错误。

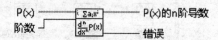

图7-16 多项式 n 阶导数 VI 图标

$P(x)$ 的 n 阶导数返回 $P(x)$ 的 n 阶导数的实数系数，按幂的升序排列。

本例的运行结果与程序代码如图7-17所示。

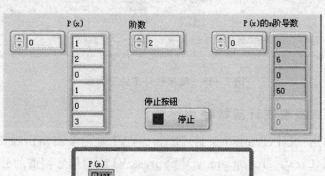

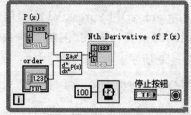

图7-17 多项式 n 阶导数求解

提示：在多项式求导中，系数按幂的升序排列，对于缺少的项要进行补0操作，
　　　否则求解结果会出错。

7.2　数理统计与最优化问题

7.2.1　概率与统计

概率论和数理统计是研究和揭示随机现象统计规律的一门数学学科。随着电子计算机的发展，计算机大批量、高速度处理数据的能力给数理统计的应用提供了新的条件。数理统计问题可以分为以下几类：参数估计、假设检验、回归分析、方差分析、正交试验和多元统计分析等。与概率统计相关的函数位于"函数→数学→概率与统计"子面板中，如图7-18所示。

图7-18　概率统计函数子面板

例7-10　概率统计函数使用举例

在本例中，用"统计(Statistics.vi)"Express VI对一个高斯白噪声进行统计，并用"创建直方图(Create Histogram.vi)"Express VI绘制信号幅值的分布直方图。在用"波形图"控件显示直方图的时候要注意在"图例"中，选择相应的波形显示形式。运行结果与程序框图如图7-19所示。

例7-11　绘制正态分布曲线

在本例子中演示如何使用"概率密度函数(连续)(Continuous PDF.vi)"实现正态分布曲线的绘制。"概率密度函数"VI用于计算各种分布的连续概率密度函数

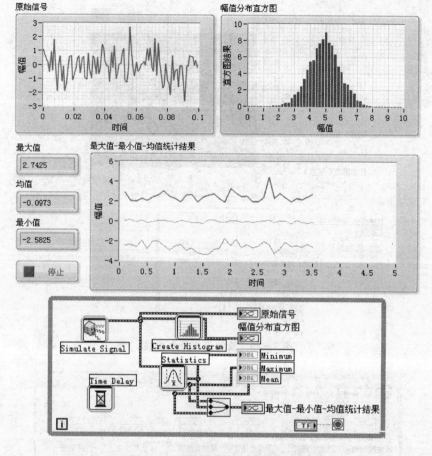

图 7-19　概率统计函数应用举例

（PDF），在使用时，需要在下拉菜单中选择该 VI 的实例。运行结果与程序框图如图 7-20 所示，读者可以改变正态曲线的各项参数，观察波形的变化。

7.2.2　最优化

最优化是一门古老而又年轻的学科，它的起源可以追溯到法国数学家拉格朗日关于一个函数在一组等式约束条件下的极值问题。如今这门学科在工业技术、管理科学等各个领域都有广泛的应用，并发展出组合优化、线性规划、非线性规划、动态控制和最优控制等多个分支。最优化问题的一般形式为：

$$\min f(x)，约束条件\ x \in \Omega$$

即求目标函数 $f(x)$ 在约束条件下的极值。与最优化相关的函数位于"函数→数学→最优化"子面板中，如图 7-21 所示。

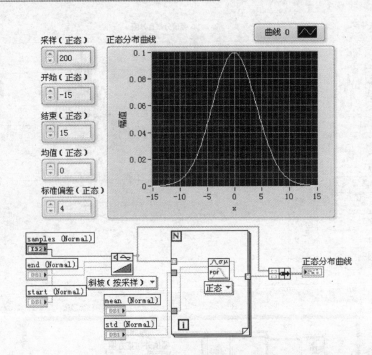

图 7 - 20　绘制正态分布曲线

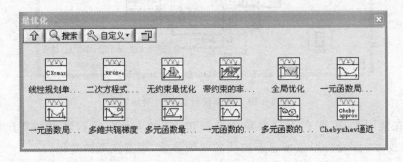

图 7 - 21　最优化函数子面板

例 7 - 12　最优化应用举例

下面通过一个简单的例子说明最优化函数的应用。这个题目是我们在中学里经常遇到的一个问题：假设我们有一个 20 m 长的篱笆，要在地上围出一个面积最大的区域，有一面可以靠墙，靠墙一侧不需要篱笆，问长取多少时能满足要求？

对于这个问题的求解，我们一般是设长为 x，则宽为 $(20-x)/2$，面积：

$$S = x(20-x)/2 = -0.5x^2 + 10x，\quad (0 < x < 20)$$

LabVIEW 提供一个"一元函数的所有最小值（Find All Minima 1D. vi）"用来查找一元函数中的最小值，我们将上面的问题转化为求 $-S$ 的最小值问题，即可以用此函数来解决了。

$$-S = -x(20-x)/2 = 0.5x^2 - 10x，（0 < x < 20）$$

运行结果和程序框图如图 7-22 所示，当长为 10 m 时，面积最大，最大面积为 50 m²。

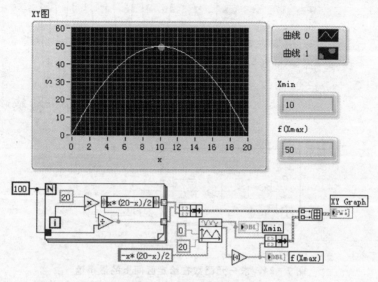

图 7-22　最优化应用举例

例 7-13　求一元函数 $\cos(x^2)$ 在给定区间上的所有最小值

在本例中给大家演示如何求一元函数在给定区间上的所有最小值。LabVIEW 提供了"一元函数的所有最小值（Find All Minimal 1D. vi）"用于求一元函数在给定区间上的所有最小值，这个 VI 的图标如图 7-23 所示。"精度"输入端口确定最小值的精度，如两个连续近似值的差小于等于精度，该方法停止。默认值为 1.00×10^{-8}。"步长类型"控制采样点之间的间隔，步长类型值为"0-固定函数"，表示函数值的间隔固定；值为"1-使用修正函数"，表示优化步长。一般情况下，通过修正函数可得到精确的最小值。默认值为 0。"算法"指定 VI 使用的方法，"0-黄

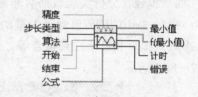

图 7-23　"一元函数的所有最小值"
VI 的图标

金分割搜索法（默认）"、"1-函数局部最小值（Brent 法）"。"开始"是区间的开始点，默认值为 0.0。"结束"是区间的结束点，默认值为 1.0。"公式"是描述函数的字符串，公式可包含任意个有效的变量。"最小值"该数组包含区间（开始，结束）中公式的所有最小值。"f（最小值）"是函数在最小值点的取值。"计时"是用于整个计算的时间，以 ms 为单位。

函数图像与程序框图如图 7-24 所示。

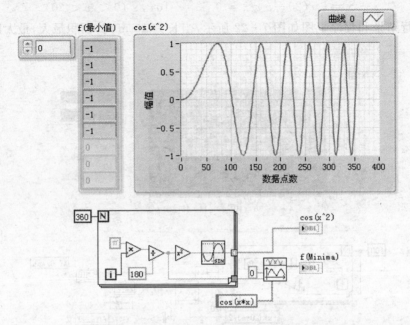

图 7 - 24 求一元函数在给定区间上的最小值

7.3 曲线拟合与插值

7.3.1 曲线拟合

曲线拟合在分析实验数据时非常有用,它可以帮助我们找出大量离散数据中的相互规律。LabVIEW 包含了大量的曲线拟合函数,如纯属拟合、指数拟合、高斯拟合、多项式拟合和最小二乘拟合等。这些函数位于"函数→数学→拟合"子面板中,如图 7 - 25 所示。

图 7 - 25 拟合函数子面板

例 7 - 14 用最小二乘法求回归系数

因变量与自变量的关系为：

$$y = f(a,x) = \sum_{i=0}^{n} a_i f_i(x)$$

原始数据 y 的表达式为：

$$y = \sin(x^2) + 3\cos(x) + \frac{4x}{x+1} + \text{Noise}$$

假设猜测函数为：

$$y = a_0 f_0(x) + a_1 f_1(x) + a_2 f_2(x) + a_3 f_3(x) + a_4 f_4(x)$$

其中，

$$f_0(x) = 1; f_1(x) = \sin(x^2); f_2(x) = 3\cos(x); f_3(x) = \frac{x}{x+1}; f_4(x) = x^4$$

下面通过最小二乘法拟合函数"广义线性拟合（General Linear Fit. vi）"来求解回归系数，运行结果与程序框图如图 7 - 26 所示。

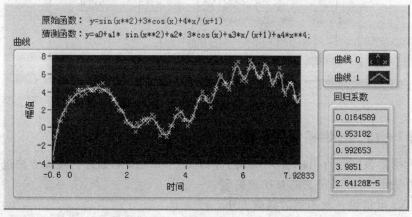

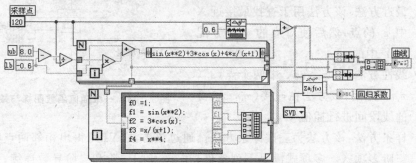

图 7 - 26 最小二乘曲线拟合求回归系数

7.3.2 插 值

插值是在离散数据之间插入一些数据,使这组数据能够更加符合某个连续函数。插值是计算数学中最基本和最常用的手段,是函数逼近理论中的重要方法。利用它可以通过函数在有限点处的取值情况估算该函数在别处的值,即通过有限的数据得出完整的数学描述。

LabVIEW 提供了许多插值函数,如一维插值、二维插值、样条插值和多项式插值等。所有函数均可以进行内插或者外推,这些函数位于"函数→数学→插值与外推"子面板中,如图 7-27 所示。

图 7-27 插值与外推函数子面板

例 7-15 一维插值使用举例

"一维插值(Interpolate 1D. vi)"图标如图 7-28 所示,通过选定的方法进行一维插值,方法由 X 和 Y 定义的查找表确定。

该 VI 可提供 5 种不同的插值方法:

- 最近方法:该方法用于查找最接近 X 中 x_i 的点,然后使对应的 y 值分配给 Y 中的 y_i。

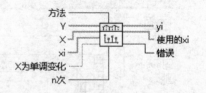

图 7-28 一维插值函数图标与端口

- 线性方法:如 x_i 在 X 中两个点(x_j, x_{j+1})之间,该方法在连接(x_j, x_{j+1})的线段间进行插值 y_i。

- 样条方法:该方法为三次样条方法。通过该方法,VI 可得出相邻两点间隔的三阶多项式。多项式满足下列条件:在 x_j 点的一阶和二阶导数连续;多项式满足所有数据点;起始点和末尾点的二阶导数为 0。

- Cubic Hermite 方法:三次 Hermitian 样条方法是分段三次 Hermitian 插值。通过该方法可得到每个区间的 Hermitian 三阶多项式,且只有插值多项式的一阶导数连续。

● 拉格朗日方法:通过该方法可得到(N−1)个多项式,它满足 X 和 Y 中的 N 个点,N 是 X 和 Y 的长度。该方法是对牛顿多项式的重新表示,可避免计算差商。

图 7-29 演示了使用 3 种可选测试进行的"一维插值"VI 运算。运行 VI 后,修改数据集和插值方法,在图形和数据选项卡中查看结果。停止 VI 后,可以通过查看程序框图获取详细信息。

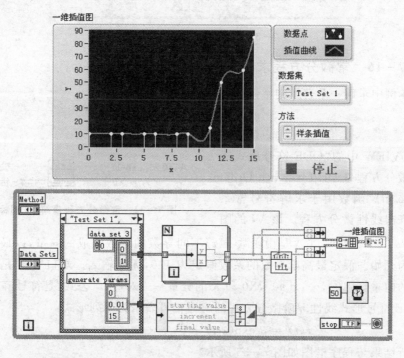

图 7-29　一维插值使用举例

7.4　其他操作

7.4.1　微分方程

在工程计算中经常需要求解微分方程,通过求解常微分方程可以解决很多几何、力学和物理学等领域的问题。LabVIEW 提供了许多用于求解微分方程的函数,这些函数位于"函数→数学→微分方程"子面板中,如图 7-30 所示。

在这一节里我们主要介绍常微分方程相关函数的用法。常微分方程函数子面板如图 7-31 所示。

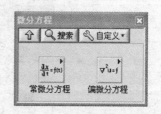

图 7-30　微分方程函数子面板

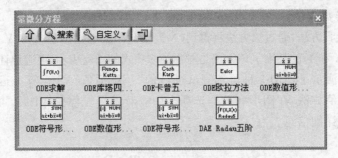

图 7-31　常微分方程函数子面板

例 7-16　常微分方程求解举例

在本例中求解一个普通的常微分方程

$$x'' - 5x' + 3x = 0$$
$$x(0) = 5, \quad x'(0) = 2$$

LabVIEW 中的"ODE 符号形式线性 n 阶微分方程(ODE Liner nth Order Symbolic. vi)"函数用于求解符号常系数 n 阶齐次线性微分方程。该 VI 的图

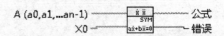

图 7-32　常微分方程求解 VI 图标

标如图 7-32 所示,端口 A 是由函数 $x(t)$ 不同导数的系数组成的向量,以最低阶的系数作为开始。假定最高阶导数的系数假定为 1.0,无须输入。端口"X0"是描述开始条件的向量,x[10],…,x[n0],X0 和 X 的分量一一对应。"公式"是符号解。

ODE 符号形式线性 n 阶微分方程的解通常可表示为下列形式:

$$x(t) = \beta_1 \exp(\lambda_1 t) + \cdots + \beta_n \exp(\lambda_n t)$$

运行结果与程序框图如图 7-33 所示。

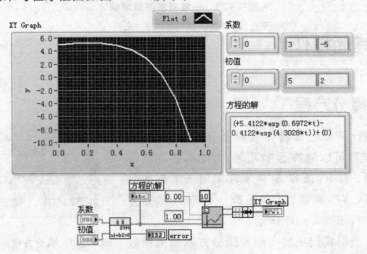

图 7-33　常微分方程求解

7.4.2 几 何

在工程计算中,经常会遇到空间坐标或角度变换的问题,LabVIEW 提供了许多方便易用的空间解析几何函数,它们位于"函数→数学→几何"子面板中,如图 7 - 34 所示。

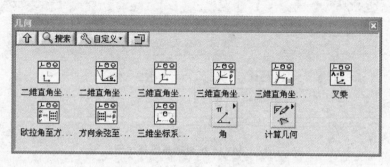

图 7 - 34 空间解析几何函数子面板

这些函数包括了空间坐标系变换、角度变换和几何计算等,下面通过具体的例子演示其中一些函数的用法。

例 7 - 17 三维坐标系平移

在这个例子中,我们用"三维直角坐标系平移(Cartesian Coordinate Shift. vi)"来实现一个坐标平移。三维直角坐标系平移函数可以实现数组或者标量数据的坐标平移。图 7 - 35 所示为三维直角坐标系关于 dx、dy 和 dz 的平移。平移前,点 P 的坐标为(x,y,z),平移后,点 P 的坐标为(x',y',z')。

$$\begin{cases} x' = x + dx \\ y' = y + dy \\ z' = z + dz \end{cases}$$

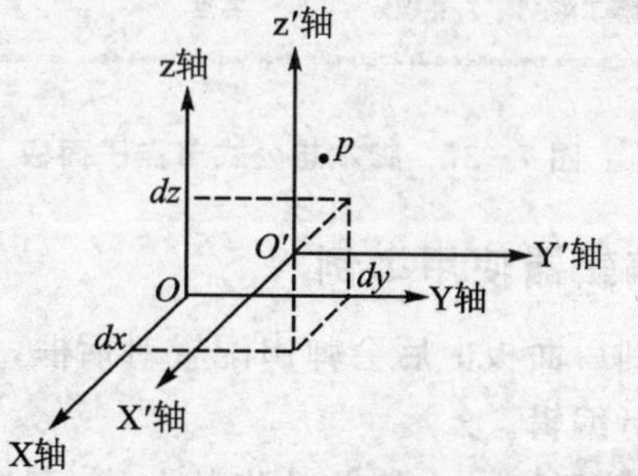

图 7 - 35 三维坐标系平移示意图

界面与程序框图如图 7 - 36 所示,读者可以任意改变原始坐标和平移值,观察平移后的坐标值。

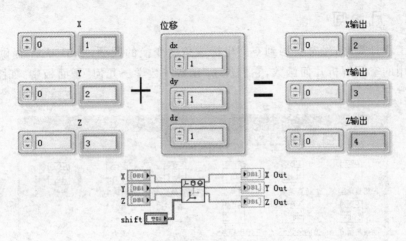

图 7-36   三维坐标系平移示例

7.4.3   脚本与公式

脚本与公式节点子面板位于"函数→数学→脚本与公式"子面板中,如图 7-37 所示。在该子面板中,提供了公式节点、脚本节点、公式编辑器、公式解析和查找函数零点等函数,关于这些函数的具体功能,这里不一一列举了,下面结合实例演示公式编辑器的用法。

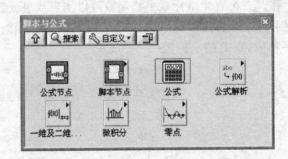

图 7-37   脚本与公式节点子面板

例 7-18   公式编辑器使用举例

将公式编辑器拖动到后面板上后会弹出配置对话框,如图 7-38 所示。在这里,可以根据需要对公式进行编辑。

在这个例子中,我们演示画一个简单的指数曲线,配置完成后单击确定,运行结果和程序框图如图 7-39 所示。

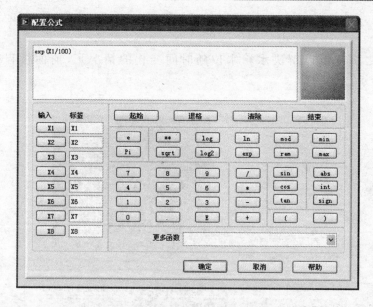

图 7 - 38　公式编辑器配置对话框

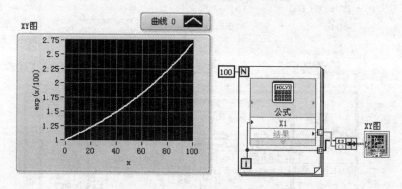

图 7 - 39　公式编辑器使用举例

7.5　综合实例:水箱问题

水箱问题是一个经典的物理问题,如图 7 - 40 所示为一个横截面和容积一定的水箱,上部有注水口,下部有出水口。注水速度 $f_i(t)$ 已知,出水面积 $a(t)$ 大小可以调节。水箱初始水位 $h(0)$ 已知,求解水箱水位 $h(t)$ 的变化。

由物理知识可知,水由排水口流出的速度为 $v = \sqrt{2gh(t)}$,则水箱水位随时间变化率为

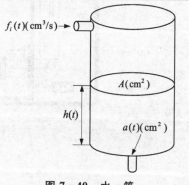

图 7 - 40　水　箱

$$\frac{\mathrm{d}h(t)}{\mathrm{d}t} = -\sqrt{2gh(t)} \cdot \frac{a(t)}{A} + \frac{f_i(t)}{A}$$

积分之后就可以解决水箱水位随时间变化的情况了,前面板程序框图如图 7 - 41 所示。

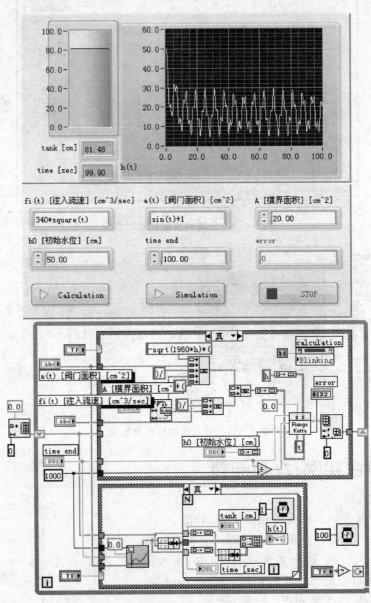

图 7 - 41　水箱问题

7.6　思考与练习

① 如何用 LabVIEW 语言将角度值转换为弧度值？

② 数组、矩阵、行列式有什么区别？

③ 使用多项式函数时要注意什么？

④ 最优化问题可以简化为哪一种模型？

⑤ LabVIEW 提供的曲线拟合的函数有哪些？

⑥ LabVIEW 提供的插值函数有哪些？

⑦ 如何利用公式节点实现复杂的数学公式？

⑧ 如何进行微分方程求解？对于系数和初值的书写顺序有什么要求？

第8章

信号处理

信号处理是测试测量系统必不可少的组成部分。作为著名的虚拟仪器开发平台,LabVIEW 在信号的发生、分析和处理上有着非常明显的优势。用户只需要利用这些封装好的 VI 就可以迅速地实现所需功能,而无须为复杂的数字信号处理算法花费精力。LabVIEW 中与信号处理相关的函数在"函数→信号处理"面板下,如图 8-1 所示。

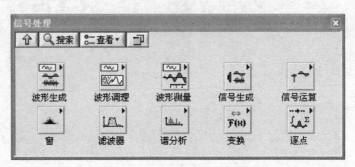

图 8-1 信号处理函数面板

本章将系统介绍信号处理子模板中典型 VI 函数的功能,并通过实例讲解它们的使用方法。

【本章导航】

➢ 信号发生器

➢ 时域分析

➢ 频域分析

➢ 信号调理

➢ 波形监测

8.1 信号发生器

信号按不同要求既可以用波形数据类型表示,也可以用一维实数数组表示。实际上波型数据的 Y 分量就是一维数组,但是波形数据类型还包含了采样率信息:dt 表示采样周期,采样率＝1/dt。对应的,LabVIEW 有两个信号发生函数面板,其中波形生成子模板中的 VI 用于产生波形数据类型表示的信号;信号生成子模板中的 VI 用于产生一维数组表示的波形信号。如图 8-2 所示,它们分别位于"函数→信号处理→波形生成"和"函数→信号处理→信号生成"子面板中。

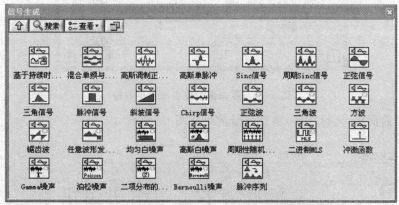

图 8-2 波形生成与信号生成函数子面板

8.1.1 基本函数发生器

基本函数信号是指平时常见的正弦波、方波和三角波等,LabVIEW 提供了丰富的函数和 VI 来实现此功能。

例 8-1 编写一个信号类型、频率、幅值、相位等信息可调的信号发生器

LabVIEW 中的"基本函数发生器(Basic Function Generator. vi)"是一种常用的用以产生波形数据的 VI。它可以产生 4 种基本信号:正弦波、方波、三角波和锯齿

波,可以控制信号的频率、幅值及相位
等信息。"基本函数发生器"的图标如
图 8－3 所示,该 VI 可记录上次生成波
形的时间标识,并从该点开始继续递增
时间标识。该函数可使用波形类型、采
样数目、相位输入和要生成的波形频率
(以 Hz 为单位)作为输入端。它可以
产生 4 种类型的信号波形,在"信号类
型"端口指定:0 - Sine Wave(默认),

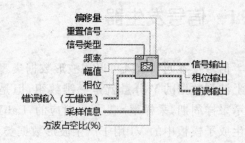

图 8－3　基本函数发生器函数图标

1 - Triangle Wave,2 - Square Wave,3 - Sawtooth Wave。如果选择的信号类型为
"方波"时,需要在"方波占空比"端口指定"占空比"。方波占空比是方波在一个周期
内高电平所占时间的百分比,仅当信号类型是方波时,VI 使用该参数,默认值为 50。

　　图 8－4 所示为用"基本函数发生器"产生频率、幅度、相位可调的信号的程序
框图。

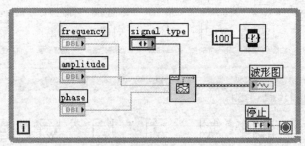

图 8－4　基本函数发生器程序框图

回到前面板,运行程序,得到信号波形如图 8－5 所示。

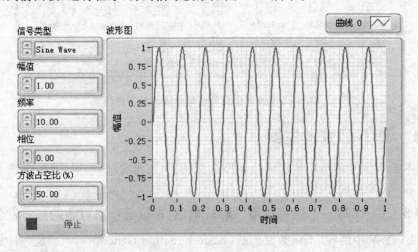

图 8－5　正弦信号波形

改变信号类型为方波,幅值为 2 V,频率为 5 Hz,占空比为 50%,得到信号波形如图 8-6 所示。

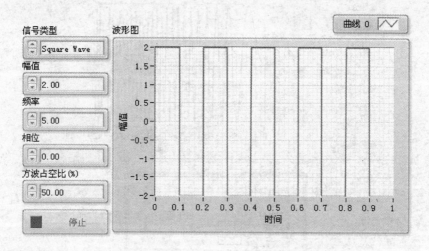

图 8-6 方波信号波形

例 8-2 产生 Chirp 信号

LabVIEW 提供了一个"Chirp 信号 (Chirp Patter. vi)"用于产生 Chirp 信号,该 VI 的图标如图 8-7 所示。其中,"采样"端口是 Chirp 信号的采样数,默认值为 128。"幅值"是 Chirp 信号的幅值,默认值为 1.0。"f_1"是 Chirp 信号的起始频率,单位为周期/

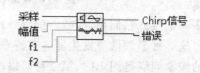

图 8-7 Chirp 信号图标

采样的归一化单位。"f_2"是 Chirp 信号的结束频率,单位为周期/采样的归一化单位。Chirp 信号是频率从 $f_1 \cdot f_s$ 上升至 $f_2 \cdot f_s$ 的信号,f_s 是采样率。

如果序列 Y 表示 Chirp 信号,该 VI 使用下列等式获取 Y 的元素:

$$y_i = A \cdot \sin((0.5 \cdot a \cdot i + b) \cdot i), \quad i = 0, 1, 2, \cdots, n-1, A \text{ 是幅值},$$
$$a = 2\pi(f_2 - f_1)/n, \quad b = 2\pi f_1$$

f_1 是以归一化周期/采样为单位的开始频率,f_2 是以归一化周期/采样为单位的结束频率,n 是采样的数量。

运行结果与程序代码如图 8-8 所示。

8.1.2 多频信号发生器

多频信号是由多种频率成分的正弦波叠加而成的波形信号,LabVIEW 提供了"基本混合单频(Basic Multitone. vi)"、"基本带幅值混合单频(Basic Multitone with Amplitudes. vi)"和"混合单频发生器(Multitone Generator. vi)"3 个 VI,专门用来产

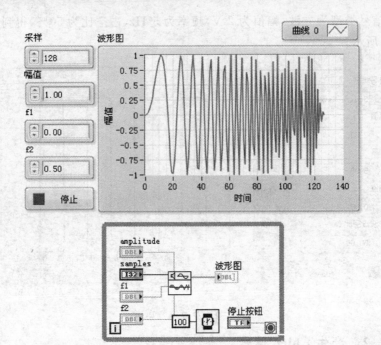

图 8 - 8　Chirp 信号程序框图与运行结果

生多频信号。它们在"函数→信号处理→波形生成"子模板中。

　　这 3 种多频信号发生器各有特点:第一种和第二种所产生的多频信号各频率成分的频率间隔是固定的,第三种可以产生由任意频率成分组成的多频信号;第二种和第三种能指定信号幅值,而第一种则不能。

例 8 - 3　用混合单频发生器产生一个多频信号

　　"混合单频发生器"函数的图标如图 8 - 9 所示。

　　用该 VI 产生的多频信号是整数个周期的单频正弦之和。该波形的频域表示为指定单频频率上的脉冲序列,在其他频率上,电平均为 0。单频的数量由单频频率、单频幅值和单频相位数组输入端的大小确定。通过频率、幅值和采样信息生成正弦单频。然后缩放

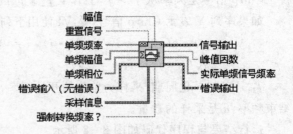

图 8 - 9　混合单频发生器函数图标

该原始数组,使其最大绝对值等于幅值。最后,捆绑波形。波形的 X_0 元素总是设为 0,deltaX 元素则设为 F_s 的倒数。另外,LabVIEW 假定单频相位被正弦函数引用,如果需单频相位被余弦函数引用,加 90°,如图 8 - 10。需要注意的是,这会改变峰值因数。

信号波形和程序框图如图 8－11 所示。

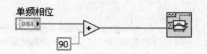

图 8－10　使用余弦函数引用单频相位的代码

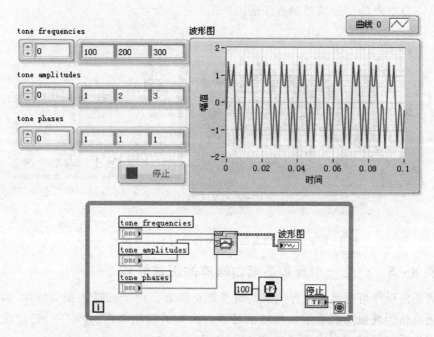

图 8－11　用"混合单频发生器"产生的多频信号程序框图和信号波形

8.1.3　噪声信号发生器

在进行系统仿真时,噪声信号也是必不可少的。LabVIEW 提供了白噪声、高斯噪声和周期随机噪声信号等多种常用的噪声信号发生器。这几种噪声信号发生器位于"函数→信号处理"的波形生成与信号生成函数子面板里。

例 8－4　产生一个幅值在[－1,1]之间的均匀分布白噪声信号

"均匀白噪声(Uniform White Noise Waveform. vi)"能产生一定幅值的白噪声信号。所谓白噪声,是指在整个频域内(－∞,＋∞),噪声的功率谱密度是均匀分布的,除此之外的其他噪声则称为"色噪声"。"均匀白噪声"VI 的图标如图 8－12 所示,如果"重置信号"端口的输入值为 TRUE,种子可重置为"种子"控件的值,时间标识重置为 0,默认值为 FALSE。"幅值"输入端口用于指定信号输出的最大绝对值,默认值为 1.0。当"种子"大于 0 时,可使噪声采样发生器更换种子,默认值为－1。

LabVIEW 为重入 VI 的每个实例单独
保存内部的种子状态。对于 VI 的每
个特定实例，如果种子小于等于 0，
LabVIEW 不更换噪声发生器的种子，
噪声发生器可继续生成噪声的采样，
作为之前噪声序列的延续。

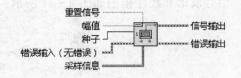

图 8－12　均匀白噪声函数图标

产生白噪声的信号波形和程序框图如图 8－13 所示。

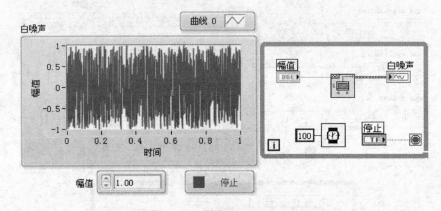

图 8－13　均匀白噪声信号波形和程序框图

例 8－5　产生一个叠加高斯白噪声的正弦信号

高斯白噪声可对真实世界的某些情形进行仿真。由于统计的相关特性，高斯白
噪声还可作为其他随机数生成器的信号源。附加的高斯噪声（AWGN）通道模型被
广泛用于通信领域。在本例子中主要给大家
演示如何在一个信号中叠加噪声信号，这里
用"高斯白噪声（Gaussian White Noise.vi）"
产生高斯白噪声，该 VI 的图标图 8－14
所示。

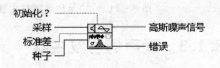

图 8－14　高斯白噪声函数图标

该 VI 通过改进的 Box－Muller 方法使
均匀分布的随机数转化为高斯分布的随机数，以此生成高斯分布的伪随机波形。
LabVIEW 使用种子超长周期（Very－Long－Cycle）线性同余（LCG）算法生成均匀
分布的伪随即数。如概率密度函数为 $f(x)$，则高斯分布的高斯噪声信号为

$$f(x) = \frac{1}{s\sqrt{2\pi}}\exp\left(\left(-\frac{1}{2}\right)\left(\frac{x}{s}\right)^2\right)。$$

s 是指定的标准差的绝对值，可计算 $E(\cdot)$ 的预期值，使用下列公式进行计算

$$E(x) = \int_{-\infty}^{\infty} xf(x)\mathrm{d}x。$$

伪随机序列的期望均值与期望标准差为

$$\mu = E(x) = 0,$$
$$\sigma = \left[E(x - \mu)^2 \right]^{\frac{1}{2}}.$$

伪随机序列产生约 2^{90} 个采样后才会重复出现。峰值大于等于 6 时,伪随机序列的概率密度函数(PDF)近似等于高斯 PDF。可通过初始化 VI 生成较长的噪声序列块。图 8-15 为种子是 2 时,生成相同的 300 采样高斯白噪声序列的两种方法。

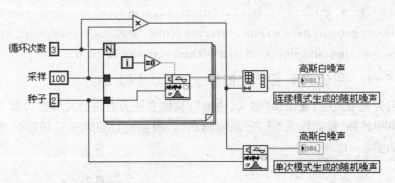

图 8-15　产生相同的 300 采样高斯白噪声序列的两种方法

接下来,用"正弦信号(Sine Pattern. vi)"产生正弦信号,将两者相加即可得到要求的信号,信号波形和程序框图如图 8-16 所示。

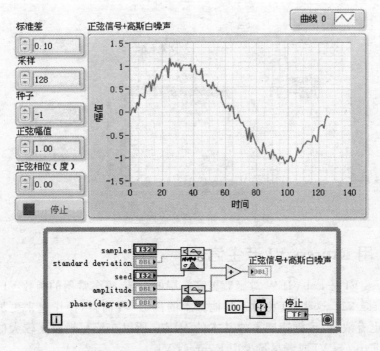

图 8-16　叠加了高斯白噪声后的正弦信号程序框图和信号波形

8.1.4 用公式节点产生信号

对于一些比较复杂的信号,用基本的函数或者 VI 实现起来比较困难时,LabVIEW 提供了另外一种简便的方法来产生——公式节点。它位于"函数→编程→结构"中。计算程序框图上的数学公式和与 C 相似的表达式。可在公式中使用下列内置函数:abs、acos、acosh、asin、asinh、atan、atan2、atanh、ceil、cos、cosh、cot、csc、exp、expm1、floor、getexp、getman、int、intrz、ln、lnp1、log、log2、max、min、mod、pow、rand、rem、sec、sign、sin、sinc、sinh、sizeOfDim、sqrt、tan 和 tanh。

例 8 - 6 用公式节点产生信号 $y_1 = ax^2 + bx + c$

使用公式节点时,要添加"输入、输出",具体方法为右击公式节点边框,在弹出的快捷菜单中选择"添加输入"或者"添加输出"。根据题目要求设计程序框图,得到信号波形如图 8 - 17 所示。

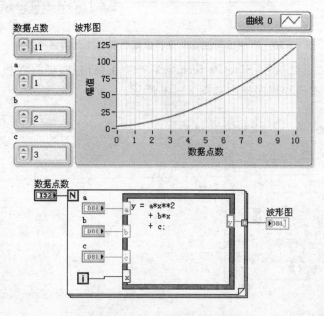

图 8 - 17 用公式节点产生信号

8.1.5 用 Express VI 产生信号

Express VI 是 LabVIEW 对函数更高一层的封装,很多常用的函数 VI 都有相对应的 Express VI。这些 VI 相对于其他基本的函数 VI 而言,操作起来更加方便、简单。但它也有缺点:运行速度不如基本的 VI 快,所以在编写规模比较大的程序时,不建议用 Express VI 或者尽量少用 Express VI。

Express VI 大部分位于"函数→Express VI"子面板中,如图 8 - 18 所示,也可以在相关的基本函数 VI 子面板中找到对应的 Express VI。

图 8 - 18　Express VI 子面板

例 8 - 7　用 Express VI 产生阶梯信号

"仿真任意信号"VI 可以根据用户输入产生一个任意波形。双击图标打开配置面板（Express VI 一般都有配置面板），在配置面板中输入 X、Y 的值即可产生想要的信号波形，如图 8 - 19 所示。

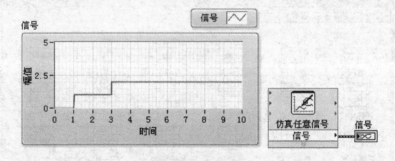

图 8 - 19　用"仿真任意信号"VI 产生阶梯信号

8.2　时域分析

时域分析和频域分析是对信号进行分析的两个不同角度，它们都可以反映信号的一些特征，在实际应用中这两种分析方式都是非常有用的。这一节主要介绍信号的时域分析。与时域分析相关的函数和 VI 主要位于"函数→信号处理→波形测量"、"函数→信号处理→信号运算"子面板中，如图 8 - 20 所示。

8.2.1　基本平均值与均方差测量

"基本平均直流-均方根（Basic Average DC - RMS. vi）"用于测量信号的平均值及均方差，其 VI 的图标如图 8 - 21 所示。计算方法是在信号上加窗，然后计算加窗后信号的均值及均方差值。该 VI 通常用于在 For 循环或 While 循环中连续处理单通道或多通道数据。

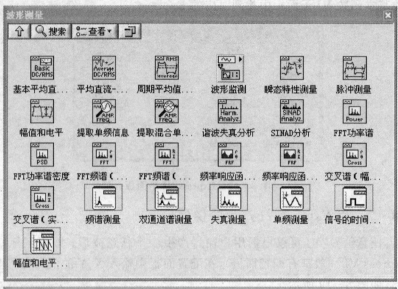

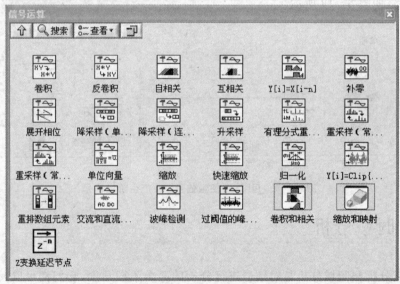

图 8-20　时域分析相关函数子面板

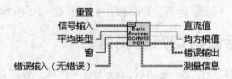

图 8-21　基本平均直流-均方根函数图标

例 8 - 8　测量带高斯白噪声的正弦波的基本平均值与均方差

带噪正弦波信号、测量结果及程序框图如图 8 - 22 所示。

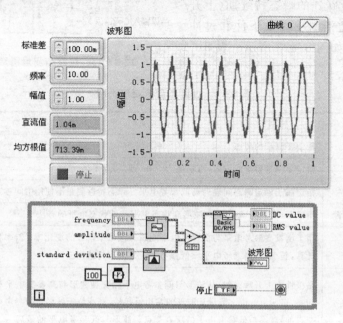

图 8 - 22　基本平均值与均方差测量演示程序

> **提示：** "基本平均直流-均方根" VI 认为相继的数据块是连续的。如果不是，VI 将返回警告。

8.2.2　过渡态测量

当设计一个系统时，常需要测量系统的动态响应。动态响应是指一个稳定系统在过渡过程中的状态和输出行为。所谓过渡过程是指系统在外加信号的作用下从一个稳态过渡到另一个稳态的过程。通常把阶跃信号作为对系统考验最严峻的信号，若该系统对阶跃信号响应良好，则系统对其他信号的响应一般也是良好的。

通常考查的指标有：

● 上升时间 t_r：输出响应从 0 上升，第一次达到稳态所需要的时间

● 调整时间 t_s：输出响应到达并停留在误差带内所需要的最小时间，它反应了系统过渡的快慢

● 超调量 σ：若输出峰值为 $y(t_p)$，稳态值为 $y(\infty)$，则

$$\sigma = \frac{y(t_p) - y(\infty)}{y(\infty)} \times 100\%$$

"过渡态测量(Transition Measurements. vi)"可以用于测量每个波形中选定正跃迁或负跃迁的瞬态持续期(上升/下降时间)、边沿斜率以及下冲和过冲。该 VI 的图标如图 8-23 所示。表 8-1 为过渡态测量端口的说明。

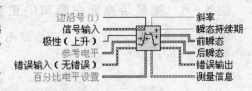

图 8-23　过渡态测量函数图标

表 8-1　过渡态测量端口说明

端　口	说　明
边沿号	指定要测量的瞬态
极性	指定要测量瞬态的方向,可选值为上升(默认)或下降
参考电平	指定用于确定瞬态间隔的高低参考电平。瞬态特性测量不使用中间参考电平
百分比电平设置	指定 LabVIEW 用于确定波形高状态电平和低状态电平的方法
斜率	用于衡量高参考电平与低参考电平间瞬态区域中信号的变化率。斜率根据以下等式计算:斜率＝(高参考电平－低参考电平)/瞬态持续期
瞬态持续期	是极性为上升瞬态时,从波形与低参考电平相交到波形与高参考电平相交时的时间间隔,以 s 为单位。测量从波形的左边沿起始,查找位于波形与高参考电平的第一个交点前,波形与低参考电平的所有交点。波形与低参考电平的最后一个交点将用于计算。极性为上升瞬态时的持续期也称为上升时间;极性为下降瞬态时的持续期也称为下降时间,如以下范例所示: 高参考电平 低参考电平 上升时间　　下落时间
前瞬态	包含信号输入中波形的下冲和过冲
后瞬态	包含信号输入中波形的下冲和过冲
测量信息	返回瞬态间隔的终止点和用于定义瞬态的绝对参考电平

下面简单介绍一下此 VI 的单通道和多通道实例的前瞬态和后瞬态输出。

1. 前瞬态

计算前瞬态下冲和过冲时,LabVIEW 在边沿信号和极性所指定的瞬变开始前的最近一段前瞬态像差区间中搜索局部最大值和最小值。前瞬态像差区间是 3×

（结束时间－起始时间）与（当前瞬态起始时间－上一个瞬态结束时间）/2 二者间的最小值。如待测量的是波形中的第一个瞬态，则该区间是 $3\times$（结束时间－起始时间）与（起始时间－波形开始时间）二者的最小值。

如极性为下降，LabVIEW 根据此方程计算前瞬态下冲：

$$下冲 = 100 \times \frac{（状态电平 - 局部最小值）}{幅值};$$

如极性为上升，LabVIEW 根据此方程计算前瞬态下冲：

$$下冲 = 100 \times \frac{（低状态电平 - 局部最小值）}{幅值};$$

如极性为下降，LabVIEW 根据此方程计算前瞬态过冲：

$$过冲 = 100 \times \frac{（局部最大值 - 高状态电平）}{幅值};$$

如极性为上升，LabVIEW 根据此方程计算前瞬态过冲：

$$过冲 = 100 \times \frac{（局部最大值 - 低状态电平）}{幅值}。$$

2. 后瞬态

计算后瞬态下冲和过冲时，LabVIEW 在边沿信号和极性指定的瞬变开始后的最近一段后瞬态像差区间中搜索局部最大值和最小值。后瞬态像差区间是 $3\times$（结束时间－起始时间）与（当前瞬态起始时间－下一个瞬态结束时间）/2 二者间的最小值。如待测量的是波形中的最后一个瞬态，则该区间是 $3\times$（结束时间－起始时间）与（波形结束时间－起始时间）二者的最小值。

如极性为下降，LabVIEW 根据此方程计算后瞬态下冲：

$$下冲 = 100 \times \frac{（低状态电平 - 局部最小值）}{幅值};$$

如极性为上升，LabVIEW 根据此方程计算后瞬态下冲：

$$下冲 = 100 \times \frac{（高状态电平 - 局部最小值）}{幅值};$$

如极性为下降，LabVIEW 根据此方程计算后瞬态过冲：

$$过冲 = 100 \times \frac{（局部最大值 - 低状态电平）}{幅值};$$

如极性为上升，LabVIEW 根据此方程计算后瞬态过冲：

$$过冲 = 100 \times \frac{（局部最大值 - 高状态电平）}{幅值}$$

图 8-24 和图 8-25 显示了负瞬态和正瞬态的下冲和过冲：

> 提示：不论百分比电平设置指定的是哪种方法，LabVIEW 都用直方图方法计算状态电平和幅值。

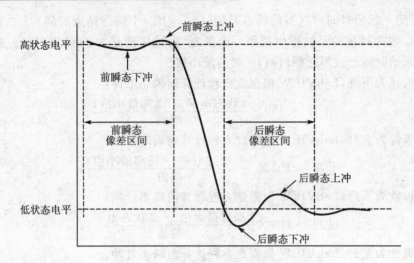

图 8 - 24   负瞬态的下冲和过冲示意图

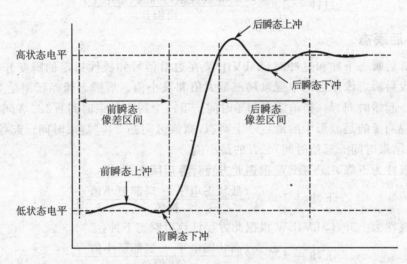

图 8 - 25   正瞬态的下冲和过冲示意图

例 8 - 9   测量阶跃响应输出的上升时间及超调量

在本例中演示如何使用"过渡态测量"函数实现对阶跃响应输出的上升时间与超调量进行测量,运行结果与程序框图如图 8 - 26 所示。

8.2.3   提取信号单频信息

对输入信号,"提取单频信息(Extract Single Tone Information. vi)"的作用是找到幅值最高的单频,或在指定频域内搜索,返回单频的频率、幅值和相位。输入信号可以是实数或复数、单通道或多通道数据。"提取混合单频信息(Extract Multi Tone Information. vi)"返回幅值超过指定阈值的信号单频的频率、幅值和相位,输入信号

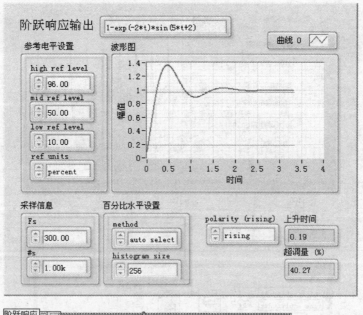

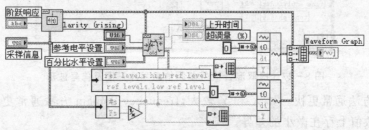

图 8 - 26　阶跃输出信号的过渡态测量

可以是波形形式的实数或复数、单个通道或波形数组形式的多通道数据。

　　如将实数波形数组连接至时间信号输入，LabVIEW 将默认选中"提取混合单频信息（N 通道）"实例。如将复数波形数组连接至时间信号输入，默认状态下，Lab-VIEW 将选择"提取混合单频信息（CDB）"实例。

　　例 8 - 10　提取混合信号单频信息

　　在本例中演示如何用"提取单频信息"实现对多频信号的频率信息提取，运行结果与程序框图如图 8 - 27 所示。

8.2.4　相　关

　　相关运算在信号处理中有着广泛的应用，如信号的时延估计、周期成分检测等。LabVIEW 提供了自相关与互相关两个 VI。这两个 VI 的输入端可指定相关运算采用的算法：如果输入端的值为 direct 时，VI 将使用线性卷积的 direct 方法计算相关；如果值为 frequency domain 时，VI 将使用基于 FFT 的方法计算相关。如 X 和 Y 较

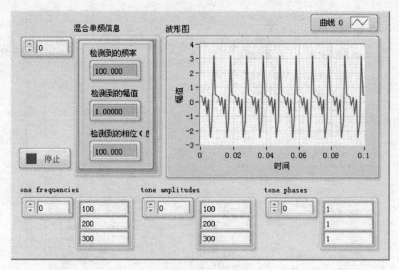

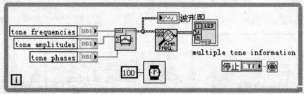

图 8 - 27　提取混合信号单频信息程序框图及信号波形

小，direct 方法通常更快。如 X 和 Y 较大，frequency domain 方法通常更快。此外，两个方法数值上存在微小的差异。

1. 自相关

相关指的是变量之间的线性关系，变量 $x，y$ 之间的相关可以用相关系数 ρ_{xy} 来表示：

$$\rho_{xy} = \frac{E[(x - u_x)(y - u_y)]}{\sigma_x \sigma_y}$$

其中 E 表示数据期望，u_x，u_y 分别是 $x，y$ 的均值，σ_x，σ_y 是 $x，y$ 的标准差。设 $x(t)$ 是某各态历经过程的一个记录样本（所谓各态历经过程是指样本的集合平均等于时间平均），$x(t+\tau)$ 是 $x(t)$ 时移 τ 后的样本。$x(t)$ 的自相关函数定义为

$$R(\tau) = \lim_{T \to \infty} \frac{1}{2T} \int_{-T}^{T} x(t)x(t+\tau) \mathrm{d}t。$$

设 $x(t)$，$x(t+\tau)$ 的相关系数为 $\rho_{x(t)x(t+\tau)}$，简写成 $\rho_x(\tau)$，因为 $x(t)$ 和 $x(t+\tau)$ 具有相同的均值和方差，则自相关函数又可以写成：

$$R_x(\tau) = \rho_x(\tau)\sigma_x^2 + \mu_x^2。$$

2. 互相关

对于各态历经过程,两个随机信号 $x(t)$ 和 $y(t)$ 的互相关函数 $R_{xy}(\tau)$ 定义为:

$$R_{xy}(\tau) = \lim_{T \to \infty} \frac{1}{2T} \int_{-T}^{T} x(t)y(t+\tau)\mathrm{d}t \, 。$$

对于大多数随机过程,$x(t)$ 和 $y(t)$ 之间没有相同的频率成分,那么当时移 τ 很大时就彼此无关,即 $\rho_{xy}(\tau \to \infty) \to 0$,$R_{xy}(\tau \to \infty) \to \mu_x\mu_y$。互相关在工程上有重要的应用,它是在噪声背景下提取有用信息的一个非常有效的手段。

例 8-11 对一个含噪信号进行周期性分析

自相关函数的一个重要应用是检验信号中是否含有周期成分。如果信号中含有周期成分,则自相关函数随 τ 的增大变化不明显,不含周期成分的随机信号则在 τ 稍大时,自相关函数就趋近为 0。同时,自相关函数幅值的大小随 τ 值变化的快慢程度也反映了信号中周期成分的强弱。图 8-28 中左图所示为不含周期成分的随机噪声的自相关图,右图所示为正弦信号的自相关图。图 8-29 为对一个含噪正弦信号的时域波形及进行自相关后的结果。

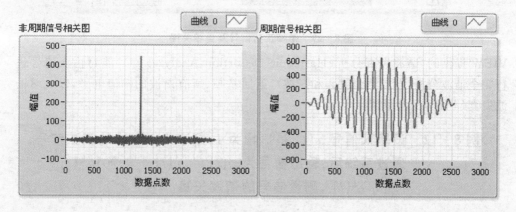

图 8-28 非周期信号与周期信号自相关图

8.2.5 谐波失真分析

如果一个系统是非线性的,那么当某个信号通过这个系统之后,输出信号将出现输入信号的高次谐波,这种现象称为谐波失真。谐波失真的程度常用总谐波失真(Total Harmonic Distortion,THD)来表示:

$$\mathrm{THD}\% = \frac{\sqrt{A_1^2 + A_2^2 + \cdots A_n^2}}{A_1^2} \times 100\% \, 。$$

式中,A_1 为基频分量的振幅,A_2,A_3,$\cdots$,A_n 分别是 2 次,3 次,$\cdots$,n 次谐波分量的振幅。通常谐波是有害的,在设计系统时应将谐波失真限制在某个范围内。Lab-

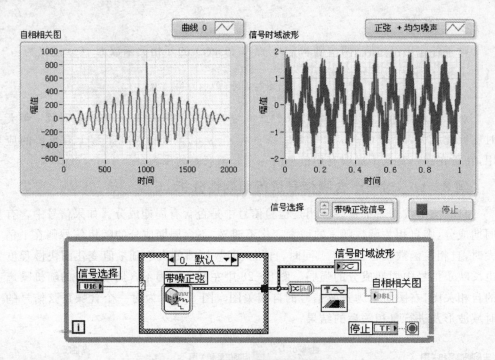

图 8 - 29　带噪正弦信号及自相关图

VIEW 提供的"谐波失真分析(Harmonic Distortion Analyzer. vi)"能对输入信号进行完全谐波分析(包括测量基频和谐波),返回基频、所有谐波的幅值电平,以及总谐波失真(THD)的测量值。

> **例 8 - 12**　**设输入信号 $x(t)$ 是振幅为 1,频率为 10 Hz 的正弦信号,通过系统后,输出信号为 $y(t) = x(t) + 0.001x^2(t) + 0.002x^3(t)$,测量信号的谐波失真**

在本例中演示如何使用"谐波失真分析"VI实现对信号的谐波失真参数测量,运行结果与程序框图如图 8 - 30 所示。

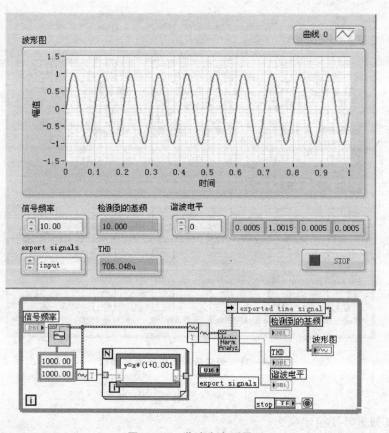

图 8 - 30　谐波失真测量

8.3　频域分析

　　有时候对信号的时域分析不能完全揭示信号的全部特性,这时候就要对信号进行频域分析。LabVIEW 提供了丰富的关于频域分析的函数,一部分位于"函数→信号处理→变换"子模板中,主要功能是实现信号的傅里叶变换、Hilbert 变换和小波变换等;另一部分位于"函数→信号处理→谱分析"子模板中,主要功能是实现信号的频率分析、联合时频分析等,如图 8 - 31 所示。

8.3.1　傅里叶变换

　　傅里叶变换是数字信号处理中最重要的变换之一,它能使人们在频域中观察信号的特征,并进行信号的频谱计算。通过频谱,可以直观地看到信号的频率组成成分。

　　如果连续时间信号 $x(t)$ 满足条件:

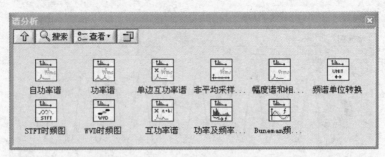

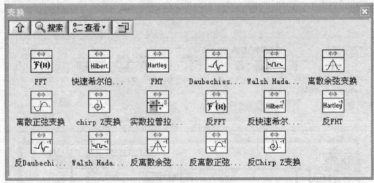

图 8-31 频域分析相关子函数面板

$$\int_{-\infty}^{\infty} |x(t)| \mathrm{d}t < \infty,$$

则其傅里叶变换定义为

$$X(\omega) = \int_{-\infty}^{\infty} x(t) \mathrm{e}^{-j\omega t} \mathrm{d}t,$$

且有

$$x(t) = \int_{-\infty}^{\infty} X(\omega) \mathrm{e}^{j\omega t} \mathrm{d}\omega。$$

计算机只能处理离散且有限长度的数据,要用计算机完成频谱分析和其他方面的工作,通常的处理方法是通过对模拟信号 $x(t)$ 采样得到离散序列 $x(n)$。离散傅里叶变换由此产生,离散傅里叶变换定义为:

$$X(k) = \sum_{n=0}^{N-1} x(n) \mathrm{e}^{-j\frac{2\pi}{N}nk}, \qquad k = 0, 1, \cdots, N-1;$$

反变换为

$$x(n) = \frac{1}{N} \sum_{k=0}^{N-1} X(k) \mathrm{e}^{j\frac{2\pi}{N}nk}。$$

例 8-13 对信号 $y(t) = 2\sin(100 \times 2\pi t) + \sin(200 \times 2\pi t) + 0.5\sin(300 \times 2\pi t)$ 作单边和双边傅里叶变换

傅里叶频谱中除了原有频率外,在 samples-f 的位置也有相应的频率成分。这是由于 FFT.vi 函数计算得到的结果是采样信号频谱在采样区间 $[0, f_s]$ 上的一段(f_s 为采样频率),它不仅包含正频率成分,还包含负频率成分,即双边傅里叶变换。实际上,频谱中绝对值相同的正负频率对应的信号频率是相同的,负频率只是由于数学变换才出现的。因此,将负频率迭加到相应的正频率上,然后将正频率对应的幅值加倍,零频率对应的频率不变,就可以将双边频谱转变为单边频谱了。图 8-32 所示为双边傅里叶变换的运行结果与程序框图。

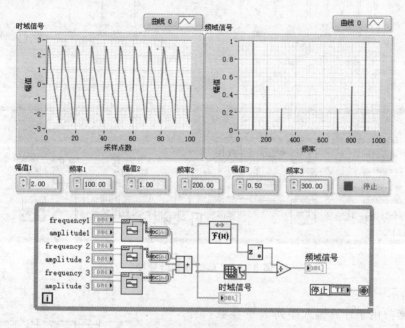

图 8-32　双边傅里叶变换

图 8-33 所示为单边傅里叶变换的运行结果与程序框图。

8.3.2　拉普拉斯变换

实数信号 $x(s)$ 的实数拉普拉斯变换定义为

$$L(s) = \int_0^\infty x(s)\exp(-jast)\,\mathrm{d}s$$

式中 $s \geqslant 0$ 且 s 为实数,离散且平均采样信号的离散拉普拉斯变换是对上述变换的连续变换。如时间信号随着时间迅速增加,则拉普拉斯变换的定义无效。离散拉普拉斯变换并不能完全检测出原定义的收敛。离散拉普拉斯变换的计算代价高昂。有效使用离散拉普拉斯变换的策略是以快速分数傅里叶变换为基础。

例 8-14　$f(t) = \sin(t)$ 在区间 $[0,6]$ 上的拉普拉斯变换

在本例中主要给大家介绍如何运用 LabVIEW 提供的"实数拉普拉斯变换(Laplace Transform Real.vi)"函数实现对信号 $f(t)$ 的拉普拉斯变换,该 VI 的图标如图

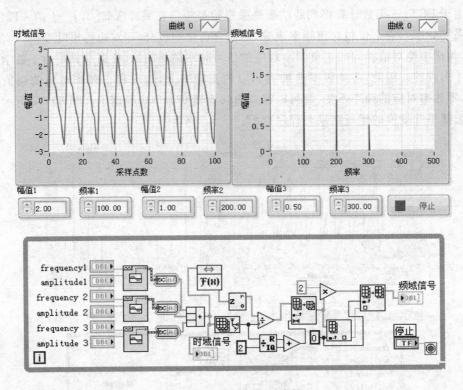

图 8-33 单边傅里叶变换

8-34 所示。

该函数用于计算输入序列 X 的实数拉普拉斯变换。"X"数组用于描述均匀采样时间信号，数组中的第一个元素 $t=0$，最后一个元素 $t=$结束，"结束"是最后一个采样所在的时刻。采样间隔介于 0 和结束之间。"Laplace{X}"是用数组表示的 Laplace 变换的结果。

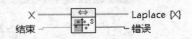

图 8-34 实数拉普拉斯变换函数图标

图 8-35 所示是拉普拉斯变换的运行结果与程序框图。

8.3.3 功率谱分析

一个信号无论是从时域来描述还是从频域来描述，都是相互唯一对应的。功率谱分析能够提供信号的频域信息，是研究平衡随机过程的重要方法。LabVIEW 提供了许多用于功率谱分析与计算的 VI，如自功率谱、互功率谱和非均匀采样数据的功率谱等。

LabVIEW 提供的"功率谱（Power Spectrum. vi）"函数可用于对函数 $x(t)$ 进行功率谱计算，该 VI 的图标如图 8-36 所示。"X"是输入序列。"功率谱"返回 X 的双边功率谱。如果输入信号以伏特（V）为单位，功率谱的单位为 $Vrms^2$；如果输入信号

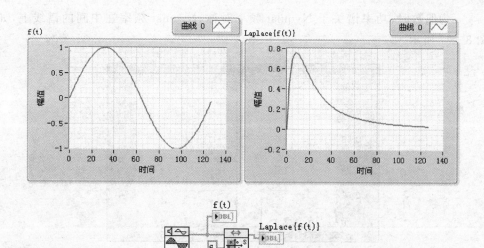

图 8-35 拉普拉斯变换

不是以伏特为单位,则功率谱的单位为输入信号
单位为 rms^2。

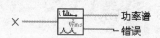

图 8-36 功率谱函数图标

函数 $x(t)$ 的功率谱 $S_{xx}(f)$ 定义为:

$$S_{xx}(f) = X^*(f)X(f) = |X(f)|^2,$$

其中,$X(f) = F(x(t))$,$X^*(f)$ 是 $X(f)$ 的
复共扼。该 VI 可依据 FFT 和 DFT 例程计算功率谱:

$$S_{xx} = \frac{|F(x)|^2}{n^2}。$$

其中,S_{xx} 表示输出序列功率谱,n 是输入序列 X 中的采样数。输入序列 X 的采
样数 n 为有效的 2 的幂时,$n=2^m, m=1,2,3,\cdots,23$。该 VI 通过快速基 2FFT 算法
计算实数值序列的快速傅里叶变换并缩放幅度平方。该 VI 通过 FFT 可计算的最大
功率谱为 2^{23}(8 388 608 或 8 M)。输入序列 X 中的采样数不是有效的 2 的幂,而是
可分解因子的小质数的积时,该 VI 通过高效 DFT 算法计算实数值序列的离散傅里叶
变换并缩放幅度平方。该 VI 通过快速 DFT 可计算的最大功率谱为 $2^{22}-1$(4 194 303
或 4M-1)。

设 Y 是输入序列 X 的傅里叶变换,n 是输入序列中的采样数,则有

$$|Y_n - i|^2 = |Y_{-i}^2|。$$

Y 中第 $(n-1)$ 个元素的功率可理解为序列中第 i 个元素的功率。序列代表第 i
个谐波的功率。由下列等式得第 i 个谐波(未包括直流分量和 Nyquist 分量)的总
功率。

第 i 个谐波的功率 $= 2|Y_i|^2 = |Y_i|^2 + |Y_{n-1}|^2$,$0 < i < \frac{n}{2}$。

直流分量和 Nyquist 分量的总功率分别为 $|Y_0|^2$ 和 $|Y_{\frac{n}{2}}|^2$。

n 为偶数时,功率谱关于 Nyquist 频率对称,Nyquist 频率在中间的谱线上,如图 8－37 所示。

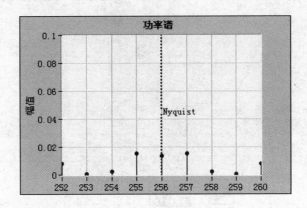

图 8－37 n 为偶数时的功率谱

n 为奇数时,功率谱关于 Nyquist 频率对称,但 Nyquist 频率不在谱线上,如图 8－38 所示。

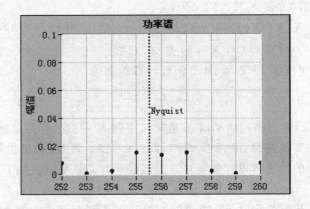

图 8－38 n 为奇数时的功率谱

例 8－15 验证帕斯瓦尔定理

帕斯瓦尔定理指出,信号 $x(t)$ 在时域中计算的总能量,等于在频域中计算的总能量,即

$$\int_{-\infty}^{\infty} x^2(t)\,\mathrm{d}t = \int_{-\infty}^{\infty} |X(f)|^2\,\mathrm{d}f.$$

分别在时域和频率内计算一个 sine 信号的能量,如图 8－39 所示。可以看出,两种方法的计算结果是相同的。

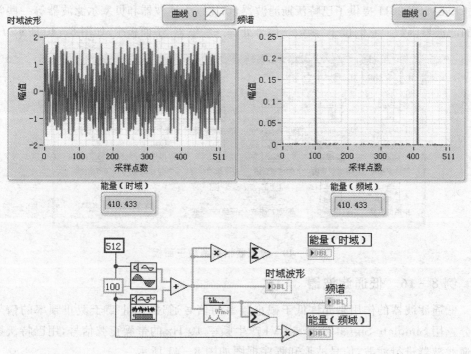

图 8 - 39　帕斯瓦尔定理验证

8.4　信号调理

8.4.1　滤波器

　　滤波器的作用是对信号进行筛选,只让特定频段的信号通过。根据冲激响应,可以将滤波器分为有限冲激响应(FIR)滤波器和无限冲激响应(IIR)滤波器。对于 FIR 滤波器,冲激响应在有限时间内衰减为 0,其输出仅取决于当前及过去的输入信号值。对于 IIR 滤波器,冲激响应理论上会无限持续,输出取决于当前及过去的输入信号值和过去输出的值。

　　经典滤波器假定输入信号中的有用成分和噪声成分占不同的频带。通过滤波器后,可将噪声成分有效滤去。但如果信号和噪声的频谱相互重叠,那么经典滤波器就无能为力了。现代滤波器理论研究的主要内容是从含有噪声的数据记录中估计出信号的某些特征或者信号本身。一旦信号被估计出,那么估计出的信号与原信号比会有较高的信噪比。维纳滤波器是这一类滤波器的代表,此外还有卡尔曼滤波器、线性预测器、自适应滤波器等。如果滤波器的输入、输出都是离散时间信号,那么该滤波器的冲击响应也必然是离散的,称这样的滤波器为数字滤波器。本书只讨论 LabVIEW 提供的数字滤波器。

LabVIEW2011 提供了巴特沃斯滤波器、切比雪夫滤波器和贝塞尔滤波器等一些常用的滤波器函数。它们位于"函数→信号处理→滤波器"子面板中,如图 8-40 所示。

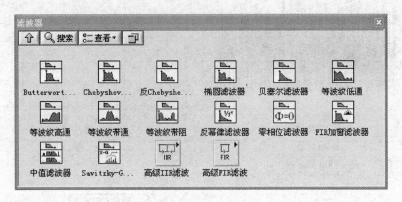

图 8-40　滤波器相关函数子面板

例 8-16　低通滤波器

低通滤波器的作用是允许低于截止频率的信号通过,阻止高于截止频率的信号成分。用 Simulate Signal Express VI 产生频率 10 Hz 的带噪正弦信号,用巴特沃斯低通滤波器进行滤波,信号波形和程序框图如图 8-41 所示。

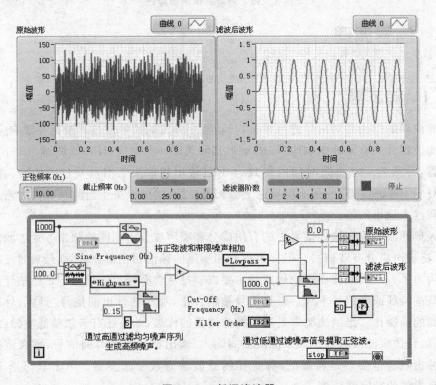

图 8-41　低通滤波器

> 提示:默认情况下,滤波器的上、下限频率都是归一化频率。归一化频率的计
> 算公式为 $f=$ 模拟频率/采样频率,单位为周期数每采样。这种表示方
> 式不够直观,如果想要直观地反映当前设置的上、下限频率,只要把滤
> 波器的采样率端口设置成信号的采样率即可。

8.4.2 窗函数

窗函数具有截断信号、减少谱泄漏、分离频率相近的大幅值信号与小幅值信号的
作用。

当使用 DFT 或者 FFT 分析信号的频率成分时,算法假定信号为周期信号,即将
采样信号作为第一个周期信号,将它作周期延拓后作为整个信号。但在实际中很难
做到整周期采样,这将不可避免地引起谱泄漏,造成计算所得的频谱与实际信号的频
谱不一致。

减少谱泄漏的一个简单方法是使用平滑窗,对采集信号加窗,可以减小截断信号
的转折沿,从而减少谱泄漏。LabVIEW2011 提供了多种常用的窗函数,它们位于
“函数→信号处理→窗”子面板中,如图 8-42 所示。

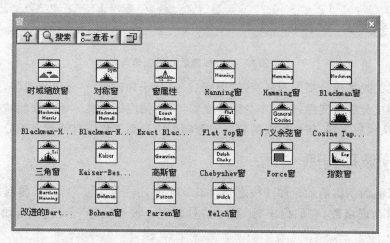

图 8-42 窗函数子面板

图 8-43 所示为加 Hanning 窗和三角窗后的正弦信号。

例 8-17 小幅值信号分辨

对于小幅值信号,如果不加窗,即使在频谱上也很难分辨,而加窗后则能明显提
高分辨力。在本例中,用 Sine Pattern. vi 产生两个相互叠加的小幅值信号,比较加窗
前后两个信号在频谱上的不同分辨效果。

从图 8-44 中可以看出,未加窗时信号在频谱上的幅度并不明显(实线),加窗后

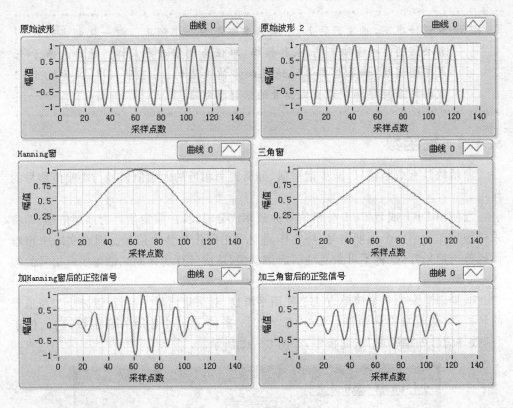

图 8-43　加窗后的正弦信号

信号所在的频率成分幅度明显变强(虚线)。这是未加窗时,信号能量泄漏,造成周围其他频率成分能量变强,信号本身能量变弱,所以幅度不明显。而加窗能减少频谱泄漏,所以从频域上看,信号所在的频率成分幅度明显高于周围其他频率成分。

8.4.3　波形调理

　　除了前面所讲的加窗和滤波之外,LabVIEW 还提供了波形对齐、波形重采样等对信号的调理函数,它们位于"函数→信号处理→波形调理"子面板中,如图 8-45 所示。

1. 波形对齐

　　波形对齐 VI 的功能是将波形的元素对齐并返回对齐的波形。连接至波形输入端的数据类型决定所使用的多态实例,有 N 波形对齐、M+N 波形对齐、N+1 波形对齐、1+N 波形对齐和两个波形对齐 5 种。波形对齐 VI 有单次与连续两个 VI 可供使用,它们的区别在于单次对齐方式需要指定对齐的区间。下面通过两个实例讲解此 VI 的使用方法。

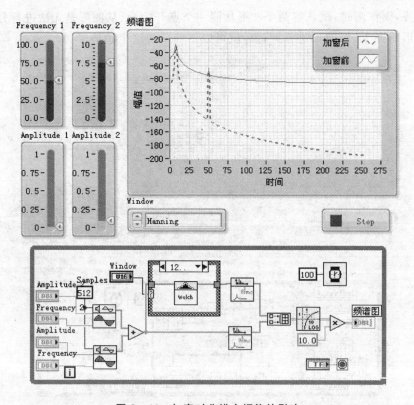

图 8-44 加窗对分辨小幅值的影响

图 8-45 波形调理函数子面板

例 8-18 连续波形对齐

在本例中采用 N 对齐方式,用"基本函数发生器(Basic Function Generator. vi)"产生两个幅值分别为 1 和 2 的信号,信号 2 比信号 1 延迟 0.01 s,用"连续波形对齐 (Align Waveforms(Continuous). vi)"来实现波形的对齐,对齐前的波形与对齐后的波形如图 8-46 所示。

从图中可以明显地看出来,虽然信号 2 比信号 1 延迟了 0.01 s,但如果没有进行波形对齐,则作图时,默认将两个波形从同一个点开始画,从图形是无法进行分辨的。而用波形对齐 VI 对波形进行调理后就可以正确反映这个趋势了。

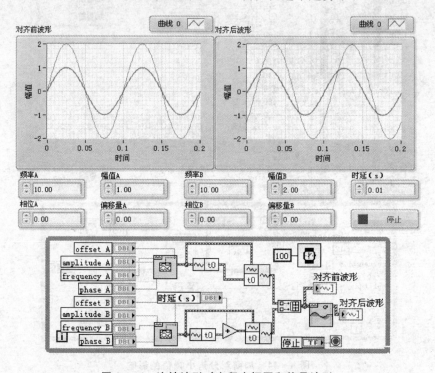

图 8 - 46 连续波形对齐程序框图和信号波形

例 8 - 19 单次波形对齐

仿真信号的产生和各参数与上例相同,所不同的是在这本例中用"单次波形对齐(Align Waveforms(Single shot).vi)"来实现波形的对齐,用单次波形对齐时需要指定对齐的区间。如图 8 - 47 所示,导出的区间选择的是"公有",也就是说对齐的是两个波形都有的区间,即以有延迟的波形的起点为对齐的起点。

那么,如果我们把导出区间改成"全程",又会有什么效果呢?从图 8 - 48 中可以看出,把导出区间改成"全程"后,对齐的起点选择最早的点,即对所有的点都进行对齐。

> 提示:在波形对齐 VI 上右击鼠标,可在选择类型选项中选择波形对齐的 5 种
> 类型。单次对齐的时候需要指定导出区间。

2. 波形重采样

为了满足信号处理的需要,有时需要对信号进行重采样。LabVIEW2011 中的

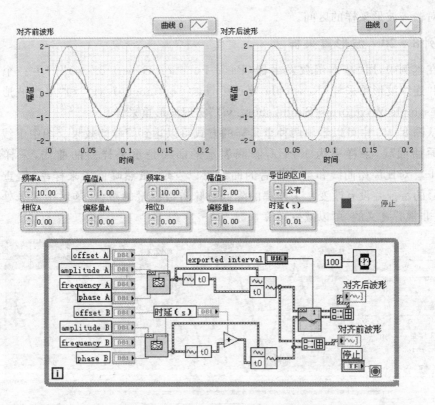

图 8-47　单次波形对齐程序框图和信号波形（公有）

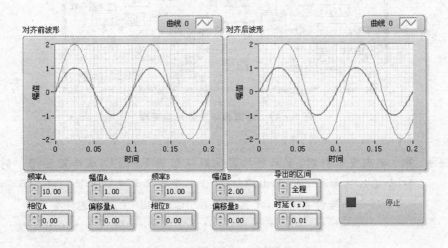

图 8-48　单次波形对齐程序框图和信号波形（全程）

　　重采样 VI 可以根据用户定义的 $t0$ 和 dt 值,重新采样一个输入波形。连接至波形输入端的数据类型决定使用哪个多态实例,也可以手动选择实例。

　　波形重采样 VI 也有两个,连续与单次。两者的区别在于单次波形重采样 VI 要指定对输入波形采样的区间。

例 8 – 20　波形重采样

在本例中,用"基本函数发生器(Basic Function Generator. vi)"产生一个三角波,用"连续波形重采样(Resample Waveforms(Continuous). vi)"和"单次波形重采样(Resample Waveforms(Single shot). vi)"实现波形重采样。

从图 8 – 49 中可以看出两种重采样的方式可以达到同样的效果。图中虚线表示的是原始曲线,采样率为 1 kHz,圆圈表示的曲线是重采样后的曲线,采样率为 500 Hz。对比原始曲线和重采样后的曲线可以发现,虽然降低了采样率,但重采样后信号的特征并没有改变。采样率的降低意味着数据量的减少,这对于信号处理来说,是非常有意义的,可以减少运算量。

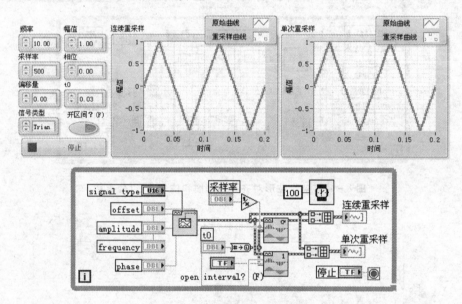

图 8 – 49　连续和单次波形重采样

> **提示:**对于单次重采样时,重采样的区间默认值为 FALSE,选择闭区间。例如,如输入波形在 $t = \{0, dt, 2dt\}$ 包含 3 个数据元素。开区间将在 $0 \leqslant t < 2dt$ 区间上进行重采样,闭区间将在 $0 \leqslant t < 3dt$ 区间上进行重采样。

8.5　波形监测

波形监测子面板提供的函数功能主要有:边界检测、触发监测和尖峰捕获等,它们位于"函数→信号处理→波形测量→波形监测"子面板中,如图 8 – 50 所示。

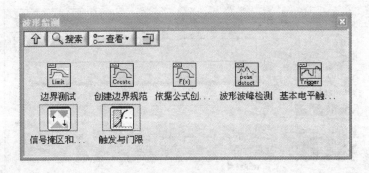

图 8 - 50　波形监测子面板

8.5.1　边界检测

在进行测试时,有时需要知道信号是否在某一个范围内,LabVIEW 提供了用于边界检测的 VI。它们分别是"创建边界规范(Limit Specification. vi)","依据公式创建边界规范(Limit Specification By Formula. vi)"和"边界测试(Limit Testing. vi)"。前两个用于创建边界,第 3 个用于进行检测。

根据 VI 名称可以自然想到边界检测的编程步骤:先创建边界,再进行边界检测。

例 8 - 21　边界检测

在本例中用"均匀白噪声波形"函数产生一个噪声信号,用"依据公式创建边界规范"VI 创建上下限。通过改变噪声幅度,观测信号是否超过上下边界。

创建边界时,边界配置族的两个参数中,X 是一个 Double 型的数组,Y 是一个字符串型数组。在边界检测时,可以对检测条件进行配置。如数据点小于等于上限,并且大于等于下限,VI 将返回 TRUE。图 8 - 51 所示为信号未超限和超限两种情况下的检测结果。

8.5.2　波峰波谷检测

LabVIEW 提供的波峰/波谷检测 VI 可以在输入信号中查找位置、振幅和峰谷的二阶导数,"波形波峰检测(Waveform Peak Dectection. vi)"可用于 1 通道的信号输入,也可以用于 N 通道的信号输入。切换方法为右击图标,在弹出的快捷菜单中选择"类型",图标如图 8 - 52 所示。

在进行检测时,可以通过指定"阈值"使 VI 忽略过小的波峰和波谷。如拟合幅值小于阈值,VI 将忽略峰值,并忽略大于阈值的拟合波谷。"宽度"指定用于二次最小二乘法拟合的连续数据点的数量。该值不应大于波峰/波谷半宽的 1/2,对于无噪数据可更小(但应大于 2)。"宽度"过大可能降低波峰的显示振幅并改变其显示位置。对于含有噪声的数据,由于噪声遮蔽了实际波峰,故该值并不重要。

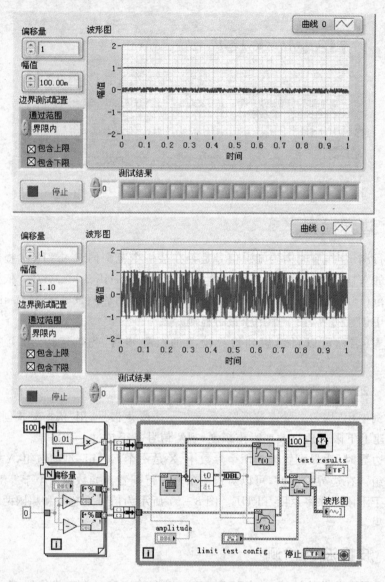

图 8-51　边界检测

用于1通道的波峰检测　　　　　**用于N通道的波峰检测**

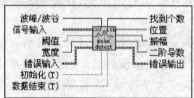　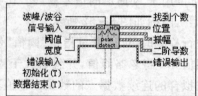

图 8-52　波形波峰检测 VI 图标

例 8 – 22　波峰检测

本例中用"正弦"函数产生 10 个周期的正弦波,采样点数为 1 000,用 Waveform Peak Dectection. vi 检测信号的波峰位置及波峰值,信号波形及程序框图如图 8 – 53 所示。

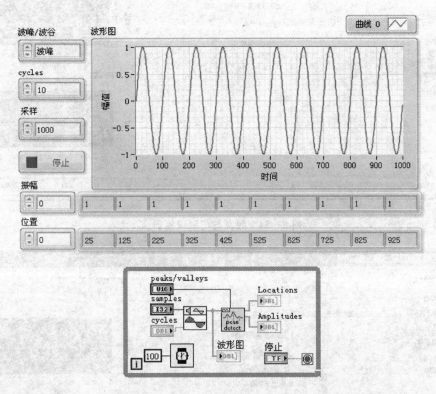

图 8 – 53　波峰检测

8.5.3　触发与门限

LabVIEW 提供的"触发与门限"VI 可以实现过门限信号捕捉、过门限计数等功能。"触发与门限"VI 的使用比较简单,根据设置面板的说明进行设置后即可使用,如图 8 – 54 所示。下面通过两个实例来说明其用法。

例 8 – 23　过门限计数

在例中用"仿真信号"Express VI 产生一个幅值为 3,频率为 10 Hz 的正弦波与幅值为 1 的均匀白噪声叠加而成的信号,用"触发与门限"Express VI 对信号过门限(这里设置为 0)进行计数。Express VI 的设置如图 8 – 55 所示。信号波形及程序框图如图 8 – 56 所示。

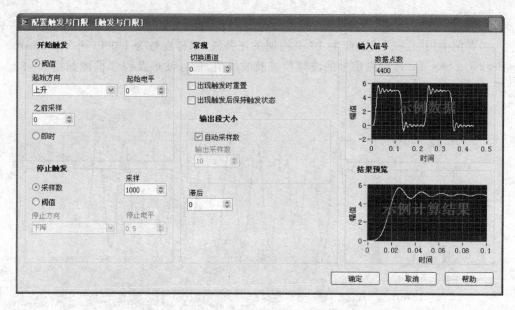

图 8 - 54　触发与门限设置面板

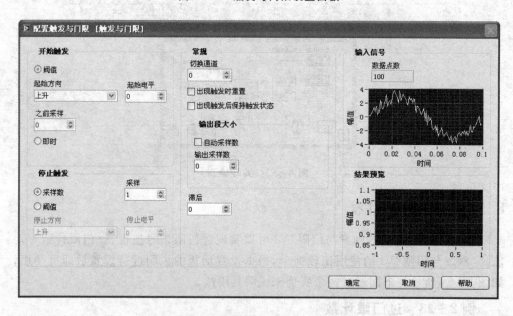

图 8 - 55　过门限计数 Express VI 设置

例 8 - 24　过门限信号捕捉

在本例中,捕捉上例中产生的信号大于 0 的部分,"触发与门限"Express VI 的设置如图 8 - 57 所示。信号波形与程序框图如图 8 - 58 所示。

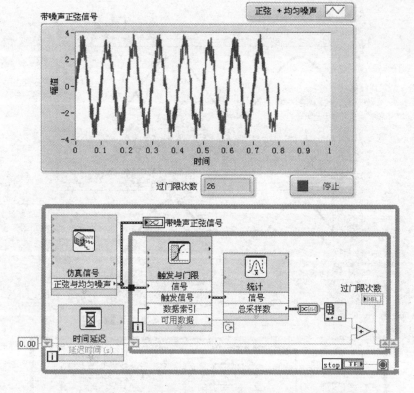

图 8 - 56　过门限计数

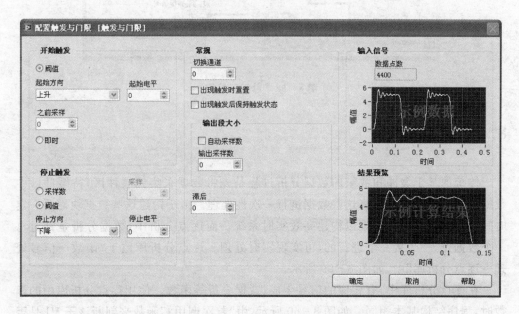

图 8 - 57　过门限捕捉 Express VI 设置

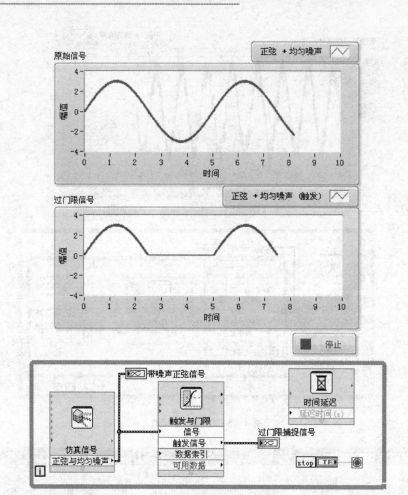

图 8 - 58   过门限捕捉

8.6   逐点分析

传统的基于缓冲和数组的数据分析过程是先将数据采集到缓冲区,待缓冲区中数据达到一定要求后再将这些数据进行一次性处理。由于构建这些数据块需要一定时间,因此,用这种方法难以构建高效实时系统。而逐点分析中,数据分析是针对每一个数据点,一个接一个进行的,可实现实时处理。逐点分析库位于"函数→信号处理→逐点分析库"中,如图 8 - 59 所示。

在逐点分析库中,有相应的信号生成,数据分析等函数。使用逐点分析库中的函数时,程序结构基本相同。如图 8 - 60 所示,由"首次调用?"函数来判断该子 VI 是否第一次被调用。如果是第一次调用或者"初始化"为真时,进行初始化。While 循环

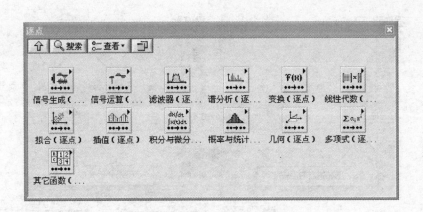

图 8-59　逐点分析库函数子面板

每次调用中只循环一次,但是它通过移位寄存器将结果传递到下一次调用时使用。因此,逐点分析 VI 函数的前后两次调用总是相关的。为了避免多个 VI 程序调用同一个逐点 VI 函数产生冲突,要求逐点分析 VI 函数必须是可重入的。可重入 VI 函数为每一个调用都创建一个复本,即开辟一个独立的存储区,从而避免冲突。

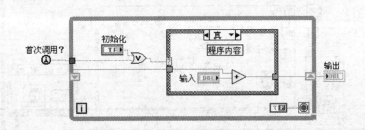

图 8-60　逐点分析函数基本程序结构

例 8-25　基于逐点分析的实时滤波

本例的实时信号由逐点正弦波发生函数模拟产生,并迭加了高频噪声。在线分析中,通过"Butterworth Filter PtByPt. vi"实时滤除噪声,还原正弦信号,当数据量达到一定时,进入离线滤波。两种滤波的结果比较如图 8-61 所示。从图中可以看出在线分析和离线分析的结果是一致的,但是在线分析在数据采集的同时就给出了分析结果,而且不需要对采集到的数据进行缓存。

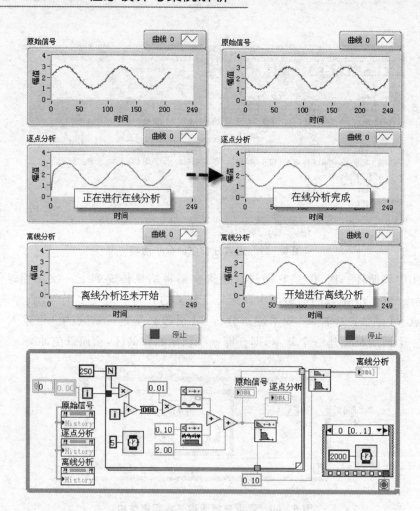

图 8-61　逐点实时滤波

8.7　综合实例:绘制信号包络曲线

例 8-26　利用 Hilbert 变换绘制信号包络曲线

连续信号 $x(t)$ 的 Hilbert 变换定义为

$$\hat{x}(t) = \frac{1}{\pi}\int_{-\infty}^{\infty} \frac{x(\tau)}{t-\tau}d\tau = \frac{1}{\pi}\int_{-\infty}^{\infty} \frac{x(t-\tau)}{\tau}d\tau = x \cdot \frac{1}{\pi t}$$

信号的 Hilbert 变换可以看作是信号通过一个滤波器的输出。该滤波器的单位输出响应为 $h(t)=1/(\pi t)$。这样的滤波器称为 Hilbert 滤波器,它的频率响应为:

$$H(f) = -j\operatorname{sgn}(f) = \begin{cases} -j & f > 0 \\ j & f < 0 \end{cases}$$

所以,Hilbert 滤波器是幅度为 1 的全通滤波器。信号 $x(t)$ 通过 Hilbert 变换器后,正频率成分作 $-90°$ 的相移,负频率成分作 $+90°$ 的相移。

离散信号 $x(n)$ 的 Hilbert 变换为:

$$\hat{x}(n) = x(n) * h(n) = \frac{2}{\pi} \sum_{m=-\infty}^{\infty} \frac{x(n-2m-1)}{(2m+1)}$$

其中,

$$h(n) = \frac{1-(-1)^n}{n\pi} = \begin{cases} 0 & n \text{ 为偶数} \\ \dfrac{2}{n\pi} & n \text{ 为奇数} \end{cases}$$

Hilbert 变换常用来提取瞬时相位信息、获取振荡信号的包络、计算单边频谱、进行回声检测和降低采样速率。

在本例中,演示如何使用 Hilbert 变换来绘制信号包络曲线,运行结果与程序框图如图 8-62 所示。

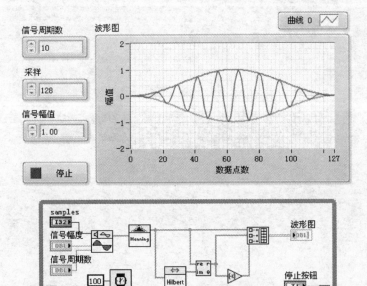

图 8-62　绘制信号包络曲线

8.8　思考与练习

① 如何产生正弦信号等基本信号?

② 如何产生多频信号?

③ 如何产生带噪声信号?

④ 如何利用公式节点产生任意波形的信号?

⑤ 常用信号时域分析有哪些方法？常用频域分析方法有哪些？

⑥ 滤波器的种类有哪些？各有什么特点？

⑦ 信号加窗有什么作用？窗函数有哪些？各有什么特点？

⑧ 如何求信号的单边功率谱？

⑨ 常用的波形调理方法有哪些？如何进行波形监测？

⑩ 逐点分析有什么优点？

第9章

文件操作

作为一种专业的信号处理软件，LabVIEW 提供了丰富的文件操作函数。这些函数主要位于"函数→编程→文件 I/O"子面板中，如图 9-1 所示。

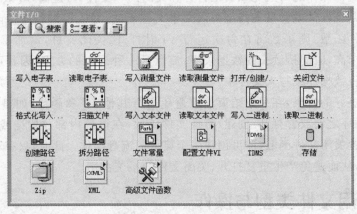

图 9-1　文件 I/O 子面板

【本章导航】
> 文件 I/O 基本概念
> 常用文件类型与操作
> 特殊文件类型与操作
> 其他文件类型与操作
> 文件工具

9.1　文件 I/O 基本概念介绍

1. 绝对路径与相对路径

文件路径分为绝对路径和相对路径。绝对路径指文件在磁盘中的位置，Lab-

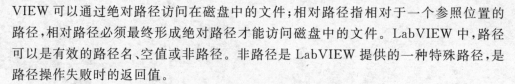

VIEW 可以通过绝对路径访问在磁盘中的文件；相对路径指相对于一个参照位置的路径，相对路径必须最终形成绝对路径才能访问磁盘中的文件。LabVIEW 中，路径可以是有效的路径名、空值或非路径。非路径是 LabVIEW 提供的一种特殊路径，是路径操作失败时的返回值。

2. 文件引用句柄

句柄是一种标识符，文件引用句柄是 LabVIEW 区分文件的一种标识符，用于对文件进行操作。打开一个文件时，LabVIEW 会生成一个指向该文件的引用句柄，以后对文件的操作都通过引用句柄实现。文件引用句柄包含文件的位置、大小和读写权限等信息。

3. 流　盘

流盘是一项在进行多次写操作时保持文件打开的技术，可以在循环中使用。流盘操作可以减少函数因打开和关闭文件而产生的与操作系统交互的次数，从而节省内存资源。流盘操作还可避免频繁地打开和关闭同一文件，可提高 VI 效率。

如果将路径控件或常量连接至写入文本文件函数、写入二进制文件函数或写入电子表格文件函数，则函数将在每次运行 VI 时打开、关闭文件，增加了系统占用。对于速度要求高，时间持续长的数据采集，流盘是一种理想的方案，因其可以在数据采集的同时将数据连续写入文件中。

为获取更好的效果，在采集结束前应避免运行其他 VI 和函数（如显示 VI 和函数等）。在循环之前放置打开/创建/替换文件函数，在循环内部放置读或写函数，在循环之后放置关闭文件函数，即可创建一个典型的流盘操作。此时，只有写操作在循环内部进行，从而避免产生重复打开、关闭文件的系统占用。

9.2　常用文件类型与操作

9.2.1　二进制文件(.dat)

二进制文件是一种不能直接编辑的文件格式，可读性较差。但是由于它的格式紧凑，占用磁盘空间少，存取效率高，在很多场合都有广泛的应用。与二进制文件输入输出直接相关的两个函数是"写入二进制文件(Write to Binary File.vi)"和"读取二进制文件(Read from Binary File.vi)"，下面对它们分别加以说明。

1. 写入二进制文件

写入二进制文件 VI 的图标与输入输出接口如图 9-2 所示。

各主要端口含义如下：

● 预置数组或字符串大小：表明当数据为数组或字符串时，LabVIEW 在引用句柄输出的开始是否包括数据大小的信息。如为 FALSE，LabVIEW 将不包含大小信息。默认值为 TRUE。它仅控制最上层的数据大小信息。在层次结构数据类型，

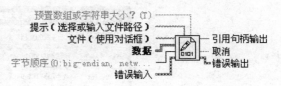

图 9-2 写入二进制文件函数图标

例如簇中的数组和字符串始终包括大小信息。

● 提示：选择文件时的提示信息。

● 文件（使用对话框）：指定文件路径，可以是引用句柄或绝对文件路径。如连接该路径至文件（使用对话框）输入端，函数先打开或创建文件，然后将内容写入文件并替换任何先前文件的内容。如连接文件引用句柄至文件（使用对话框）输入端，写入操作将在当前文件位置开始。如需在现有文件后添加内容，可使用"设置文件位置"函数，将文件位置设置在文件结尾。默认状态将显示文件对话框并提示用户选择文件。如果指定空路径或相对路径，函数将返回错误。

● 数据：包含要写入文件的数据，可以是任意的数据类型。

● 字节顺序：设置结果数据的 endian 形式。字节顺序或 endian 形式，表明在内存中整数是否按照从最高有效字节到最低有效字节的形式表示，或者相反。函数必须按照数据写入的字节顺序读取数据。

● 引用句柄输出：是函数读取文件的引用句柄。根据对文件的不同操作，可将该输入端连线至其他文件函数。如文件被文件路径引用或通过文件对话框被选定，默认状态下将关闭文件。如文件是引用句柄或连线引用句柄输出至其他函数，则 LabVIEW 认为文件仍被使用，直至它被关闭。

关于写入的字节顺序（读取字节顺序与此相同），主要有以下几种：

0：big-endian, network order（默认）——最高有效字节占据最低的内存地址。在 Mac OS 上以及在其他平台上读取写入的数据时使用。

1：native, host order——使用主机的字节顺序格式。该形式可提高读写速度。

2：little-endian——最低有效字节占据最低的内存地址。该形式用于 Windows 和 Linux。

在这些端口中，一般我们使用时只需要对文件路径、字节顺序进行设置即可。如果没有对它们进行设置，也没有关系。对于字节顺序，如果没有特别指定，则使用默认的"0"，即 big-endian, network order。对于文件路径，如果没有指定，则在程序运行之后，会自动弹出一个文件选择的对话框，如图 9-3 所示。

例 9-1 二进制文件写入操作

在本例中，用"正弦"函数产生 360 个数据点，用二进制文件进行存储，程序框图

图 9-3　写入二进制文件时未指定文件路径

与运行结果如图 9-4 所示。二进制文件的内容只有通过第三方软件才能查看，如 Uedit32 等。

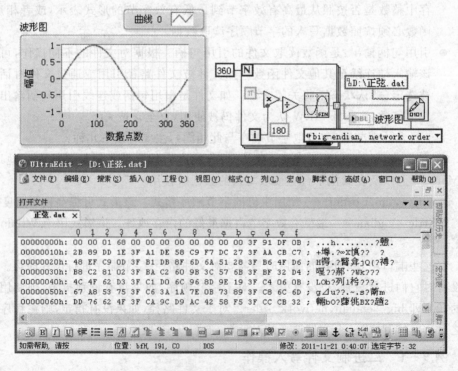

图 9-4　二进制文件写入

2. 读取二进制文件

读取二进制文件 VI 的图标与输入/输出接口如图 9-5 所示。

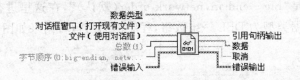

图 9-5 读取二进制文件函数图标

各主要端口含义如下:

- 数据类型:设置用于读取二进制文件的数据类型。函数把从当前文件位置开始的数据字符串作为数据类型的总数个实例。如数据类型是数组、字符串或者包含数组或字符串的簇,函数将假定该数据类型的每个实例都包括数据大小信息。如实例不包括数据大小信息,函数将无法解析数据。如 LabVIEW 确定数据与类型不匹配,函数将把数据设置为指定类型的默认值并返回错误。

- 对话框窗口:选择文件时的提示信息。

- 文件(使用对话框):可以是引用句柄或绝对文件路径。如果是路径,函数将打开路径指定的文件。如指定的文件不存在,函数将创建该文件。默认状态将显示文件对话框并提示用户选择文件。如指定空或相对路径,或者文件不存在,函数将返回错误。

- 总数(1):是要读取的数据元素的数量,数据元素可以是数据类型的字节或实例。函数将在数据中返回总数个数据元素。如到达文件结尾,函数将返回已经读取的全部完整数据元素和文件结尾错误。默认状态下,函数将返回单个数据元素。如总数为-1,函数将读取整个文件。如总数小于-1,函数将返回错误。

- 字节顺序:可参见"写入二进制文件"小节。

- 引用句柄输出:可参见"写入二进制文件"小节。

- 数据:包含从指定数据类型的文件中读取的数据。取决于读取的数据类型和总数的设置,它可以由字符串、数组、数组簇或簇数组构成。

与二进制文件的写入相同,如果在程序中没有指定路径,则会弹出文件选择的对话框,其他端口如果不指定值,则采用默认值。指定数据类型时,只要将其连接到一个有类型的数据上即可,也可以用一个常量来指定。例如,要指定读取的数据为 int32,最简单的方法就是将"数据类型"端口连接到 int32 型的数据上,也可以在这个端口创建一个常量,将常量的类型设置为 int32。对于读取的数据长度,可以在文件范围内任意指定。对于文件大小可以用"获取文件大小"的函数来得到,具体请参看 9.4 小节。

例9-2 二进制文件读取操作

本例是要将例9-1中写入的数据读取出来。并进行显示。在例9-1中数据写入时的字节顺序是"big - endian,network order(默认)",在这里进行读取时也要采用这个顺序。数据类型为DBL一维数组,程序框图与运行结果如图9-6所示。

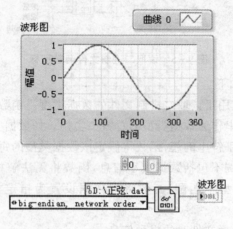

图9-6 二进制文件读取

9.2.2 文本文件(.txt)

文本文件是一种以ASCII形式存储数据的文件格式。它存储的数据类型为字符串,它是最便于使用和共享的文件格式,几乎适用于任何计算机。

与文本文件输入和输出直接相关的两个函数是"写入文本文件(Write to Text File.vi)"和"读取文本文件(Read from Text File.vi)",下面对它们分别加以说明。

1. 写入文本文件

写文本文件VI的图标与输入/输出接口如图9-7所示。

各主要端口含义如下:

● 提示:可参见"写入二进制
文件"小节。

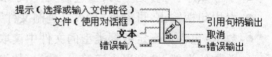

图9-7 写入文本文件函数图标

● 文件:可以是引用句柄或绝
对文件路径。如连接该路
径至文件输入端,函数先打
开或创建文件,然后将内容写入文件并替换任何先前文件的内容。如连接文件引用句柄至文件输入端,写入操作将从当前文件位置开始。如需在现有文件后添加内容,可使用"设置文件位置"函数,将文件位置设置在文件结尾。默认状态将显示文件对话框并提示用户选择文件。如指定空路径或相对路径,函数将返回错误。

● 文本:是函数写入文件的数据。文本可以是字符串和字符串数组。
● 引用句柄输出:可参见"写入二进制文件"小节。

例 9 – 3　文本文件写入操作

文本文件写入时,路径可以不指定,程序运行时会自动弹出选择文件存储路径的对话框。因为文本文件存储的是字符串,所以在存储之前要先进行数据类型转换,将其他类型的数据转换成字符串。在本例中用文本文件的形式存储由"正弦"函数产生的数据点,为了让文本文件读取后显示方便,所有数据值都"加 1",程序框图与运行结果如图 9 – 8 所示。

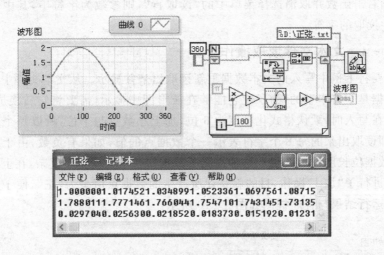

图 9 – 8　文本文件写入

在本例中移位寄存器和"连续字符串(Concatenate Strings. vi)"将 360 个离散的字符串连接到一起后再写入文本文件中。如果不使用这种方式,直接将写入函数放入循环体中,则写入的始终是第一个值。因为文本文件的写入是以替换的方式写入的,也即后面写入的数据会从最初的位置开始依次往后替换之前所写的数据。解决覆盖问题也可以用"设置文件位置"函数,这在本章最后的综合实例中会详细讲解。

2. 读取文本文件

读取文本文件 VI 的图标与输入/输出接口如图 9 – 9 所示。
各主要端口含义如下:
● 文件(使用对话框):可以是引用句柄或绝对文件路径。如果是路径,函数将打开路径指定的文件。如指定的文件不存

图 9 – 9　读取文本文件函数图标

在,函数将创建该文件。默认状态将显示文件对话框并提示用户选择文件。如指定空或相对路径,或者文件不存在,函数将返回错误。

● 计数：是函数读取的字符数或行数的最大值。如提前到达文件结尾，函数实际读取的字符数和行数将小于最大值。如计数＜0，函数将读取整个文件。如选择快捷菜单上的读取行，将只读取一行；如取消选择该菜单项，将读取整个文件。如果连接至此端口的数据类型不是 32 位整数，LabVIEW 将把数据类型强制转换为 32 位整数。

● 引用句柄输出：可参见"写入二进制文件"小节。

● 文本：是从文件读取的文本。默认状态下，该字符串中包含从文件第一行读取的字符。如连线计数接线端，则参数为字符串数组，包含从文件读取的行。如右击函数并取消选择菜单中的"读取行"，则参数为字符串，其中包含从文件读取的字符。

例 9 - 4　文本文件读取操作

本例要将上例中写入的文本数据重新读取出来并显示。从文本文件中直接读取出来的数据是字符串型的，为了使它能够在波形图中显示，需要将它转换成 DBL 型的数组。在写入时，默认格式化精度为 6 位，加上小数点与个位，所以每个数据宽度为 8 位，即读取出来的每 8 个字符表示一个数据点的值，如果有负数，由于符号的占位，会使数据位长度发生变化。这种情况下数据转换就会变得很复杂，在上例中产生数据时都进行了"加 1"操作，目的就是让所产生的数据点值全为"正"，便于这里的转换操作。运行结果与程序框图如图 9 - 10 所示。

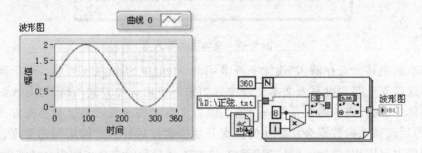

图 9 - 10　文本文件读取

在本例中，所有要读取的数据位数是固定的，所以转换相对比较简单。如果要读取的数据位数不确定，就会在后期的转换过程中遇到许多麻烦。所以文本文件存储的方式虽然直观，但也存在这个弊端。

9.2.3　电子表格文件(.xls)

电子表格文件是一种将文本信息格式化后的文件格式。这种格式的文件使用一些特定的标志符作为分隔。例如用 Tab 分隔列，用 EOL 分隔行，以便一些电子表格软件，如 Microsoft Excel 可以读取并编辑这种文件。

与电子表格文件的输入和输出直接相关的两个函数是"写入电子表格文件

（Write to Spreadsheet File. vi）"和"读取电子表格文件（Read from Spreadsheet File. vi）"，下面对它们分别加以说明。

1. 写入电子表格文件

写入电子表格文件 VI 的图标与输入/输出接口如图 9－11 所示。

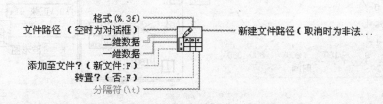

图 9－11 写入电子表格文件函数图标

各主要端口含义如下：

- 格式：指定如何将数字转化为字符。如格式为％.3f（默认），VI 将创建包含数字的字符串，小数点后有 3 位数字。如格式为％d，VI 将把数据转换为整数，使用尽可能多的字符包含整个数字。如格式为％s，VI 将复制输入字符串。
- 文件路径：表示文件的路径名。如文件路径为空（默认值）或为非法路径，VI 将显示用于选择文件的文件对话框。如在对话框内选择取消，将发生错误 43。
- 二维数据：没有连线或为空时包含 VI 写入文件的数据。
- 一维数据：输入值非空时将包含 VI 写入文件的数据。VI 在开始运算前将把一维数组转换为二维数组。如"转置？"的值为 FALSE，对 VI 的每次调用都将在文件中创建新的行。
- 添加至文件：如果值为 TRUE，VI 将把数据添加至已有文件。如果值为 FALSE（默认），VI 将替换已有文件中的数据。如不存在已有文件，VI 将创建新文件。
- 转置：如果值为 TRUE，VI 将在把字符串转换为数据后对其进行转置。默认值为 FALSE。
- 分隔符：是用于对电子表格文件中的栏进行分隔的字符或由字符组成的字符串。例如","将指定用单个逗号作为分隔符。默认值为"\t"，表明用制表符作为分隔符。
- 新建文件路径：返回文件的路径。

例 9－5 电子表格文件写入

在本例中，用电子表格文件来存储正弦波数据。电子表格存储的数据，用文本查看器或者 EXCEL 都可以打开，数据不需要手动格式化，可以方便地通过 VI 端口设置是否转置，是否将新内容添加到旧内容中等。在存储数据时，比文本格式要方便，但占用空间要更大一些。程序框图与运行结果如图 9-12 所示。

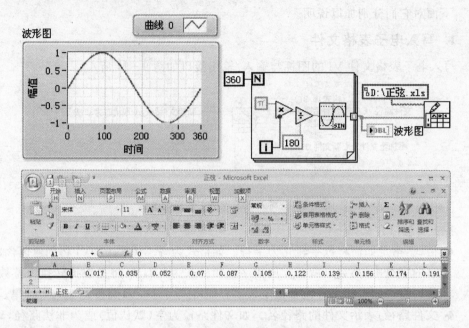

图 9-12　电子表格文件写入

在用 EXCEL 打开时会弹出一个报警的对话框,提示打开的文件与 EXCEL 的文件格式不同。这是因为 EXCEL 的文件格式要比用"写入电子表格文件(Write to Spreadsheet File. vi)"生成的文件复杂。用"写入电子表格文件函数"生成的电子表格文件其实只是带制表符的文本文件,但不会影响读者观察写入的数据。

2. 读取电子表格文件

读取电子表格文件 VI 的图标与输入/输出接口如图 9-13 所示。

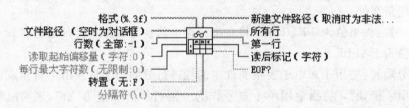

图 9-13　读取电子表格文件函数图标

各主要端口含义如下:

● 行数:是 VI 读取行数的最大值。对于该 VI,行是由字符组成的字符串并以回车、换行或回车加换行结尾,以文件结尾终止的字符串;字符数量为每行输入字符最大数量的字符串。如行数<0,VI 将读取整个文件。默认值为-1。

- 读取起始偏移量：是 VI 从文件中开始读取数据的位置，以字符（或字节）为单位。字节流文件中可能包含不同类型的数据段，因此偏移量的单位为字节而不是数字。如需读取包含 100 个数字数组，且数组头为 57 个字符，需将读取起始偏移量设置为 57。
- 每行最大字符数：是在搜索行的末尾之前，VI 读取的最大字符数。默认值为 0，表示 VI 读取的字符数量不受限制。
- 转置：如果值为 TRUE，VI 将在把字符串转换为数据后对其进行转置。默认值为 FALSE。
- 分隔符：是用于对电子表格文件中的栏进行分隔的字符或由字符组成的字符串。例如"，"将指定用单个逗号作为分隔符。默认值为"\t"，表明用制表符作为分隔符。
- 所有行：从文件读取的所有数据。
- 第一行：是所有行数组中的第一行。可使用该输入将一行数据读入一维数组。
- 读后标记：是数据读取完毕时文件标记的位置。标记指向文件中最后读取字符之后的字符（字节）。
- EOF：如要读取的内容超出文件结尾，值为 TRUE。

例 9-6　电子表格文件读取

本例要将上例中写入电子表格的数据全部读出，并显示。在进行电子表格文件读取时，先选择要读取的数据类型。"读取电子表格"函数可供选择的数据类型有"双精度"、"整型"和"字符串"3 种，这个要根据写入的数据类型来判断，在上例中写入的数据是"双精度"型，所以这里选择"双精度"。程序框图与运行结果如图 9-14 所示。

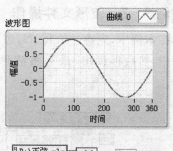

图 9-14　电子表格文件读取

> 提示：因为用 EXCEL 直接生成的电子表格文件格式要比用"写入电子表格文件（Write to Spreadsheet File. vi）"生成的表格文件要复杂，所以"读取电子表格文件（Read from Spreadsheet File. vi）"是无法直接读取用 EXCEL 生成的电子表格的。关于这个问题的解决方法，将在本章最后的综合实例中详细介绍。

9.3 特殊文件类型与操作

9.3.1 波形文件(Waveform Files)

波形文件是专门用于存储波形的数据类型,它将波形数据以一定的格式存储在二进制文件或表单文件中。与波形文件操作相关的函数位于"函数→编程→波形→波形文件 I/O"子面板中,如图 9-15 所示。

与波形文件操作相关的操作函数主要有 3 个:写入波形至文件(Write Waveforms to File. vi)、从文件读取波形(Read Waveforms from File. vi)、导出波形至电子表格文件(Export Waveforms to Spreadsheet File. vi)。这几个函数的操作比较简单,下面通过一个具体的例子说明它们的用法。

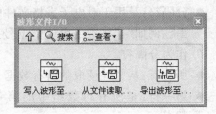

图 9-15 波形文件 I/O 子面板

例 9-7 波形文件操作

在本例中,先通过仿真信号发生函数产生 360 个数据点的信号,将其存储到波形文件中,然后再读出,最后将波形数据导入电子表格文件。程序框图如图 9-16 所示。

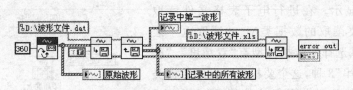

图 9-16 波形文件操作

9.3.2 XML 文件

XML 文件实际上也是一种文本文件,只是它的输入可以是任何类型的数据。它通过 XML 语法标记的方式将数据格式化,因此在写入 XML 文件之前需要将数据转换为 XML 文本。读取的时候也一样,需要将读取的字符串转换为给定的参考格式。

例 9-8 XML 文件操作

本例将演示 XML 文件的存储与读取操作。先将 360 个正弦波的数据点存入 XML 文件中,再进行读取与显示。图中"XML 字符串"是写入的数据内容,这个文件也可以用外部文本编辑器进行编辑。运行结果和程序框图如图 9 – 17 所示。

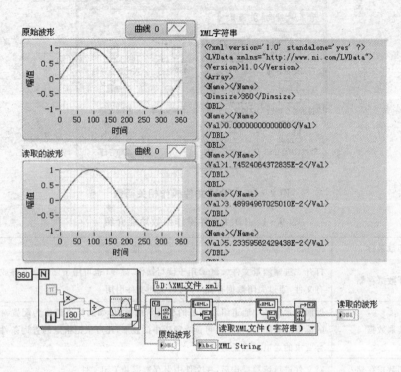

图 9 – 17   XML 文件存储与读取

9.3.3   数据存储文件(TDM)

TDM 文件将动态类型的信号存储为二进制文件,同时可以为每个信号都添加一些附加信号,如信号名称、单位和注释等。这些信息以 XML 的格式存储在扩展名为 .tdm 的文件中,在查询时可以通过这些附加信息来找到所需要的数据。而信号数据则存储在扩展名为 .tdx 的文件中,这两个文件以引用的方式自动联系起来。用户只要对 TDM 文件进行操作就可以了。

每个 TDM 文件以 3 个不同的层次来附加信息:文件、组和通道。每个文件可以有多个组,每个组可以有多个通道。组可以用来给信号分类,比如说将电压信号归类在 Voltage 组中,将温度信号归类在 Temperature 组中。每个通道代表一个通道的输入信号。

与 TDM 文件操作相关的函数位于"函数→编程→文件 I/O→存储"子面板中,如图 9 – 18 所示。

这些函数的功能如表 9 – 1 所列。

高级存储 VI 用于在运行时确定对象类型或属性名,读取、写入和查询数据。

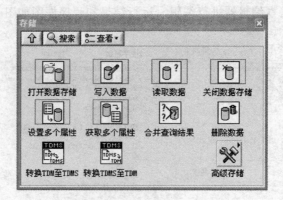

图 9 - 18　TDM 文件操作相关函数

表 9 - 1　TDM 文件操作函数功能介绍

函数名称	功　能
打开数据存储	打开二进制测量文件(.tdm)用于读写操作,该 VI 也可用于创建新文件或替换现有文件,通过关闭数据存储 VI 可以关闭文件引用
读取数据	返回表示文件中通道组或通道的引用句柄数组,如选择通道作为配置对话框中的读取对象类型。该 VI 可读取通道中的波形,还可依据指定的查询条件返回符合要求的通道组或通道
关闭数据存储	对文件进行读写操作后,在文件中保存数据并关闭文件
合并查询结果	合并两个读取数据 VI 的查询结果,通过将数据连线至存储引用句柄输入端可确定要使用的多态实例,也可手动选择实例
获取多个属性	从文件、通道组或者单个通道中读取属性值。如果在将句柄连接到存储引用句柄之前配置该 VI,则配置可能会根据所连接的句柄而改变。例如,配置 VI 用于单通道,然后连接通道组的引用句柄,由于单个通道属性不适用于通道组,VI 在程序框图上将显示断线
删除数据	删除指定的通道组或通道如果删除的是通道组,则 VI 将删除与该通道组相关的所有通道。通过将数据连线至存储引用句柄输入端可确定要使用的多态实例,也可手动选择实例
设置多个属性	对已经存在的文件、通道组或单个通道定义属性。如果在连线句柄至存储引用句柄之前配置该 VI,则配置可能依据连接的句柄而改变。例如,假设配置 VI 用于单个通道,然后连接至通道组的引用句柄,由于单个通道属性不适用于通道组,VI 将在程序框图上显示断线
写入数据	添加通道组或单个通道至指定文件。也可以使用这个 VI 来定义被添加的通道组或者单个通道的属性。
转换 TDMS 至 TDM	将指定文件的文件格式从.tdms 转换为.tdm
转换 TDM 至 TDMS	将指定文件的文件格式从.tdm 转换为.tdms

例 9 - 9　TDM 数据存储文件操作

本例演示 TDM 数据存储文件的操作方法。用"仿真信号"产生一个叠加了高斯噪声的正弦信号,用 TDM 文件操作函数进行写入与读取操作。程序代码与运行结果如图 9 - 19 所示。

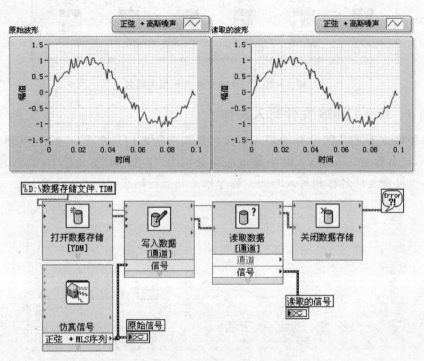

图 9 - 19　TDM 文件存储与读取

9.3.4　高速数据流文件(TDMS)

TDM String 文件是对 TDM 文件的改进,它比 TDM 文件的读写速度更快,属性定义接口更加简单。TDM 文件和 TDMS 文件之间可以相互转换。与 TDMS 文件操作相关的函数位于"函数→编程→文件 I/O→TDMS"子面板中,如图 9 - 20 所示。

TDMS 文件操作要比 TDM 复杂一些。TDMS 文件中属性值用变量类型表示,因此可以直接将属性值作为输入。如果同时输入多个属性值,则需要将各种属性值类型都先转换为变量类型,再构造为数组输入。如果 TDMS 写入函数的通道名输入为空,则表示此时输入的属性为 File;如果仅仅是通道名为空,则表示输入的属性为组的属性;如果组名和通道名输入都不为空,则表示输入的属性为通道的属性。下面通过一个具体的例子来说明 TDMS 文件操作函数的应用。

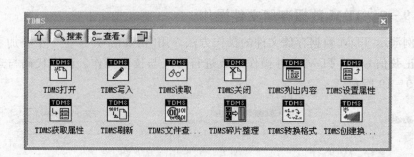

图 9 - 20　TDMS 文件操作相关函数

例 9 - 10　TDMS 文件写入操作

本例将演示 TDMS 文件的写入操作。分别用仿真信号产生一个正弦信号和方波信号,组名称为"Group1",两个通道名称分别为"正弦"和"方波",在 TDMS 文件"属性"里设置文件名称和写入时间。程序框图和运行结果如图 9 - 21 所示。

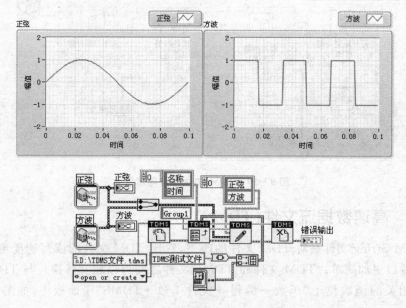

图 9 - 21　TDMS 文件写入

TDMS 文件存储完毕后,可以用 TDMS - File Viewer. vi(TDMS 文件查看器)来浏览文件的内容。在该浏览器中,不仅可以浏览所有属性值,还能有选择地浏览数据,通过"设置"按钮,还可以配置显示的条件。TDMS 文件查看器的使用方法简单,只要输入文件路径即可,程序运行之后,显示如图 9 - 22 所示。

TDMS 文件的读取比较简单,通过 TDMS Read(TDMS 文件读取)可以对要读取的内容进行设置,例如:

● 读取的点数:包括起始点和终止点。

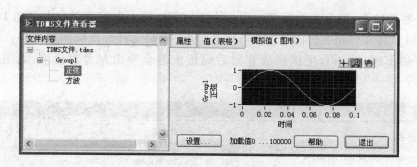

图 9 - 22　TDMS 文件查看器

● 读取的组：指定组的名称，读取相应组的所有数据。
● 读取的通道：指定通道名称，读取相应通道的数据。

例 9 - 11　读取指定通道的 TDMS 数据

本例将演示如何读取指定通道——"方波"通道的数据。对于 TDMS 文件的读取操作比较简单，只要在"TDMS 读取"函数的"通道名称输入"端口指定要读取的通道名称就可以了。程序框图和运行结果如图 9 - 23 所示。对于读取其他通道内容的设置，基本类似。

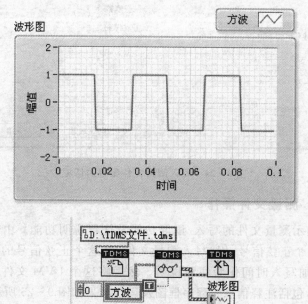

图 9 - 23　读取指定通道的 TDMS 数据

9.3.5　测量文件(LVM)

LVM 文件将动态类型数据按一定的格式存储在文本文件中，并会在数据前面加上一些信息头,如采集时间等。可以由 EXCEL 等文本编辑器打开查看其内容。与 LVM 文件操作相关的函数主要有两个:写入测量文件和读取测量文件。它们是封装好的 Express VI,把图标放置到后面板上后会弹出配置对话框,如图 9 - 24 所示。

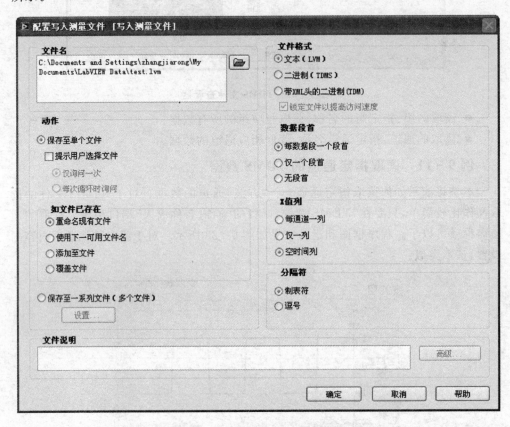

图 9 - 24 写入测量文件配置对话框

例 9 - 12 测量文件操作

本例主要演示测量文件的写入/读取功能及注释说明功能。由"仿真信号"Express VI 产生一个正弦信号,用"写入测量文件"将这个正弦信号的数据写入 LVM 文件中,同时附加写入时间作为注释说明。然后将这个 LVM 文件用"读取测量文件"读出并显示,包括注释信息。程序框图及运行结果如图 9 - 25 所示。

> **提示:**测量文件写入与读取函数除了能读写 LVM 文件外,还能对 TDM 文件和 TDMS 文件进行操作。具体方法与读写 LVM 文件的方法类似。

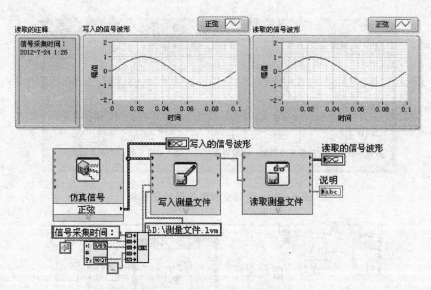

图 9 - 25　测量文件读写操作

9.4　其他文件类型与操作

9.4.1　音频文件(.wav)

　　音频文件格式专指存放音频数据的文件格式。音频文件存在多种不同的格式,在这里只介绍最常用的.wav 格式。它是一种无损的音频格式,尽量多地保存了采集到的信号的原始信息。声音文件需要下面几个参数:采集率、采样比特数、通道数和数据。按这几个参数组合保存成的.wav 文件是可以通过声卡播放的。这种文件的好处是可以将采集到的数据通过耳机或者音响等设备进行实时播放,直观地考察信号的特征。另外,这种文件还可以通过音频编辑软件进行编辑。与音频文件相关的函数位于"函数→编程→图形与声音→声音→文件"子面板中,如图 9 - 26 所示。

　　音频文件的存储与读取可以选择两种方式:一种是简易方式,就是利用图 9 - 26 中第一行的两种函数实现简单的存储与读取,这种方式简单,但可设置的选项少;另一种是用多个函数组合实现,这种方式稍微复杂一些,但可设置的选项比较丰富。

例 9 - 13　音频文件操作

　　除了用声卡采集的声音信号可以存储为音频文件外,其他形式的数据,也可以通过组合用音频文件进行存储。本例将产生 5 个正弦波信号,每两个信号中间插入一段空白,保存成双通道的音频文件。用音频编辑软件打开后波形如图 9 - 27 所示。

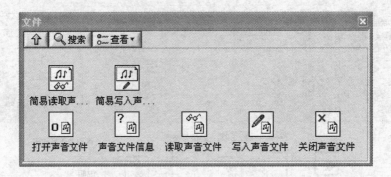

图 9-26　音频文件操作函数子面板

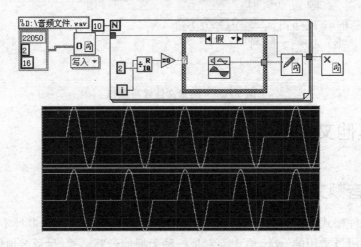

图 9-27　音频文件操作

9.4.2　压缩文件(.Zip)

LabVIEW 还提供了文件压缩和解压缩的函数,这些函数位于"函数→编程→文件 I/O→Zip"子面板中,如图 9-28 所示。

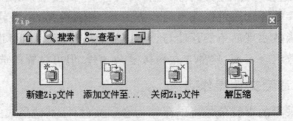

图 9-28　压缩文件函数子面板

关于压缩文件的具体应用请参看 LabVIEW 自带例程。在任何一个与压缩文件相关的函数的帮助文档中,单击"打开范例"即可。

9.4.3 配置文件(.ini)

这里要讲的配置文件就是标准的 Windows 配置文件(ini 文件),实际上也是一种文本文件,格式如下:

```
[Section 1]
key1 = value
key2 = value
[Section 2]
key1 = value
key2 = value
```

它将不同的部分分为段(Section),用中括号将段名括起来表示一个段的开始,同一个 ini 文件中的段名必须唯一。每一个段内部用键(key)来表示数据项,同一个段内键名必须唯一,但不同段之间的键名可以相同。键值所允许的类型为:字符串型、路径型、布尔型、64 位双精度浮点数据、32 位有符号整型和 32 位无符号整型。

配置文件相关函数位于"函数→编程→文件 I/O→配置文件 VI"子面板中,如图 9-29 所示。

图 9-29 配置文件 VI

配置文件的写入与读取比较简单,按照"打开/创建→写入→关闭"的步骤写入想要的内容即可。

9.5 文件工具

除了前面所讲的直接与写入、读取相关的文件函数外,还有一些其他辅助的文件工具,下面具体介绍几种常用的文件工具。

9.5.1 路径、目录操作

1. 创建路径

创建路径(Build Path.vi)——用于在一个已经存在的路径(基路径)后添加一个

字符串输入,构成一个新的路径名,函数图标如图 9-30 所示。

在实际应用中,可以把 base path 设置成工作目录。这样,每次存取文件时就不用在 Path Control 中输入很长的目录,而只须输入一个相对路径或文件名即可。

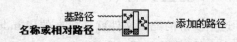

图 9-30　创建路径函数图标

2. 折分路径

分离路径(Strip Path. vi)——用于把输入路径从最后一个反斜线的位置分成两个部分:拆分的路径和名称。因为一个路径的后面常常是一个文件名,所以这个函数可以用来把文件名从路径中分离出来。函数图标如图 9-31 所示。

3. 创建文件夹

创建文件夹(Create Folder. vi)——创建由路径指定的文件夹。如果指定位置已存在文件或文件夹,该函数不覆盖现有的文件或文件夹,而是返回错误。函数图标如图 9-32 所示。

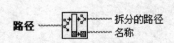

图 9-31　拆分路径函数图标

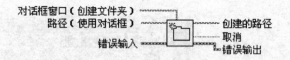

图 9-32　创建文件夹函数图标

4. 返回 LabVIEW 的工作路径

选择 LabVIEW 菜单中的"工具→选项",在弹出的对话框中可以设置 LabVIEW 工作时的各种参数,其中一项就是工作目录。"函数→编程→文件 I/O→文件常量"子面板中相应的函数可以返回这些设定值,如图 9-33 所示。

图 9-33　文件常量函数子面板

可以利用这些函数的返回值来判断用户的工作目录是否正确,排除一些应用程序的错误,还可以根据这些路径的设置来调整程序文件的读写路径。

9.5.2 获取文件、目录的信息

1. 返回文件/目录信息

文件/目录信息（File/Directory Info. vi）——用于返回由"路径"指定的文件或目录的属性,如文件大小、最后修改时间等。如果"路径"输入仅是目录名,则目录返回"TRUE"。函数图标如图 9 - 34 所示。

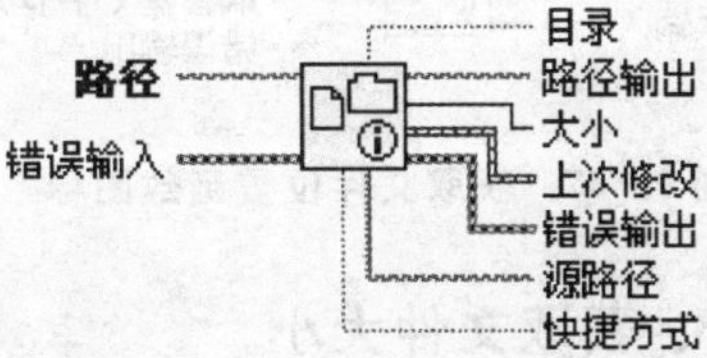

图 9 - 34 文件/目录信息函数图标

2. 返回卷信息

获取卷信息（Get Volume Info. vi）——用于返回由"路径"指定的文件或目录的卷信息,包括卷所提供的内存空间总量以及空余的字节总数。函数图标如图 9 - 35 所示。

3. 获取文件列表

罗列文件夹（List Folder. vi）——返回"路径"中所有文件和文件夹的路径列表组成的两个字符串数组:文件夹名,列出目录下所有的子目录,所有子目录按字母顺序排列;文件名,列出了所有与"模式"匹配的文件,所有文件按字母顺序排列。函数图标如图 9 - 36 所示。

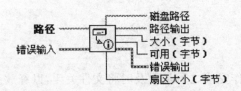

图 9 - 35 获取卷信息函数图标

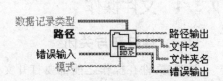

图 9 - 36 罗列文件夹函数图标

9.5.3 文件位置与大小设置

与文件位置与大小设置相关的函数主要用于文本文件或者二进制文件的存储与读取操作。关于它们的具体用法,在本章最后的综合实例中有详细介绍,这里先介绍相关函数的功能。

1. 获取文件位置

获取文件位置（Get File Position. vi）——返回相对于文件起点并由引用句柄指定的当前文件标记的位置。函数图标如图 9 - 37 所示。

2. 设置文件位置

设置文件位置（Set File Position. vi）——根据"自"的模式,将"引用句柄"指定的文件从当前位置移动到"偏移量(字节)"所指定的位置。这里要注意的是,"偏移量"是按"字节"来计算的,1 B=8 b(1 个字节占 8 位)。函数图标如图 9-38 所示。

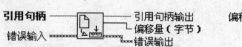

图 9-37　获取文件位置函数图标　　　　　图 9-38　设置文件位置函数图标

3. 获取文件大小

获取文件大小(Get File Size. vi)——用于获取文件的大小。该函数不可用于 LLB 中的文件。函数图标如图 9-39 所示。

4. 设置文件大小

设置文件大小(Set File Size. vi)——将文件结束标记设置在文件开始处,由"大小"指定的位置。该函数不可用于 LLB 中的文件。函数图标如图 9-40 所示。

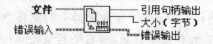

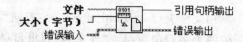

图 9-39　获取文件大小函数图标　　　　图 9-40　设置文件大小函数图标

9.5.4　文件操作

1. 文件打开与关闭

许多文件在操作之前都要打开文件,操作完成之后又要及时将文件关闭,以释放资源。如果文件打开之后没有进行关闭操作,将会严重影响其他程序对该文件的操作。

打开/创建/替换(Open/Create/Replace. vi)——通过编程或使用文件对话框交互式地打开现有文件。创建新文件或替换现有文件。该函数不可用于 LLB 中的文件。函数图标如图 9-41 所示。

关闭文件(Close File. vi)——关闭引用句柄指定的打开文件,并返回至引用句柄相关文件的路径。函数图标如图 9-42 所示。

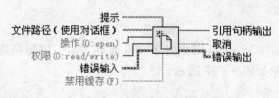

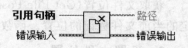

图 9-41　打开/创建/替换文件函数图标　　　图 9-42　关闭文件函数图标

2. 文件复制、移动与删除

复制(Copy. vi)——复制"源路径"下的文件或目录至"目标路径"指定的位置。
如复制目录,函数将把所有内容递归复制到新的位置。该函数不能用于复制 LLB 中的文件,或复制文件至 LLB。函数图标如图 9-43 所示。

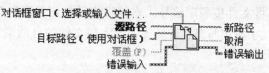

图 9-43　复制文件函数图标

移动(Move. vi)——将"源路径"下的文件或目录移动到"终端路径"指定的位置。如移动目录,函数将把目录中所有内容递归移动到新的位置。该函数不能用于移出 LLB 中的文件,或移入文件至 LLB。函数图标如图 9-44 所示。

删除(Delete. vi)——删除路径中指定的文件或目录。该函数不可用于 LLB 中的文件。函数图标如图 9-45 所示。

图 9-44　移动文件函数图标

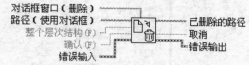

图 9-45　删除文件函数图标

例 9-14　文件循环写入

在 9.2 节中讲到,电子表格文件通过设置"添加至文件?"为"TRUE"可以实现文件的循环写入,而不覆盖原先的文件。对于文本文件和二进制文件则不是这么方便了,它们想要实现这个功能,需要用到 9.5 小节中讲到的文件位置设置函数。

本例将演示如何往文本文件中循环写入数据,程序框图与运行结果如图 9-46 所示。

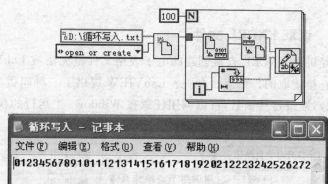

图 9-46　文本文件循环写入

例 9 – 15　循环保存文件

在进行数据采集的时候,经常需要保存许多文件。为了后期数据处理的方便,需要将文件按顺序编号。本例将演示如何循环保存 10 个正弦波数据文件,并用路径组合、字符串与路径转换等函数实现文件的自动编号。程序框图与运行结果如图 9 – 47 所示。

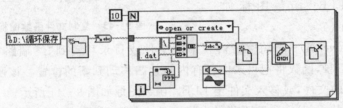

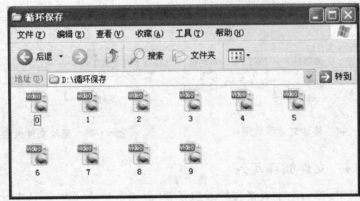

图 9 – 47　循环保存

9.6　综合实例:读取 EXCEL 文件

例 9 – 16　读取 EXCEL 文件

前文中已经讲到 EXCEL 直接创建的电子表格文件是无法被 LabVIEW 用电子表格读取函数直接读取的。那么办呢? LabVIEW 提供了一种叫做办公自动化和调用节点的函数,通过这些函数,可以调用任意在 Windows 上运行的程序,一般编程步骤如图 9 – 48 所示。

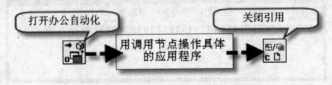

图 9 – 48　办公自行化编程一般步骤

调用 EXCEL，打开 EXCEL 文件的步骤如下：

① Open Application：打开应用程序引用。

② Open Books：打开电子表格。

③ Open sheets：打开电子表格的页。

④ Operate：具体操作。

⑤ Close sheets：关闭电子表格的页。

⑥ Close Books：关闭电子表格。

⑦ Close Reference：关闭应用程序引用。

程序框图如图 9－49 所示。

将它封装成子 VI，就可以在其他程序中进行调用了，如图 9－50 所示。

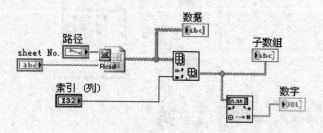

图 9－50　读取 EXCEL 文件

9.7　思考与练习

① 什么叫绝对路径与相对路径？什么叫句柄？什么叫流盘？如何提高文件写入效率？

② 二进制文件、文本文件、电子表格文件有什么不同？二进制文件读写要注意什么？

③ 使用电子表格写入数据时，如何进行数据的转置？如何将新数据加入到旧数据末尾？

④ 在读取电子表格文件时，如何进行单行读取与多行读取？

⑤ LabVIEW 的特殊文件有哪几种形式？各有什么特点？

⑥ LabVIEW 特有的高速数据流文件有什么特点？如何进行操作？

⑦ 音频文件的有哪些要素组成？如何进行操作？

⑧ 熟练掌握文件的路径与目录操作方法，以及文件的位置与大小设置。

⑨ 如何进行文件的循环写入？如何循环保存文件？

⑩ 如何读取由 EXCEL 直接创建的电子表格文件？

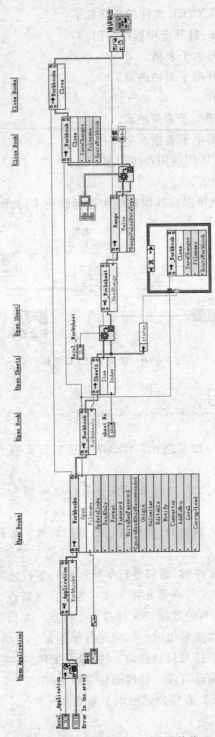

图 9-49　读取 EXCEL 文件具体代码

第 10 章

多线程技术

多线程技术是提高应用程序效率和性能的重要技术途径之一。应用多线程技术，可以使操作系统同时处理多个任务。多线程在 LabVIEW 中有两大优点：第一个优点是 LabVIEW 把线程完全抽象出来，编程者不需要对线程进行创建、撤销以及同步等操作；第二个优点是 LabVIEW 使用数据流模型，它可以使编程者很容易理解多任务的概念。本章将系统介绍 LabVIEW 多线程编程的基本概念和多线程编程问题。

【本章导航】
 ➢ LabVIEW 对多核 CPU 的支持
 ➢ LabVIEW 中的自动多线程技术
 ➢ 生产者与消费者模式

10.1 LabVIEW 对多核 CPU 的支持

1. 多处理器(Multiprocessor)

多处理器系统由不同芯片上的多个处理器组成，具有进程互联结构的独立高速缓存与 MMU 内存管理单元，如图 10-1 所示。多处理器系统因 IT 服务器的应用在 20 世纪 90 年代得以普及。在当时，它们是可以插入机架服务器的处理器主板。现在，多处理器系统可以极建在同一块电路板上，处理器之间通过一个高速通信接口连接。多处理器系统的复杂度低于多核系统，因为它们本质是互连在一起的单芯片 CPU。多处理器系统的不足在于其高昂的价格，因为它们需要多个芯片，这比单芯片解决方案要昂贵得多。

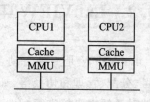

图 10-1　多处理器系统

2. 超线程

超线程是由 Intel 公司引入的一项技术,其主要目的在于改善对多线程代码的支持。奔腾 4 处理器就是一例实现超线程技术的 CPU。

3. 双核与多核处理器

双核处理器是指单个芯片上有两个 CPU,而多核处理器则是指在单个芯片上包含任意多个(如 2、4 或 8)CPU 的处理器,如图 10-2 所示。多核处理器共享具有短程互联结构的高速缓存和 MMU 内存管理单元。多核处理器的挑战在于软件开发部分。系统性能提升的多少直接与通过多线程编程源代码的并行程度有关。

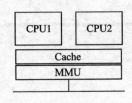

图 10-2 多核处理器结构图

4. FPGA

FPGA(现场可编程门阵列)是一种由逻辑门组成的硅片,被视为具有极佳并行处理能力的硬件设备,非常适合高性能计算与海量数据处理,如数字信号处理(DSP)应用。FPGA 的运行时钟低于微处理器,但功耗较高。

FPGA 是由 3 个基本组件构成的可编程芯片。首先,在逻辑模块中,数据被计算并处理以得到分析结果。其次,通过将信号从一个逻辑单元路由至下一个单元的可编程互联,实现逻辑组块的互相联通。第三,I/O 组块与芯片的引脚相连,以提供与外围电路的双向通信。

由于 FPGA 以并行的方式运行,所以它支持用户创建任意多的任务专用核。所有这些任务专用核以类似于并行电路的方式运行于 FPGA 芯片中。FPGA 逻辑门的并行特质支持非常高的数据吞吐量,更是远胜于与其相对应的微处理器。

LabVIEW 的数据流特性能很方便地将并行代码映射至上述并行硬件。因而,它是针对多处理器、超线程和多核处理器系统的一种理想开发语言。在对 FPGA 编程时,LabVIEW 生成的 VHDL 代码会自动编译成以 Xilinx FPGA 为目标平台的比特流。

10.2 LabVIEW 中的自动多线程

LabVIEW 是一种自动多线程语言,它会自动根据用户编写的程序决定线程的数目、分配、管理和切换等,如图 10-3 所示。线程的执行系统和优先级可以在 VI 的属性对话框中直接进行配置,因此在 LabVIEW 中实现多线程是非常简单的。

10.2.1 执行系统

运行在支持多线程操作系统上的 LabVIEW 开发环境是一个多线程的应用程

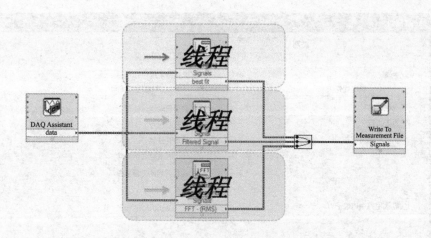

图 10 – 3　LabVIEW 中的多线程

序。为了使 LabVIEW 程序能够实现多线程模式执行,LabVIEW 提供了一套独特的机制。LabVIEW 不支持线程的直接创建,而是从执行系统和数据流控制两个层次提供对多线程程序设计的支持。

　　LabVIEW 执行系统类似于 Java 虚拟机,是特有的中间平台。这是由 LabVIEW 程序框图编译产生的。它并不是操作系统平台上的可执行代码,而是一种特有的程序组织代码,包含了 VI 相关的数据与指令。这种代码必须通过 LabVIEW 的执行系统来实现在操作系统上的运行。这就是为什么在创建 LabVIEW 发布的可执行程序时,对没有 LabVIEW 执行系统环境的计算机需要在发布组件选项中包含 LabVIEW 运行引擎(Run – Time Engine)的原因。

　　LabVIEW 程序中包含了 6 个预定义的执行子系统:
- 用户界面(user interface);
- 标准(standard);
- 仪器 I/O(instrument I/O);
- 数据采集(data acquisition);
- 其他 1(other 1);
- 其他 2(other 2)。

　　在"文件→VI 属性→执行"面板中可以对执行子系统进行更改,如图 10 – 4 所示。

　　单击"首选执行系统"下拉列表框中的下三角按钮,可以看到所有执行子系统的选择。从这里用户可以为当前 VI 指定执行系统。值得注意的是,"与调用方法相同"不是一个子系统,它表示其执行子系统与调用该子 VI 程序的执行子系统相同。当创建一个新的 VI 时,其默认的子系统就是"与调用方法相同",这样任意子系统都可以调用这些 VI。

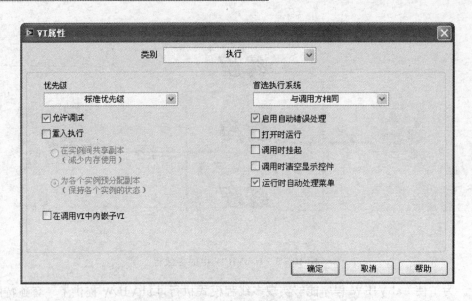

图 10 - 4　配置执行子系统

　　对执行系统进行细分的最初目的在于将不同用途的 VI 严格分配到不同的执行子系统中,但事实上一个 VI 可以在任何一个子系统中执行。但在开发自己的 VI 时,需要结合不同 VI 的特点,将其指定相应的子系统,有利于提高系统的执行效率。

　　每一个 LabVIEW 的执行子系统都有一个线程池(pool of threads)和一个与之相关联的任务队列。当然,LabVIEW 本身有一个主运行队列。运行队列中存储了执行子系统中分配给线程的任务优先权列表。LabVIEW 执行子系统具有一个线程和优先级的"数组"。用户可以在一个子系统中最多创建 40 个线程,每一层次的优先级最多有 8 个线程。

　　下面对各个执行子系统的功能进行简单介绍:

1. 用户界面子系统

　　用户界面子系统是唯一一个需要 LabVIEW 运行的子系统,而其他子系统的运行则并不一定需要 LabVIEW。用户界面子系统包括用户界面、VIs 编译以及保持 LabVIEW 运行的首要线程。

2. 标准子系统

　　标准子系统是 LabVIEW 的默认子系统,如果需要为用户界面保持专用运行间,那么应当为主 VI 指定这个子系统。这样会保证用户界面子系统线程具有充足的时间保持其显示更新。

3. 仪器 I/O 子系统

　　仪器 I/O 子系统用于完成与 VXI 仪器、GPIB 仪器、串行仪器和 IP(TCP、UDP)

之间的通信。当用户在 VI 中使用 VISA 时,为这个 VI 指定 I/O 子系统就会很方便。对于很多 LabVIEW 应用来讲,通信是基础,保证运行时间有时是合理的。该子系统线程的优先级层次相对于其他子系统来讲,应当作为一个可运行时间的标准。

4. 数据采集子系统

数据采集(DAQ)子系统最初被设计为运行数据采集任务,但是现在它可以用于应用。

5. Other1 和 Other2 子系统

Other1 和 Other2 子系统用作用户指定子系统,当然,它们也可以用作任何其他目的。

子系统的线程在一个循环列表中运行,并由操作系统来安排进度。当把线程放到一个子系统的列表中运行时,只有那些被分配给该子系统的线程才会运行。只有操作系统才能够决定运行哪一个线程,LabVIEW 不能直接调度线程。

把线程分配给特定子系统后,为其指定线程优先级时应特别小心。如果为线程指定了不恰当的优先级,则可能会引起优先级倒置(Priority inversion)或饥饿(starvation)现象。

下面对 LabVIEW 的执行系统作几点说明:

- 用户界面子系统是 LabVIEW 系统运行时必须加载的,而其他几个执行子系统则是可选的,因此也可以将它看作 LabVIEW 的基本执行子系统。
- 用户界面子系统实际上是一个单线程系统,只有一个用户界面线程执行各种任务。当 VI 在用户界面子系统中运行时,线程的使用权在协同式多任务和用户界面事件响应之间流切换。
- 在 LabVIEW 中所有与用户界面相关的操作都由用户界面子系统负责,其他执行子系统不负责管理用户界面。例如,如果在一个执行子系统队列中的 VI 更新用户界面上的控件,这个执行子系统就会把任务传递给用户界面执行子系统。当 VI 使用标准执行子系统时,用户界面子系统仍然还有自己独立的线程。任何用户界面上的变化,如前面板的画图、对鼠标的响应等,都由用户界面子系统对其进行相应操作,而不会影响程序执行时间。同样,执行一个长时间的计算也不会妨碍用户界面子系统对鼠标或键盘的响应。

10.2.2　运行队列

LabVIEW 有几个运行队列,包括一个主运行队列,以及每一个子系统都有一个运行队列。运行队列就是一个正在运行的任务列表,该列表按照优先级排序。运行队列并不是一个严格意义上的先进先出(FIFO)堆栈。VIs 具有与之相关联的优先级。默认的优先级是 Normal。在运行完框图程序中的每一个元素之后,运行队列更新仍然需要运行的元素,例如 SubVIs,LabVIEW 内置的加、减或字符串处理等函数。高级别优先权的 VIs 会在优先级较低的 VIs 之前运行。任意改变 VI 的优先级会导致 LabVIEW 性能的下降。理解优先级关键的一点是 VI 的优先级与线程的优先级毫不相关。

　　线程被安排到与其子系统相关联的运行队列中,把最顶端的任务从列表中拉出,然后运行这个任务。子系统中的其他线程将进入运行队列,运行其他任务。请再次注意.运行队列并不是 FIFO 堆栈。

　　当 VI 仅在特定子系统中运行时,它将被放到这个子系统的运行队列中。然后这个 VI 必须等待为其分配一个属于该系统的线程来运行。当线程的优先级与子系统的优先级不同时,会引起性能下降。图 10－5 所示为 LabVIEW 程序运行时产生的运行队列。

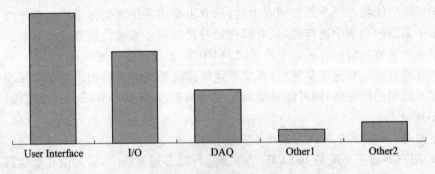

图 10－5　LabVIEW 运行队列

10.2.3　LabVIEW 多线程中的 DLL

　　LabVIEW 中,多个不同的线程可以同时调用 DLL。当多个线程同时调用 DLL 时。如果没有处理好它们之间的关系,在运行过程中可能会引起问题,所以在 Lab-VIEW 中使用 DLL 时需要特别注意。如果 DLL 中没有使用互斥量(mutexes)、信号量(semaphores),或临界区(critical Sections),那么就不能保证线程的安全。

　　有时用户并不能很容易地发现线程问题,只有通过数百万次调用 DLL 才可能发现问题。这使得寻找线程问题变得异常困难。当编写由 LabVIEW 调用的 C/C++代码时,用户应当清楚这些代码可能被多个线程调用。如果这样,用户应当为代码添加适当的保护文件。

　　下面是一个使用临界区对数据进行保护的简单例子。利用临界区预防线程在一段预先定义的代码中运行,就达到了保护内部数据的目的。临界区是 Windows 中易于使用的首选保护方法。

```
# Include < process. h >
//Sample code fragment for CriticalSections to be used by a LabVIEW function.
CRITICAI_SECTION Protect _ Foo
Void Initialize _ Protection ( void )
```

```
{
INITIALIZE CRITICAL _ SECTION ( & Protect _ Foo);
}
Void Destroy Protection ( void )
{
DELETE CRITICAL _ SECTION ( & Protect _ Foo);
}
int foo ( int Test )
{
int special _ Value;
ENTER CRITICAL _ SECTION ( & Protect _ Foo);//Block Otherthreads from accessing
Speclal Value = Use Values _ That _ Need _ Protection(void);
LEAVE CRITICAL _ SECTION ( & Protect _ Foo);//Let Other threads
access Special Value, Im. nished.
Return special _ Value;
}
```

　　上面的一段代码举例说明了这种用于线程保护的方法。当使用临界区时，首先必须调用 INITIALIZE_CRITICAL_SECTION 初始化临界区。当不再使用临界区时，必须将其撤销。而且，应当在应用程序的开始和结尾初始化和撤销临界区。使用临界区需要用户调用 Enter 和 Leave 函数。一旦线程进入了临界区，其他代码就不能访问这块代码区域了，直到第一个线程调用 Leave 函数时为止。

　　本地变量不需要线程保护。本地变量位于线程的调用堆栈中，每一个线程都有一个专用的调用堆栈。调用堆栈会使本地变量对于其他线程完全不可见。用户必须记住 LabVIEW 使用 C 语言的约定。当在 LabVIEW 中使用对象方法时，必须使用 C 语言的关键字。

　　在 LabVIEW 中调用 DLL 还有一点需要注意：Windows 3.1 DLL 一定是 16 位的 DLL。如果需要调用 16 位的 DLL，用户必须使用一个"外壳（wrapper）DLL"，并将其作为 32 位 DLL 来编译，然后就可以调用那些 16 位的 DLL 了。这包括一个名为"形式转换（thunking）"的过程。调用 16 位 DLL 时，会出现一个运行瞬断的现象。

　　LabVIEW 使用带颜色的代码来区别用户界面线程运行的 DLL。如果一个 DLL 调用是用橙色图标表示的，这表明这个 DLL 调用是由用户界面子系统完成的。如果是标准的黄色，它将被 LabVIEW 视为 Reentrant（可重入），并且允许多个线程同时调用该 DLL。如果一个 DLL 具有线程安全保护，那么使用 Reentrant 将有助于提高其性能。当一个用户界面只有 DLL 调用时，DLL 的运行将一直等待到用户界面线程可以运行这个调用时为止。如果这个 DLL 含有特别耗时的操作，用户界面的性能将会大大降低。如果用户不喜欢在 DLL 中使用线程安全保护，那么在循环中调用 DLL 时应当小心。

10.2.4　定制线程配置

1. 线程数量设置

虽然无法通过编写程序来实现对 LabVIEW 执行系统中线程变化的控制，但作为辅助工具，LabVIEW 提供了一个线程配置程序 threadconfig. vi，它位于 LabVIEW 安装目录\vi. lib\utilities\sysinfo. llb 中。一般情况下，不需要修改 LabVIEW 系统环境的默认线程数量设置。当 LabVIEW 系统运行在一个专用计算机上，可以根据计算机的硬件配置情况适当增加线程的数量。而在一个非专用计算机上增加 Lab-VIEW 系统中线程的数量，则可能影响其他程序的运行，甚至可能由于线程过多导致计算机整体性能的下降。

线程配置程序 threadconfig. vi 运行后的界面如图 10-6 所示。程序运行界面上显示了两个线程数量的表格，上面一个表显示的是 LabVIEW 系统环境的当前线程

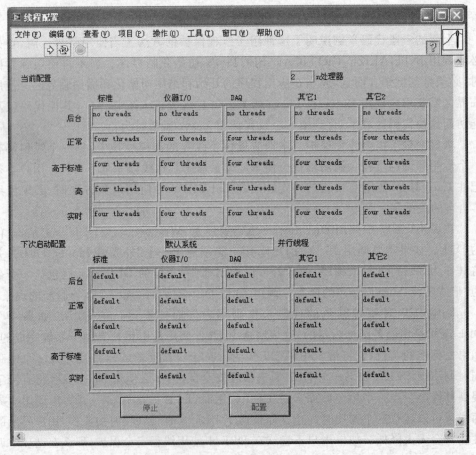

图 10-6　LabVIEW 线程配置程序界面

配置,下面一个表显示的是下一次系统启动时的初始配置。两个表格的横向表示优先级,纵向表示执行子系统。

单击程序运行界面底部的"配置"按钮,就可以进入线程配置对话框。选择"自定义系统"后,在表格的任意一项上单击,都会弹出下拉菜单,显示每个具有优先级的执行子系统可以配置为 0～8 个线程,或选择与计算机系统中处理器个数相同的数量,如图 10-7 所示。

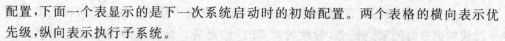

图 10-7　线程配置对话框

在考虑是否修改 LabVIEW 系统的默认线程配置时要十分小心,不要陷入"线程越多越好"、"线程数量增加总不是坏事"等观点的误区中。线程是一把双刃剑,如果给程序分配了过多的线程,会浪费系统的内存资源,因为这些线程并不都会被使用。在单处理器系统中,线程的并行是逻辑上的,同一时间只能有一个线程在执行,过多的线程切换会导致操作系统开销过大,系统性能下降。此外,在配置 LabVIEW 执行系统的线程时,应当注意优先级的问题。LabVIEW 线程的优先级和操作系统中线程的优先级,虽然具有一定的对应关系但不完全等同。线程最终还是由操作系统调度到处理器上执行的。当 LabVIEW 中运行线程的优先级都很高时,同样在操作系统中也将以较高的优先级执行,这必然消耗处理器的大量时间,可能会引起整个操作系统效率的降低,并使计算机的整体性能下降。总之,针对不同的计算机系统,只有适当地更改 LabVIEW 执行系统中的线程数量才会对 LabVIEW 程序的运行起到促进的作用。

2. VI 优先级设置

对于并行任务,用户可以通过利用 Wait 函数或更改 VI 属性对话框 Execution 选项卡中的 Priority 属性来为并行任务设定优先级。

如果没有特别要求,最好的办法是在不重要的任务中增加 Wait 函数。因为当某个任务处于 Wait 状态时,计算机将会把它从运行队列中移出。这样可以极大降低由于过快轮询非时间紧迫任务,导致的对 CPU 的浪费。最常见的情况就是在用户界面显示程序中增加 100～200 ms 的等待时间,因为这样并不会影响用户观看。在大部分情况下,使用 Wait 函数就足够了。

一般来说,用户最好不要更改 VI 的优先级,因为这样很可能会产生不期望的结果。如果使用不当,相对低优先级的任务(例如界面刷新和响应)很可能被完全放在一边不被执行。因为在线程队列中优先级高的线程被优先执行,因此如果一个高优先级的线程需要执行很长时间就可能会阻塞低优先级线程的执行。所以在设计程序时应当使优先级高的程序能很快地执行完毕。

在 VI 属性对话框的 Execution 选项卡中,用户可以看到可以为 VI 设定的 6 个优先级。它们由低到高分别是:后台优先级(Background priority(lowest));标准优先级(Normal priority);高于标准优先级(Above Normal priority);高优先级(High priority);实时优先级(Time – Ctitical priority (highest))和子程序优先级(Subroutine priority),如图 10 - 8 所示。

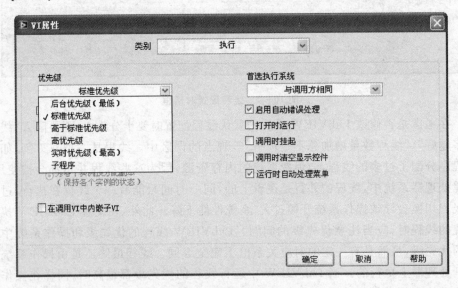

图 10 - 8　设置 VI 优先级

前 5 种优先级的行为类似,即由低到高排列。而子程序优先级则有一些不同之处,下面对它们的特性进行详细介绍。

(1) 用户界面执行系统中的优先级

在用户界面执行系统中,优先级的行为就如同单线程中优先级的行为一样。即优先级高的 VI 将会被放在队列前面,直到高优先级的 VI 运行完毕后才会运行低优先级的 VI。如果优先级高的 V1 中有 Wait 函数,那么在等待期间该 VI 将会被从队列中移走,从而使其他低优先级的 VI 得到运行。

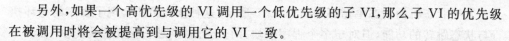

另外,如果一个高优先级的 VI 调用一个低优先级的子 VI,那么子 VI 的优先级在被调用时将会被提高到与调用它的 VI 一致。

（2）其他执行系统中的优先级

除了用户界面执行系统,其他执行系统都是多线程执行系统。操作系统为每一个执行系统的线程都分配优先级,因此优先级可以看作与执行系统无关。优先级高的 VI 总是会获得更多的执行时间。由于目前大部分操作系统都是抢占式多任务系统,因此低优先级的任务也有可能获得执行时间,只是它获得的执行时间要远远少于高优先级的任务。

与用户界面执行系统中一样,如果一个高优先级的 VI 调用一个低优先级的子 VI,那么子 VI 的优先级在被调用时将会被提高到与调用它的 VI 一致。

（3）子程序优先级

子程序优先级是一个比较特殊的优先级,处于该优先级的 VI 只能被当作子 VI 调用。它可以确保一个子 VI 尽可能有效地运行。处于子程序优先级的 VI 不会与其他 VI 共享执行时间。一般来说,如果希望某个执行简单运算的子 VI 在被调用时尽可能不被其他 VI 打扰,则可以将它的优先级设为子程序优先级。

当一个处于子程序优先级的 VI 运行时,它会有效地获得所处线程的控制权,它与调用它的 VI 运行在同一个线程。当子程序 VI 运行时,任何其他 VI 都不能在它所处的线程中执行,即使其他 VI 也处于子程序优先级。如果是单线程系统,则任何其他 VI 此时都不能运行。而在多线程执行系统中,只是运行子程序的线程不能执行其他 VI,执行系统的第二个线程以及其他执行系统仍然能够运行其他 VI。

由于子程序 VI 是流线型不间断执行的,因此它在被调用时前面板是不会被更新的,用户不能从它的前面板获得任何它所执行的信息。

由于子程序不能与执行队列交互,因此它不能调用任何能引起 LabVIEW 将它移出运行队列的函数,即它不能调用任何 Wait,GPIB,VISA 或对话框函数。

子程序的另外一个特性就是能够有助于时间紧迫任务的执行。如果右击子程序子 VI 图标,在快捷菜单中选择 Skip Subroutine CaII if Busy 选项,那么在调用子程序子 VI 时,如果它正在其他线程中执行,执行系统将会跳过该子程序子 VI 的执行。此时,该子程序子 VI 的输出将是其前面板控件的默认值。

10.3　生产者/消费者模式

10.3.1　生产者/消费者的优势

传统的程序结构有静态循环结构和基于状态机的动态单循环结构。静态单循环结构如图 10-9 所示,在这种架构中,程序按顺序从头至尾执行。这种结构思路清晰,但对于需要状态跳转的程序显然就不能满足要求了。

基于状态机的动态单循环如图 10-10 所示,这种架构虽然实现了程序的循环执行与状态跳转的功能,但对于多个程序模块并行运行的问题仍然无能为力。

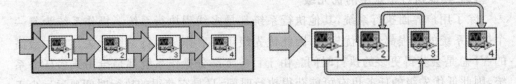

图 10-9　静态单循环结构　　　图 10-10　基于状态机的动态单循环结构

多线程技术解决了多个程序并行运行的问题,但线程之间的同步仍是一个比较复杂的问题。例如,在高速数据采集过程中,数据的采集速度往往要明显高于存储速度,对于这个问题,传统的多线程解决起来就会比较麻烦,而生产者/消费者模式利用队列的缓存技术很好地解决了这一问题。生产者/消费者结构如图 10-11 所示,主循环相当于

图 10-11　生产者/消费者结构

生产者,负责数据的采集,并将数据放入队列中;从循环相当于消费者,负责将数据从队列中取出,进行处理。

10.3.2　生产者/消费者基本组成结构

生产者与消费最基本的组成结构包括:循环与队列。其中,循环完成程序的并行运行,队列完成数据的缓存。对于队列的操作主要包括 4 步:创建队列,元素入队列,元素出队列和队列销毁。

从图 10-12 中可以看出,基本的生产者/消费者模式包括两个循环:一个是生产者循环,一个是消费者循环。队列在程序运行时创建;在生产都循环中,数据进入队列;在消费者循环中数据从队列中被取出,进行处理;最后程序结束时,队列被销毁。

生产者/消费结构的创建比较简单,LabVIEW 已经为大家设计好了一些最基本的模板,用户只要在这些框架的基础上进行扩展就可以了。选择"新建→VI→基于模板"即可以打开 LabVIEW 提供的生产者/消费者程序结构模板,如图 10-13 所示。从图中的左侧窗口中可以选择不同的模板样式,右侧窗口中显示选拔的模块的预览,单击"确定"后,模板的框架便会被放置到后面板上。

例 10-1　生产者/消费者模式与局部变量的比较

在并行循环之间可以通过队列或者是局部变量传递数据,基于队列的并行循环模式也叫做生产者/消费者模式。在这个例程中,用"生产者"产生波形信号,通过"消费者"和"局部变量"两种方式对数据进行处理。

当消费者的循环速度小于生产者时,队列长度将不断增加。由于队列的缓存作用不管消费者模式的运行速度如何,可以始终保证消费者循环处理的是正确数据;而

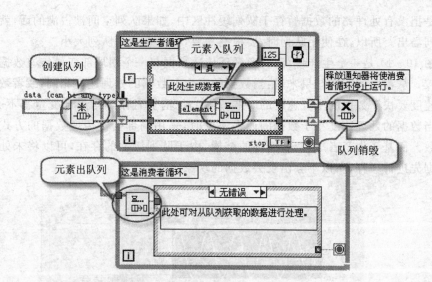

图 10 – 12　基本的生产者/消费者模式

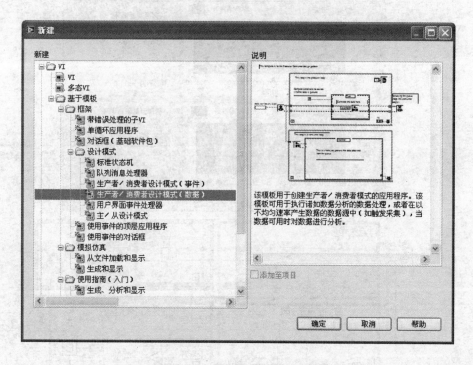

图 10 – 13　生产者/消费者模板

如果采用局部变量来传递数据,则有可能导致重复传递或者遗漏数据。

在创建队列时,可以指定队列缓冲区的大小,默认情况是"－1",即队列缓冲无限大。如果用户设置的缓冲区过小,也会造成数据的丢失或程序出错。因为队列的作用仅是把没有处理完的数据暂存于队列缓冲区中,如果队列空间被占满的话,就会出现队列溢出。所以,在使用队列时,要根据需要,设置合适的队列大小。

图 10-14 是一个生产者/消费者循环传递数据与一个用局部变量传递数据的程序比较。从程序运行的结果来看:当数据的产生与数据的处理速度相同,或者数据的处理速度要快于数据的生产速度的时候,生产者/消费者循环与局部变量都不丢数;但是当数据的处理速度小于数据的产生速度时,采用局部变量传递数据的方式就开始丢数。而基于生产者/消费者循环的结构,由于队列缓冲的存在,可以将未处理完的数据先进行缓存,所以不会出现丢数据的现象。

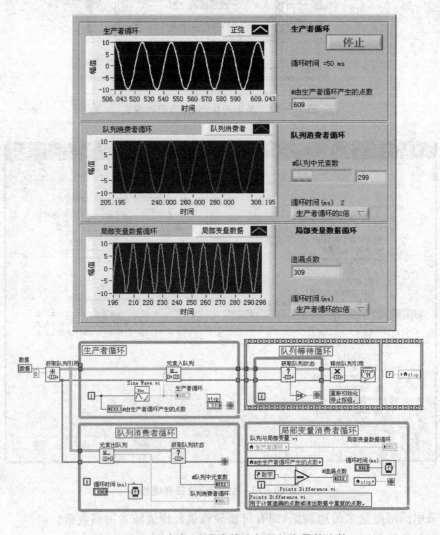

图 10-14　生产者/消费者模式与局部变量的比较

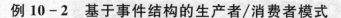

例 10 - 2　基于事件结构的生产者/消费者模式

基于事件结构的生产者/消费者模式顾名思义就是由生产者产生事件,并把事件存入队列中,消费者从队列中取出事件,并执行相应的操作。

在本例中,我们用 LabVIEW 官网提供的一个推箱子的小程序来讲基于事件结构的生产者/消费者模式的创建与使用过程。这个程序整体的功能是由上、下、左、右4 个方向键控制箱子的运动方向。在开始创建主程序之前,先简单介绍一下这个程序中用到的自义控件和子 VI。这个程序中用到的"箱子"是一个自定义控件。箱子的运动由一个子 VI 控制,这个子 VI 的功能就是变换箱子在界面中的坐标,并将它显示在相应的位置,程序用一个"属性节点"来获取与设置坐标位置。对于一个物体而言,只要确定一个点,即可以固定它在屏幕中的位置,这里我们采用的是它的"top"与"left",即根据它的左上角的点的坐标来确定它的位置。上下左右的移动其实是就是对这个点坐标的加、减操作,程序如图 10 - 15 所示。

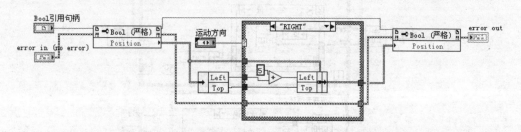

图 10 - 15　运动控制程序框图

子 VI 程序编写完成以后,将它封装,并引出接线端,就可以在主程序中调用它了。主程序的整体构架还是一个生产者/消费者模式,与上例不同的是现在生产者换成了一个事件结构,队列中的数据是由这个生产者产生的上、下、左、右移动事件。编写完成后的界面与程序框图如图 10 - 16 所示。

运行程序,当单击"上/下/左/右"的按键时,箱子就会随指令要求的方向移动。

10.3.3　多消费者循环

上一节中所讲的都是基于一个生产者对应一个消费的结构,就好像是一个厨师专门为一个顾客服务。但在实际中,经常是一个厨师要为多个顾客服务,对于生产者/消费者循环,也可以实现这种结构。这种多消费者的结构如图 10 - 17 所示。与单消费者相比,这种结构更加灵活、效率更高,也更具有扩展性。

多消费者结构的使用其实也比较简单,只要注意一个队列对应一个消费者就可以了。也就是说,有几个消费者,就需要创建几个队列,在生产者中分别把数据放入对应的队列,最后别忘记在程序结束时要把所有队列者销毁。

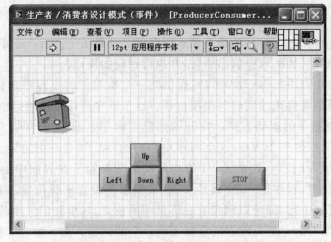

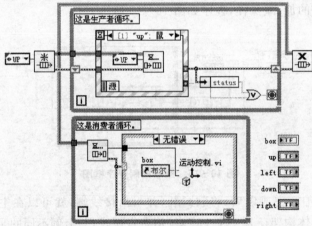

图 10-16 基于事件结构的生产者与消费者模式

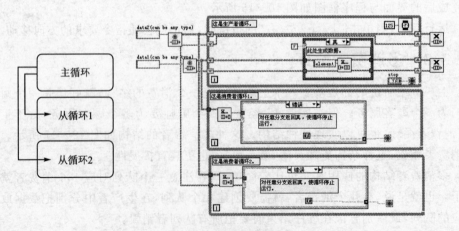

图 10-17 多消费者结构

例 10 - 3　多消费者应用举例

本例演示多消费者结构的使用方法。在上例的基础上,增加一个滑块从右向左运行的消费者循环。同样,先来创建这个运行滑块的子 VI,创建方法与上例中的箱子运行控制类似,程序框图如图 10 - 18 所示。

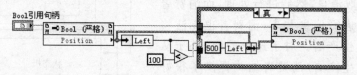

图 10 - 18　滑块运行控制

在主程序中新创建一个队列,在这个队列中要传递的是生产者的循环次数,可以把它当作一个计数器。生产者循环的事件结构中增加一个事件分支,超时设置为 10 ms。超时状态下把当前循环计数作为元素放入队列中。在滑动运行控制的消费者循环中,将这个数取出,作为计数器显示,同时,执行滑动的运行控制。程序界面与框图如图 10 - 19 所示,运行程序,可以发现,滑动的运动与箱子的操作都是互不影响的。

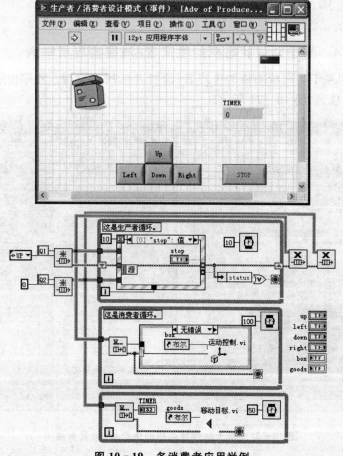

图 10 - 19　多消费者应用举例

10.3.4 基于队列状态机的生产者/消费者结构

前面所讲的生产者/消费者循环都是由生产者产生消息,然后投递给队列。消费者从队列中获取消息,然后进行处理,而消费者之间则无法进行信息共享,消费者也无法将消息返回给生产者。对于这个问题,基于队列状态机的生产者/消费者结构提供了很好的解决方案,如图 10-20 所示。

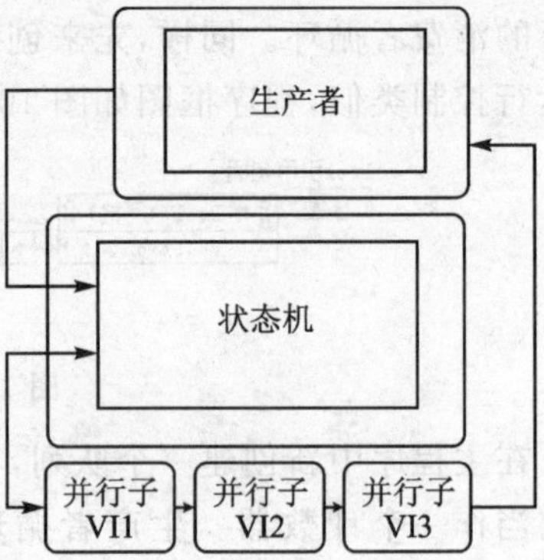

基于队列状态机的生产者/消费者结构原理如下:

① 生产者捕获事件,并将数据添加到队列中。

② 消费者状态机处理队列中的数据,一般这个就是主 VI。

③ 并行的子 VI 使用队列相互通信。

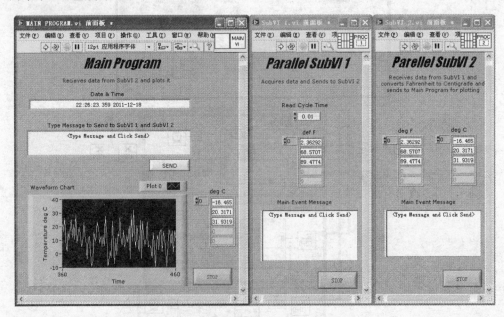

图 10-20 基于队列状态机的生产者/消费者循环结构

例 10-4 基于队列状态机的生产者/消费者应用举例

本例演示基于队列状态机的生产者/消费者结构的应用。程序由一个主 VI 和两个子 VI 组成,如图 10-21 所示。

图 10-21 基于队列状态机的生产者/消费者结构

主 VI 显示实时时间,并可以发送数据给两个子 VI。子 VI1 产生数组 F 并发送给子 VI2,子 VI2 处理数组 F,并将处理结果 C 发送给主 VI。在这个程序中,主 VI 与两个子 VI 之间、两个子 VI 之间、子 VI 与主 VI 之间都可以通信。

10.4　综合实例:多线程计时器

多线程的特点就是线程之间互不影响。一个线程的开启或者停止,不会影响另一个线程的运行。

LabVIEW 是自动支持多线程的,一个多线程 LabVIEW 程序可以被分解成 4 个线程:用户界面、数据采集、网络通信以及数据录入。读者可以分别赋予这 4 个线程优先级,以便它们独立工作。于是,在多线程应用中,多项任务可以与该系统执行的其他应用并行执行。LabVIEW 自动地将每个应用程序分解为多个执行线程。Lab-VIEW 系统内部已经内置了对复杂任务的线程管理功能。

多线程计时器的前面板和程序框图如图 10 - 22 所示。在这个例子中,演示了 LabVIEW 中最简单的一个多线程例子。程序中有两个 While 循环,每个循环中有一个计时器,当程序运行后,这两个计时器分别开始工作。当对其中一个计时器进行复位、停止等操作时,另一个计时器不会受到任何影响。从本例可以看出,在 Lab-VIEW 中,线程的使用是非常方便的,不用像其他文本编程语言那样要对线程的使用进行创建和关闭。

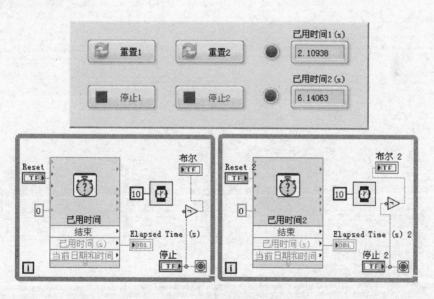

图 10 - 22　多线程计时器

10.5 思考与练习

① 什么是进程？什么是线程？什么是任务？多线程有哪些优缺点？

② LabVIEW 如何实现对多核 CPU 的支持？

③ 了解 LabVIEW 的执行系统与运行队列，以及 VI 的优先级顺序。

④ 如何对 VI 的线程数目和优先级等进行配置？

⑤ 与传统的程序运行方式相比，生产者/消费者模式有哪些优势？

⑥ 如何创建一个最基本的生产者/消费者结构？

⑦ 生产者/消费者结构有哪几种改进形式？

⑧ 在使用生产者/消费者结构时要注意哪些问题？

第**11**章
数据采集与仪器控制

LabVIEW 应用最多的两个领域是数据采集和仪器控制。对数据采集而言,高速采样的实时控制与数据存储是两个比较复杂的问题,需要在数据采集硬件和软件两个方面进行专门设计;对于仪器控制而言,解决仪器控制的互换性,是仪器驱动器研究的一个主要目标。本章将主要介绍 LabVIEW 中与数据采集、仪器控制相关的一些内容。

【本章导航】
- ➤ 数据采集系统的基本组成
- ➤ NI 数据采集硬件产品及其应用领域
- ➤ 硬件选型的重要参数
- ➤ NI - DAQ 应用
- ➤ 常用总线介绍
- ➤ 仪器驱动程序开发
- ➤ LabVIEW 中的仪器控制

11.1 数据采集

数据采集(Data AcQuisition,DAQ)是 LabVIEW 的核心技术之一,也是 LabVIEW 与其他编程语言相比的优势所在。使用 LabVIEW 的 DAQ 技术,可以编写出强大的 DAQ 应用软件。DAQ 中的中高速数据采集、特殊采样和同步模拟 I/O 是DAQ 中的难点。要解决高速采样的实时控制与数据存储等问题,需要从硬件和软件两个方面来考虑。从硬件的角度讲,需要对数据采集进行特别设计,使之具有高速数据吞吐和同步数据处理的能力;从软件方面看,还必须进行高速数据采集方面的特别设计,例如,采用缓冲技术、高速磁盘流技术和特殊采样技术等。

11.1.1 数据采集系统基本组成

一个完整的数据采集系统通常由原始信号、信号调理设备、数据采集设备和计算机 4 个部分组成,如图 11 - 1 所示。对于数据采集系统各部分的功能,进行如下说明:

- 如果原始物理信号为非直接可测的电信号,需要通过传感器将这些物理信号转换为数据采集设备可以识别的电压或电流信号。
- 如果输入的电信号并不便于直接进行测量,需要信号调理设备对它进行诸如放大、滤波、隔离等处理,使得调理后的信号能被数据采集设备进行更精确的测量。
- 数据采集设备的作用是将模拟的电信号转换为数字信号送给计算机进行处理,或将计算机编辑好的数字信号转换为模拟信号输出。
- 计算机上安装驱动和应用软件,可以方便我们与硬件交互,完成采集任务,并对采集到的数据进行后续分析和处理。

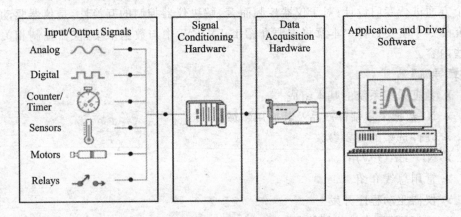

图 11 - 1　数据采集系统基本组成

在这里,我们将 NI 的数据采集软件架构进行如下划分:

(1) NI - DAQmx 驱动

NI 的数据采集硬件设备对应的驱动软件是 DAQmx,它提供了一系列 API 函数供我们编写数据采集程序时调用。并且,DAQmx 提供的 API 函数不仅支持 NI 的应用软件(LabVIEW,LabWindows/CVI),对于 VC、VB 和 .NET 也同样支持,能够方便地将我们的数据采集程序与其他应用程序整合在一起。

(2) NI 配置管理软件(Measurement and Automation Explorer)

NI 提供的这款配置管理软件可以方便我们与硬件进行交互,并且无需编程就能实现数据采集功能;还能将配置出的数据采集任务导入 LabVIEW,并自动生成 LabVIEW 代码。

(3) NI 应用软件(LabVIEW)

LabVIEW 是图形化的开发环境。它无须我们有较多的软件编程基础,可以简单、方便地通过图标的放置和连线的方式开发数据采集程序。同时,LabVIEW 中提供了大量的函数,可以帮助我们对采集到的数据进行后续分析和处理;LabVIEW 也提供大量控件,可以让我们轻松地设计出专业、美观的用户界面。

11.1.2 NI 数据采集硬件产品及其应用领域

NI 提供了一系列数据采集的硬件设备,下面选取几个典型的设备进行简单介绍。

1. PXI 平台

PXI 提供了一个基于 PC 的模块化平台,如图 11-2 所示。位于最左边的 1 槽插入 PXI 控制器,它使得 PXI 系统具备同 PC 机一样强大的处理能力。该控制器还可以同时支持 Windows 操作系统和 RT 实时操作系统。NI 提供最大 18 槽的 PXI 机箱,剩下的槽位可插入多块 PXI 数据采集板卡,满足多通道、多测量类型应用的需求。所以 PXI 系统是大中型复杂数据采集应用的理想之选。并且,PXI 总线在 PCI 总线的基础上增加了触发和定时功能,更适用于多通道或多机箱同步的数据采集应用。同时,PXI 系统具有宽泛的工作温度范围和良好的抗震能力,适用于环境较为恶劣的工业级应用。

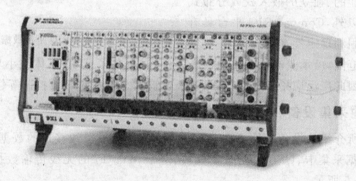

图 11-2 PXI 平台数据采集系统

2. CompactDAQ 平台

如图 11-3 所示,CompactDAQ 的中文全称是:紧凑数据采集系统。CompactDAQ 平台提供即插即用的 USB 连接,只需要一根 USB 数据线,就可以非常方便地与 PC 机或笔记本电脑连接在一起。1 个 CompactDAQ 机箱中最多可以放置 8 个 CompactDAQ 数据采集模块。整个 CompactDAQ 平台的特点是低成本,低功耗,体积小巧,便于携带。

图 11 - 3   CompactDAQ 平台数据采集系统

3. CompactRIO 平台

跟 CompactDAQ 在外形上类似的是 CompactRIO 平台,如图 11 - 4 所示。它们的数据采集模块是兼容的,即同样的模块,既可以插入 CompactDAQ 机箱,也可以插入 CompactRIO 机箱。但与 Compact-

DAQ 平台不同的是,CompactRIO 系统配备了实时处理器和丰富的可重配置的 FPGA 资源,可脱离 PC 机独立运行,也可通过以太网接口跟上位机进行通信。适用于高性能的、独立的嵌入式或分布式应用。除此以外,CompactRIO 平台具有工业级的坚固和稳定性,它有−40~70℃

图 11 - 4   CompactRIO 平台数据采集系统

的操作温度范围,可承受高达 50g 的冲击力,同时具备了低功耗、体积小巧和便于携带的优点。因此广泛应用于车载数据采集、建筑状态监测和 PID 控制等领域。

4. 其他采集设备

除上面所介绍的设备以外,NI 还提供基于其他标准总线接口的数据采集模块,比如 PCI 数据采集卡、USB 数据采集模块、基于 Wi−Fi 的无线传输数据采集模块等,如图 11 - 5 所示。

PCI采集卡   USB采集设备   WI-FI数据采集模块   ……

图 11 - 5   PCI 其他总线接口的数据采集模块

PCI 数据采集卡可直接插入计算机的 PCI 插槽中使用。对于这种采集卡,一般需要配备一根数据线和接线盒才能方便地与前端输入设备进行连接,完整套件如图 11-6 所示。

| 1接线盒 | 1电缆 | PCI采集卡 | 软件 |

图 11-6　PCI 采集卡完整套件

USB 数据采集模块通过 USB 数据线与 PC 或笔记本电脑连接。并且有些设备可以通过 USB 直接供电,不需要外接电源,在野外操作时非常方便。基于 Wi-Fi 的无线传输数据采集模块,在条件非常恶劣,不适合工作人员长期工作的环境中非常有用。

11.1.3　硬件选型重要参数

在选定了系统平台和传输总线的基础上,面对种类繁多的数据采集设备,在选型时需要重点考虑如下几个参数:

- 通道数目,能否满足应用需要
- 信号幅度,待测信号的幅度是否在数据采集板卡的信号幅度范围以内
- 采样率和分辨率

其中,采样率决定了数据采集设备的 ADC(Analog to Digital Converter,模数转换器)每秒钟进行模数转换的次数。采样率越高,给定时间内采集到的数据越多,就能越好地反应原始信号。根据奈奎斯特采样定理,要在频域还原信号,采样率至少是信号最高频率的 2 倍;而要在时域还原信号,则采样率至少应该是信号最高频率的 5~10 倍。我们可以根据这样的采样率标准,来选择数据采集设备。

分辨率对应的是 ADC 用来表示模拟信号的位数。分辨率越高,整个信号范围被分割成的区间数目越多,能检测到的信号变化就越小。因此,当检测声音或振动等变化微小的信号时,通常会选用分辨率高达 24 bit 的数据采集产品。

除此以外,动态范围、稳定时间、噪声和通道间转换速率等,也可能是实际应用中需要考虑的硬件参数。这些参数都可以在产品的规格说明书中查找到。

11.1.4　配置管理软件 MAX

Measurement & Automation Explorer,简称 MAX,是 NI 提供的方便与 NI 硬件产品交互的免费配置管理软件。MAX 可以识别和检测 NI 的硬件;可以通过简单的设置,无须编程就能实现数据采集功能;在 MAX 中还可以创建数据采集任务,直接导入 LabVIEW,就能自动生成 LabVIEW 代码。所以,熟练掌握 MAX 的使用方法,对加速数据采集项目的开发很有帮助。NI 的数据采集硬件产品对应的驱动是

DAQmx。在安装 DAQmx 驱动时，默认会附带安装 MAX。所以，DAQmx 驱动安装成功后，在计算机桌面上会出现一个 MAX 的快捷方式，如图 11 - 7 所示。

双击该图标打开 MAX 软件，在位于左边的配置树形目录中，展开"我的系统→设备和接口"，找到"NI - DAQmx De-

vices"一项。连接在本台电脑上的 NI 数据采集硬件设备都

会罗列在这里。现在用于演示的电脑上安装了多通道数据采集卡"NI PCI - MIO - 16E - 1"，在设备与接口的"NI - DAQmx Devices"的下方能看到这个采集卡的型号，默认的设备名为"Dev＊"，"＊"表示这个电脑上安装的硬件设备的编号。这个电脑上只安装了一个采集卡，所以默认的设备名为"Dev1"，如图 11 - 8 所示。

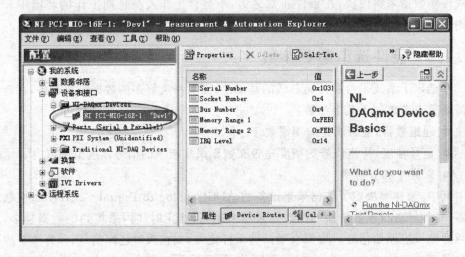

图 11 - 8　MAX 下的 DAQmx 设备

右击设备名，可以进行一系列操作，如图 11 - 9 所示。

首先可以对产品进行自检，自检通过，说明板卡工作在正常状态。如果板卡发生了硬件损坏，MAX 将报告自检失败的信息。当系统中使用多个数据采集模块时，给每个模块定义一个有意义的名字，可以帮助我们区分模块，并且在编程选择设备的时候提高程序的可读性。另外，选择"设备引脚"，将显示硬件引脚定义图，便于连线。单击设备名，在中间的窗口中会显示硬件相关信息，如图 11 - 10 所示。

如果没有现成的数据采集硬件设备，但希望运行 LabVIEW 程序验证一下硬件功能，还可以在 MAX 下仿真一块硬件。方法是右击"NI - DAQmx 设备"，选择创建 NI - DAQmx 仿真设备，选择并指定型号，如图 11 - 11 所示。真实的板卡是绿色的，仿真的板卡是黄色的。

MAX 提供了两种方便易用的工具，可以在 MAX 下无需编程实现数据采集功能。第一种是 Test Panels 测试面板。下面通过"NI PCI - MIO - 16E - 1"进行演示。Dev1/ao0 连续输出一个频率 1 Hz，幅度 -10～+10 V 的正弦电压信号，并用 Dev1/

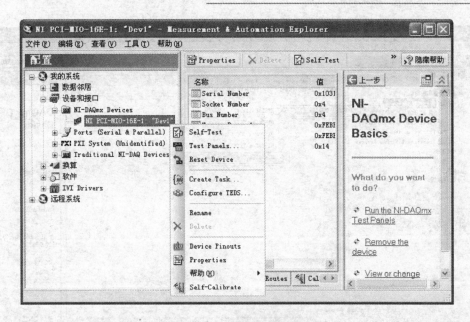

图 11-9 右键快捷菜单功能

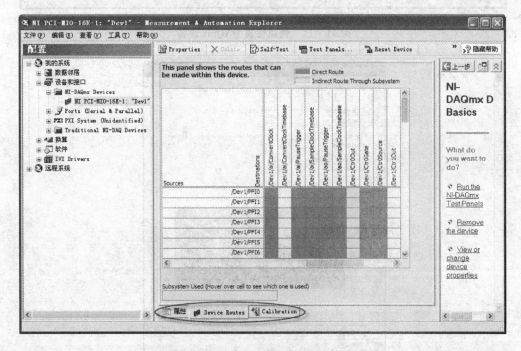

图 11-10 属性、设备连线和校准信息

ai2 回采,如图 11-12 所示。如果 AI、AO 共地,可以选择单端接地 RSE 的输入模式,如果待采集的信号和数据采集板卡不共地,则推荐使用差分输入的模式,以去除共模电压。

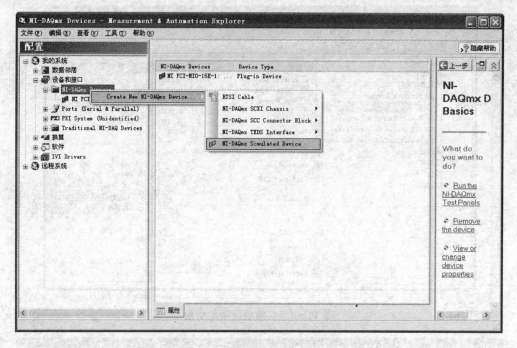

图 11 - 11　创建仿真 DAQmx 设备

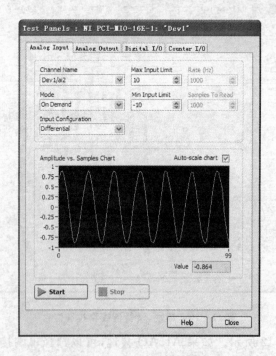

图 11 - 12　测试面板的使用

第二种方法是创建数据采集任务,如图 11 - 13 所示,通过"NI PCI - MIO - 16E
- 1"进行演示。数据采集任务创建完毕后,拖放到 VI 的程序框图中,右击,在弹出
的快捷菜单中选择 Create Task,可自动转换为 LabVIEW 程序。

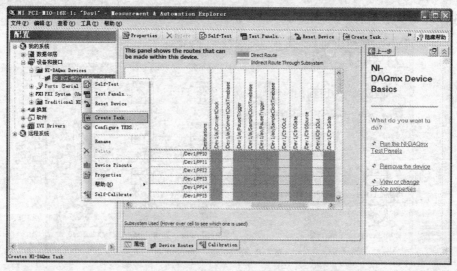

图 11 - 13　在 MAX 中创建数据采集任务

与此同时,选择 MAX 下数据采集任务中的 Connection Diagram 选项卡,可以看
到硬件连接示意图。在本次演示中,现在配置的通道"0"是由采集卡的差分输入通道
65 和 31 连接而成的,如图 11 - 14 所示。

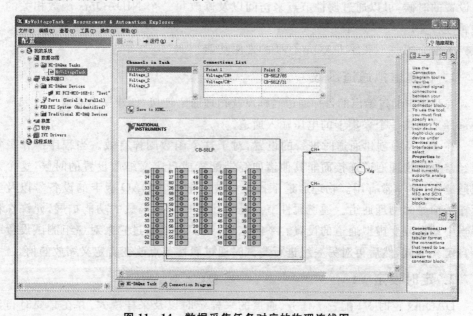

图 11 - 14　数据采集任务对应的物理连线图

11.1.5 NI－DAQ 应用举例

成功安装 NI－DAQ 的驱动包后,在"函数→测量 I/O→DAQmx－Data Acquisition"子面板中可以找到用于 NI－DAQ 编程的 VI,如图 11－15 所示。

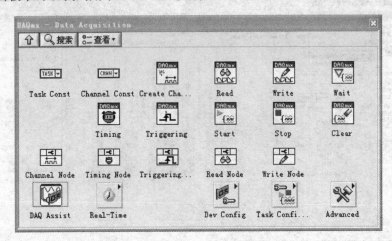

图 11－15 DAQmx 数据采集子面板

对于通道、I/O、定时和触发等底层设置都有各自的属性节点。在数据采集编程中所需要的绝大多数功能组件都位于函数图标下。由于这些函数都是多态的,普通 DAQmx 函数的接线端无法一次性容纳所有可能的输入输出设置。在需要使用到高级设置的时候,可以通过属性节点来访问以及修改每一个 NIDAQmx 函数相关的一些属性特征。

下面介绍一下底层 DAQmx VI 的常用功能。

1. 创建虚拟通道函数

在程序中通过给出的目标通道名称以及物理通道连接,创建一个通道。图 11－16 中选择了创建一个采集卡的电压输入通道。

在 MAX 中创建通道时进行的设置,对于这个函数同样有效。当程序操作员需要经常更换物理通道连接而非其他诸如终端配置或自定义缩放设置的时候,这个虚拟通道 VI 将非常有用。物理通道下拉菜单被用来指定 DAQ 板卡的设备号以及实际连接信号的物理通道。通道属性节点是创建虚拟通道函数的功能扩展,允许在程序当中动态改变虚拟通道的设置。举例来说,我们可以通过它来对一组测试设置一个自定义缩放,然后再对另一组进行测试时通过属性节点改变自定义缩放的值。

2. 定时设定 VI

DAQmx 定时 VI 配置了任务、通道的采样定时以及采样模式,并在必要时自动创建相应的缓存。如图 11－17 所示。这个多态 VI 的实例与任务中使用到的定时类

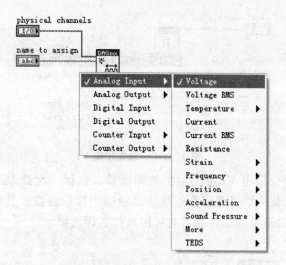

图 11 - 16　创建虚拟通道

型相关联,包括了采样时钟,数字握手,隐式(设置持续时间而非定时)或波形(使用波形数据类型中的 DT 元素来确定采样率)等实例,类似的定时属性节点允许进行高级的定时属性配置。

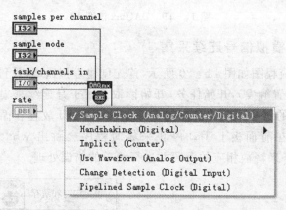

图 11 - 17　DAQmx 定时 VI

3. DAQmx 触发设定 VI

DAQmx 触发 VI 配置了任务、通道的触发设置。如图 11 - 18 所示。这个多态 VI 的实例包括了触发类型的设置,数字边沿开始触发模拟边沿开始触发,模拟窗开始触发,数字边沿参考触发,模拟边沿参考触发或是模拟窗口参考触发等。同样的我们会使用触发属性节点来配置更多高级的触发设置。

4. DAQmx 读取 VI

DAQmx 读取 VI 从特定的任务或者通道当中读取数据,如图 11 - 19 所示。这

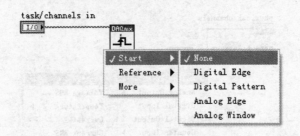

图 11 - 18   触发设定 VI

个 VI 的多态实例会指出 VI 所返回的数据类型。包括一次读取一个单点采样还是读取多点采样，以及从单通道读取还是从多通道中读取数据。其相应的属性节点可以设置波形属性的偏置以及获取当前可用采样数等数据。

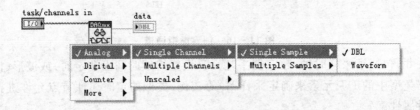

图 11 - 19   DAQmx 读取 VI

例 11 - 1   模拟信号连续采集

连续采集的流程图如图 11 - 20 所示，首先创建虚拟通道，设置缓存大小，设置定时（必要时可以设置触发），开始任务，开始读取。由于是连续采集信号，于是需要连续地读取采集到的信号。因此我们将 DAQmx 读取 VI 放置在循环当中，一旦有错误发生或者用户在前面板上手动停止采集时程序会跳出 while 循环。之后使用 DAQmx 停止任务来释放相应的资源并进行简单的错误处理。

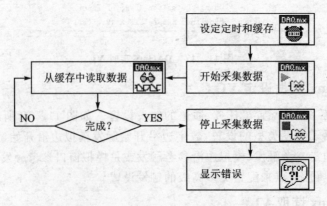

图 11 - 20   模拟信号的连续采集流程

在连续采集当中,我们会使用一个环形缓冲区。这个缓冲区的大小由 DAQmx 定时 VI 中的 SAMPLES PER CHANNEL 各通道采样来确定。如果该输入端未进行连接或者设置的数值过小,那么 NI DAQmx 驱动会根据当前的采样率来分配相应大小的缓冲区。其具体的映射关系可以参考 DAQmx 帮助。同时,在 While 循环中 DAQmx 读取的输入参数 SAMPLES TO READ(各通道采样数)表示每次循环我们从缓冲中读取多少个点数的数据。

> 提示:为了防止缓冲区溢出,我们必须保证读取的速率足够快,一般我们建议
>   SAMPLES TO READ 的值为 PC 缓冲大小的 1/4。

例 11 - 2　模拟信号连续产生

对于模拟输出(AO),我们需要知道输出波形的频率。输出波形的频率取决于两个因素:更新率以及缓冲中波形的周期数。可以用以下等式来计算输出信号的频率:

$$信号频率＝周期数×更新率÷缓冲中的点数$$

举例来说,有一个 1 000 点的缓冲放置了一个周期的波形。如果要以 1 kHz 的更新率来产生信号的话,那么 1 个周期乘以 1 000 个点每秒的更新率除以总共 1 000 个点等于 1 Hz。如果使用 2 倍的更新率。则一个周期乘以 2 000 个点每秒的更新率除以总共 1 000 个点,得到 2 Hz 的输出。如果在缓冲中放入两个周期的波形,则两个周期乘以 1 000 个点每秒的更新率除以总共 1 000 个点,得到输出频率为 2 Hz。也就是说,可以通过增加更新率或者缓冲中的周期数来提高输出信号的频率。DAQmx 中产生连续模拟波形的流程如图 11 - 21 所示。

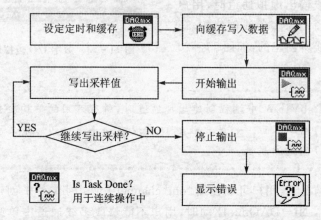

图 11 - 21　模拟信号的连续产生流程

图 11 - 22 中的例子使用 DAQmx 定时 VI 设定一个给定的 44 100 点/s 输出更新率,并在 while 循环中使用 DAQmx 任务完成 VI 来检测任何可能出现的错误。

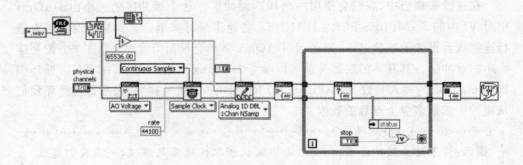

图 11 - 22　使用采样时钟定时的连续数据输出

例 11 - 3　数字 I/O

在 DAQmx 当中,物理通道是由设备名 I/O 类型以及物理通道号组成的字符串名称。如果在 NI DAQmx 名字中省略了线号,该端口中的所有线将被包含进来。当某根线的线号出现在 NI DAQmx 名称中时,仅有那根线处于被使用状态。需要注意的是同往常一样,用户可以使用 Dev x/Port y/Line a:b or Dev x/Port y/Line a,b,c 的格式来指定多根连线。一个数字虚拟通道可以由一个数字口组成,可以由一根数字线组成,也可以由一组线组成。当创建一个数字输入或输出虚拟通道时,用户需要指定该通道是为多条线创建的,还是为单独一根线所创建的,如图 11 - 23 所示。

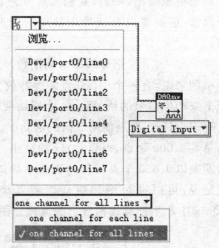

图 11 - 23　数字 I/O 虚拟通道设置

> 提示:当在 LabVIEW 中编程创建虚拟通道时,所有可用的线均会出现在他们相应的端口下面。如果要让端口出现在通道常数中,那么用户需要改变 I/O 的过滤属性。

在大多数情况下,用户可以使用"one channel for all lines"来创建一个单通道。当使用较老版本 NI-DAQmx 驱动时,用户不能修改多线通道中单线的属性(使用"one channel for all lines"来创建的通道)。这种情况下,用户可以创建"one channel for each line"并对于每个单线通道进行相应的属性设置。图 11 - 24 的例子用来读取单根数字线的通道采样数据:首先创建一个单线的虚拟通道,之后开始这个数字的输入任务,然后在 DAQmx 读取中读取外部 PORT0 Line0 上的数字信号,最后停止整个任务。

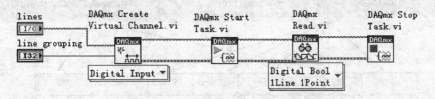

图 11 - 24　读取单数字线通道采样数据

如果要从多数字线通道读取采样数据,那么可以为多根线创建一个虚拟通道。之后使用 DAQmx 读取 VI 来将多根线的数据同时读取回来,如图 11 - 25 所示。

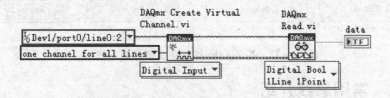

图 11 - 25　从多数字线通道读取采样数据

数字信号的输出也非常简单。首先创建数字输出通道,之后开始任务,并将数据写到相应的数字线上,最后停止任务即可,如图 11 - 26 所示。

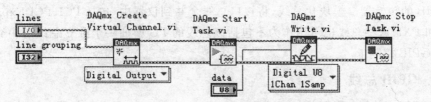

图 11 - 26　数字端口输出

11.2　仪器控制

所谓仪器控制,是指通过 PC 上的软件远程控制总线上的一台或多台仪器。它比单纯的数据采集要复杂的多。它需要将仪器或设备与计算机连接起来协同工作,同时还可以根据需要延伸和拓展仪器的功能。一个完整的仪器控制系统除了包括计算机和仪器外,还必须建立仪器与计算机的通路以及上层应用程序。通路包括总线和针对不同仪器的驱动程序;上层应用程序用于发送控制命令、仪器的控制面板显示以及数据的采集、处理、分析、显示和存储等。图 11 - 27 所示为基于 LabVIEW 的仪器控制系统架构。

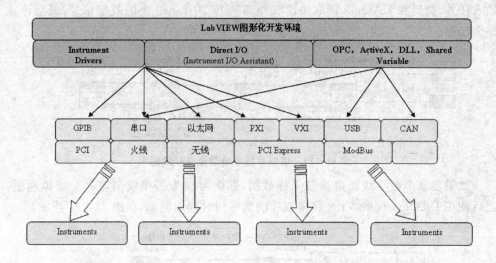

图 11 - 27   基于 LabVIEW 的仪器控制系统构架

11.2.1   常用总线介绍

常用仪器总线可以分为：独立总线和模块化总线。独立总线，用于架式和堆式仪器的通信，包括 T&M 专用总线（如 GPIB）和 PC 标准总线（如串行总线 RS - 232、以太网、USB、无线和 IEEE 1394）。一些独立总线可用作其他独立总线的中介，如 USB 到 GPIB 的转换器。模块化总线，将接口总线合并到仪器中，包括 PCI、PCI Express、VXI 和 PXI，这些总线也可用作为不包括该总线的 PC 增加一个独立总线的中介，如 PCI - GPIB 控制卡。

1. GPIB 总线

通用接口总线（GPIB，General Purpose Interface Bus）是独立仪器上一种最通用的 I/O 接口。GPIB 是专为测试测量和仪器控制应用设计的。GPIB 是一种数字的、8 位并行通信接口，数据传输速率高达 8 MB/s。该总线可为一个系统控制器提供多达 15 台仪器连接，连线长度小于 20 m。PC 本身很少带有 GPIB。实际上，用户通常使用一个插卡（如 PCI - GPIB）或一个外部转换器（如 GPIB - USB）在自己的 PC 中增加 GPIB 仪器控制功能。

2. 串行总线（RS - 232 和 RS - 485）

RS - 232 是串行通信规范，是传统意义上的"串行"总线的最为常见的规范。RS - 232 也是一个相对较慢的接口，典型的数据速率低于 20 KB/s，虽然有些产品能够达到更高的数据吞吐量。由于 RS - 232 连线长度最长只能达到 15 m，而且只能点对点通讯，不适合工业现场应用。因此出现了 RS - 485 来解决这些问题，它采用差分的信号传输方式，最长距离可以达到 1 200 m。PC 上都不带 RS - 485 的接口，因

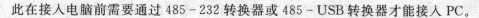

此在接入电脑前需要通过 485 – 232 转换器或 485 – USB 转换器才能接入 PC。

3．USB

通用串行总线(USB,Universal Serial Bus)的设计主要用于将 PC 的外围设备(如键盘、鼠标、扫描仪和移动硬盘等)连接到 PC。USB 是一项即插即用技术,最初的 USB1.1 规范定义了两种数据传输模式和速度:低速模式(Low – Speed,最大吞吐量可达 1.5 Mb/s 或 200 KB/s)和全速模式(Full – Speed,最大吞吐量可达 12 Mb/s 或 1.5 MB/s)。USB 2.0 完全后向兼容低速和全速设备,同时也定义了一种新的高速模式(Hi – Speed),该模式下数据传输速率高达 480 Mb/s。最新的 USB 规范——USB 3.0 也被认为是 SuperSpeed USB。新的 USB 3.0 在保持与 USB 2.0 的兼容性的同时,还提供了下面的几项增强功能:极大提高了带宽——高达 5 Gb/s 全双工(USB2.0 则为 480 Mb/s 半双工);实现了更好的电源管理,能够使主机为器件提供更多的功率,从而实现 USB – 充电电池、LED 照明和迷你风扇等应用;能够使主机更快的识别器件,使得数据处理的效率更高,USB 3.0 可以在存储器件所限定的存储速率下传输大容量文件(如 HD 电影)。例如,一个采用 USB 3.0 的闪存驱动器可以在 3.3 s 内将 1 GB 的数据转移到一个主机,而 USB 2.0 则需要 33 s。

4．IEEE1394

IEEE1394 接口是苹果公司开发的串行标准,中文译名为火线接口(firewire)。同 USB 一样,IEEE1394 也支持外设热插拔,可为外设提供电源,省去了外设自带的电源。能连接多个不同设备,支持同步数据传输。IEEE1394 分为两种传输方式:Backplane 模式和 Cable 模式。Backplane 模式最小的速率也比 USB1.1 最高速率高,分别为 12.5 Mb/s、25 Mb/s、50 Mb/s,可以用于多数的高带宽应用。Cable 模式是速度非常快的模式,分为 100 Mb/s、200 Mb/s 和 400 Mb/s 几种。在 200 Mb/s 下可以传输不经压缩的高质量数据电影。

5．CAN 总线

CAN(Controller Area Network)是控制器局域网络的简称。它由研发和生产汽车电子产品著称的德国 BOSCH 公司开发,并最终成为国际标准(ISO11898),是国际上应用最广泛的现场总线之一。在北美和西欧,CAN 总线协议已经成为汽车计算机控制系统和嵌入式工业控制局域网的标准总线,并且拥有以 CAN 为底层的专为大型货车和重工机械车辆设计的 J1939 协议。近年来,其所具有的高可靠性和良好的错误检测能力受到重视,被广泛应用于汽车计算机控制系统和环境温度恶劣、电磁辐射强和振动大的工业环境。

6．PCI 与 PCI Express

PCI 总线是当今使用最广泛的计算机内部总线之一。一般的计算机都有 3 个或更多的 PCI 插槽。PCI 提供了高速的传输,理论带宽达到 1 056 Mb/s。

当 PC 应用需要更大量带宽时，PCI 总线在许多情况下达到了其物理极限。基本物理层由一个发送对和一个接收对的一对单工通道构成。每个方向的最初速率 2.5 Gb/s 为该方向提供了一个 200 MB/s 的通信信道，这接近标准 PCI 数据速率的 4 倍。类似 PCI，PCI Express 的典型应用不是直接用于仪器控制，而是作为外围总线将 GPIB 设备连接到 PC 以用于仪器控制。但由于其很高的速率，PCI Express 可用作模块化仪器的通信总线。此外，PCI Express 还支持热交换和热插拔功能。

7. PXI/Compact PCI

PXI(PCI extensions for Instrumentation，面向仪器系统的 PCI 扩展)是一种由 NI 公司发布的基于 PC 的测量和自动化平台。PXI 结合了 PCI 的电气总线特性，Compact PCI 的坚固性、模块化及 Eurocard 机械封装的特性发展成适合于试验、测量与数据采集场合应用的机械、电气和软件规范。制订 PXI 规范是为了将台式 PC 的性价比优势与 PCI 总线面向仪器领域的必要扩展完美地结合起来，形成一种主流的虚拟仪器测试平台。这使它成为测量和自动化系统的高性能、低成本运载平台。

8. VXI 总线

20 世纪 80 年代后期，仪器制造商发现 GPIB 总线和 VME 总线产品已经无法满足军用测控系统的需求。在这种情况下，HP、Tekronix 等 5 家国际著名的仪器公司成立了 VXIbus 联合体，并于 1987 年发布了 VXI 规范的第一个版本。几经修改，与 1992 年被 IEEE 接纳为 IEEE－1155－1992 标准。VXIbus 规范是一个开放的体系结构标准，其主要目标是使 VXIbus 器件之间、VXIbus 器件与其他标准器件(计算机)之间能够以明确的方式开放地通信；使系统体积更小；通过使用高带宽的吞吐量，为开发者提供高性能的测试设备；采用通用的接口来实现相似的仪器功能，使系统集成软件成本进一步降低。

9. PCMCIA

PCMCIA(Personal Computer Memory Card International Association，PC 机内存卡国际联合会)定义了 3 种不同型式的卡，它是一个有 300 多个成员公司的国际标准组织和贸易联合会。该组织成立于 1989 年，目的是建立一项集成电路国际标准，提高移动计算机的互换性。这种计算机要求强度高，能耗低，尺寸小。由于可移动计算机用户的需求变了，所以 PC 卡的标准也相应地变了。1991 年，PCMCIA 定义了原本用于内存卡的 68 个引脚的 I/O 连接线路标准，同时增加了插槽使用说明。生产商意识到软件需要提高兼容性，因而这项标准也就得到了相应的应用。

11.2.2 仪器驱动程序

计算机与仪器进行通讯的方式有两种：一种是基于寄存器的通信方式，另一种是基于消息的通信方式。具体采用哪种方式由仪器本身决定。

一个仪器驱动程序是一个包括高层函数的库,这些高层函数支持控制某个仪器或某个仪器簇。一个仪器驱动程序是一个软件例程集合,该集合对应于一个计划的操作,如配置仪器、从仪器读取、向仪器写入和触发仪器等。它将底层的通信命令或寄存器配置等封装起来,用户只需要调用封装好的函数库就能轻松实现该仪器的任何功能。

为了满足仪器控制和测试应用不同需求,存在两种不同类型的仪器驱动程序:即插即用驱动程序(Plug & Play),可互换的虚拟仪器(IVI)驱动程序。如果没有仪器的 VISA 或 IVI 驱动程序,那么就需要利用集成至软件开发环境中的交互式、直接 I/O 功能。3 种方式使用的难易程度和功能性如图 11-28 所示。

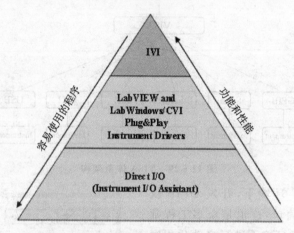

图 11-28　3 种仪器驱动控制方式比较

对于采用基于消息的通信方式,理论上来说消息的格式可以任意。不同的仪器可以采用不同的消息解析方式,譬如仪器 A 发送"A"表示读回仪器名称,仪器 B 可以发送"B"表示读回仪器名称。

SCPI 联盟推出了可编程仪器标准命令 SCPI(Standard Commands for Programmable Instruments)旨在规范一套标准的命令集。该命令集只是一个规范,和硬件无关。无论是基于 GPIB,串口还是 VXI 的任何仪器都可以采用符合 SCPI 标准的命令集。

SCPI 命令与编程语言无关。LabVIEW 提供的 MAX 和仪器 I/O 助手都可以向指定仪器发送命令。例如 Tektronix TDS220 示波器的 SCPI 命令集的例子:

● ＊IDN?——返回仪器标识,采用 IEEE 4810.2 标记法

● CH＜x＞:PRObe?——查询通道 x 的探头衰减

● HARDCopy:FORMat BMP——设置硬拷贝格式为 BMP 格式

11.2.3　LabVIEW 仪器控制

1. VISA

虚拟仪器软件架构(VISA,Virtual Instruments Software Architecture)的目的

是通过减少系统的建立时间来提高效率。随着仪器类型的不断增加和测试系统复杂化的提高，人们不希望为每一种硬件接口都要编写不同的程序，因此 I/O 接口无关性对于 I/O 控制软件来说变得至关重要。通过 VISA，用户能与大多数仪器总线连接，包括 GPIB、USB、串口、PXI、VXI 和以太网。而无论底层是何种硬件接口，用户只需要面对统一的编程接口——VISA。VISA 的体系架构如图 11-29 所示。

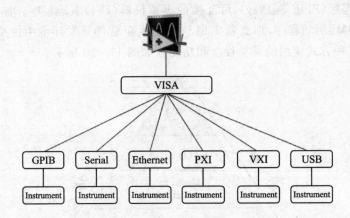

图 11-29　VISA 体系架构

在 LabVIEW 环境下，开发 GPIB 仪器控制程序非常简单，这也是众多工程师喜欢在 LabVIEW 环境下进行自动化程序开发的原因。总的来说，只需要用 NI-VISA Write. vi（VISA 写入）来向仪器发送命令，用 NI-VISA Read. vi（VISA 读取）来从仪器读取数据即可，如图 11-30 所示，这些函数位于"函数→仪器 I/O→VISA"子面板中。

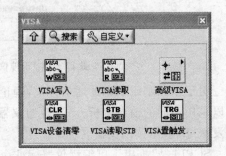

图 11-30　VISA 函数子面板

在 VISA Advanced 面板下有更多的 VISA 高级函数。此外，为了更细节的控制譬如 GPIB、串口和 USB 等接口，LabVIEW 还提供了基于 VISA 的高级控制函数。这些函数在"仪器 I/O"子面板下都能找到。譬如"仪器 I/O→串口"面板下提供的串口配置函数可以对串口进行详细的配置，譬如超时时间、波特率、数据位和奇偶校验等。

> 提示：仪器控制程序开发，只有 3 个步骤：(1) 查阅仪器使用手册，找到所需的仪器指令；(2) 用 NI-VISA Write. vi 向仪器发送该指令；(3) 用 NI-VISA Read. vi 从仪器中读回数据。

图 11-31 和图 11-32 为通过 VISA 读写 GPIB 设备和串口设备的程序框图。

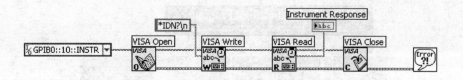

图 11 - 31　通过 VISA 读写 GPIB 设备

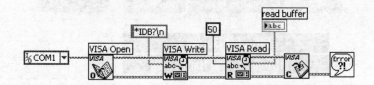

图 11 - 32　通过 VISA 读写串口设备

2. NI 仪器驱动网

为了解决工程师的乏味问题,NI 的工程师把写过的常用仪器驱动函数加以总结和整理,免费发布给客户。之后,各大仪器公司也参照 NI 的做法,为自己的仪器配上了 LabVIEW 仪器驱动程序。NI 把这些前人总结好的仪器驱动程序放到了网上,成就了今天的 NI 仪器驱动网。

3. IVI——可互换的虚拟仪器驱动程序

虽然 VISA 实现了程序与硬件接口的不相关性,但是并没有实现仪器的可交换性。IVI 驱动程序是更复杂的仪器驱动程序,它的特点在于为那些需要互换、状态缓存或仪器仿真等更复杂的测试应用提高性能和灵活性。IVI 驱动是 NI 测试系统中一个完整的组件。它基于 VISA 并被集成在 NI 提供的应用程序开发环境中。IVI 构架将传统的仪器驱动程序分为两部分:仪器专用驱动、通用类驱动。

IVI 仪器驱动技术具有如下优点:

(1) 高性能

IVI 驱动集成了一个强力的状态缓存引擎,需要改变时,它才会执行相应的 I/O 命令。此外,多线程测试程序极大增加了测试吞吐量。

(2) 仪器仿真能力

IVI 驱动程序内置了仪器仿真能力。通过仿真功能,用户可以在没有仪器的情况下编写程序。产生仿真数据有两种途径:一种是通过仪器专用驱动的仿真模式;另一种是通过 IVI Compliance Package 中的高级类仿真驱动程序。IVI Compliance Package 可以从 NI 网站下载得到。

(3) 仪器互换能力

IVI 驱动使仪器的互换成为可能。只要系统使用的仪器支持 IVI 驱动,系统开发完成后就不会因为仪器的升级换代或是更换品牌而改写代码。在未来 10～20 年

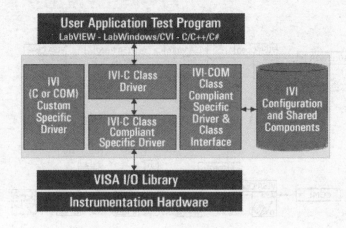

图 11 - 33　IVI 整体构架

内可以非常轻松地更换仪器。此外,IVI 为每一类仪器提供了规范和标志的 API。它将仪器的功能完整封装,让用户可以更快更容易地开发系统,并且极大地提高了代码重用能力,削减了软件维护开销。由于基于 VISA I/O Library,IVI 也是接口不相关的。

(4) 开发灵活性

除了 NI 网站(www. ni. com/ivi/ivi_prod. htm)提供的大量 IVI 驱动程序,用户还可以通过 LabWindows/CVI 提供的仪器驱动开发向导(Instrument Driver Development Wizard)很容易地开发自己的 IVI 驱动。这个向导通过自动代码生成和基于仪器类的功能模板极大地缩短了驱动开发时间。所有 NI 提供的 IVI 驱动都能在 NI 的开发环境中工作,其中包括 LabVIEW、LabWindows/CVI、Measurement Studio for Microsoft Visual Studio 和 TestStand。

目前为止,IVI 基金会已经制定了 8 类仪器规范(IVI 基金会的目标是支持某一类仪器中 95％的仪器),基本涵盖了测试系统中常用的仪器类型,如图 11 - 34 所示。

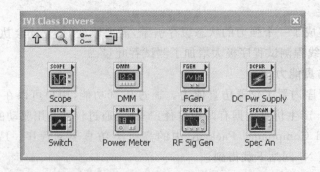

图 11 - 34　IVI 仪器驱动函数面板

● IVI 示波器类(Scope——IVI Oscilloscope)

- IVI 数字万用表类(DMM——IVI Digital Multimeter)
- IVI 函数发生器类(FGen——IVI Function Generator)
- IVI 直流电源类(DC Pwr Supply——IVI DC Power Supply)
- IVI 开关类(Switch——IVI Switch)
- IVI 功率计类(Power Meter——IVI Power Meter)
- IVI 射频信号发生器类(RF Sig Gen——IVI RF Signal Generator)
- IVI 频谱分析仪类(Spec An——IVI Spectrum Analyzer)

图 11-35 所示为通过 IVI 示波器类驱动写一个仿真示波器程序的程序框图。

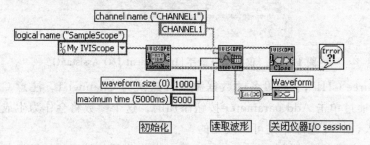

图 11-35   通过 IVI 示波器类驱动写一个仿真示波器程序

4. 直接 I/O(Direct I/O)

如果获取仪器的 VISA 或 IVI 驱动比较困难,可以利用集成至软件开发环境中的交互式、直接 I/O 功能来开发驱动。NI 软件提供了仪器 I/O 助手,内置的 VISA,特定总线的接口,以及测量和自动化浏览器中的数个调试工具。包括 NI Spy、接口总线交互式控制(IBIC——用于 GPIB)以及 VISA 交互式控制(VISAIC)。

(1) 仪器 I/O 助手(Instrument I/O Assistant)

仪器 I/O 助手提供了一个用户界面来交互式地向一个设备写入命令,读取设备以及指定如何将响应解析成与应用相关的格式。它完全集成至 LabVIEW 和 Lab-Windows/CVI 中,并且通过 Measurement Studio 完全集成于 Visual Studio. NET 和 Visual C++。通过用户界面对命令进行配置后会自动生成相应的 VI 函数供 LabVIEW 程序调用。

下面介绍何通过仪器 I/O 助手从 GPIB 设备读取数据。首先“函数→仪器 I/O”中选择“Instrument I/O Assistant”,将其放置到程序框图面板上。在放置的同时会弹出仪器 I/O 助手向导界面。在弹出的界面中用户可以选择需要建立通信的仪器,并配置超时时间和终止字符等参数,如图 11-36 所示。

接着可以为该仪器添加操作步骤。单击 Add Step 按钮,可以看到有 3 种操作可选:Query and Parse、write 和 Read and Parse。Query and Parse 表示通过发送命令读取数据并解析返回的数据;Write 表示发送一个命令;Read and Parse 表示读取数据并解析返回的数据。这里添加一个 Write 步骤向 GPIB 设备发送一个配置命令

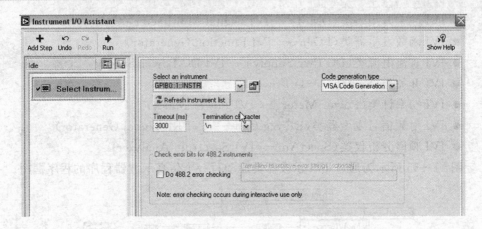

图 11 - 36　仪器 I/O 助手(Instrument I/O Assistant)

"data : source CHI",它将设备的数据源设置默认为 Channel 1。注意 CH1 是一个参数,它是通过单击 Add parameter 按钮添加的。这个参数将会作为生成的 VI 函数的一个输入,在 VI 程序中是可以改变的。

　　下一步就可以通过添加 Query and Parse 操作步骤从该通道读取数据并解析了。该操作向设备发送"curve?"命令并读回数据进行解析。通过解析,仪器 I/O 助手会自动绘制数据的曲线,如图 11 - 37 所示。将 Token name 设置为 Waveform,生成的 VI 函数将会自动添加一个名为 Waveform 的输出端用来输出数据。

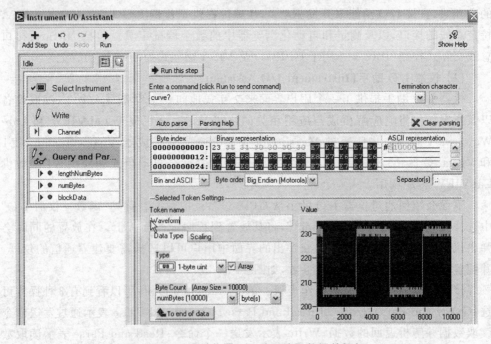

图 11 - 37　通过仪器 I/O 助手读取数据并解析

图 11 - 38 为通过仪器 I/O 助手实现的测试程序。

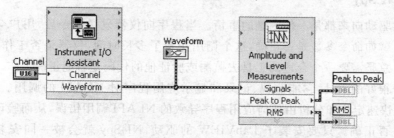

图 11 - 38　通过仪器 I/O 助手实现的测试程序

（2）Port I/O

仪器 I/O 助手是针对基于消息格式通信的仪器。对于基于寄存器通信格式的仪器，我们只需要向指定的寄存器地址写入数据或读出数据。

LabVIEW 提供了两个简单的 Port I/O 函数用于读写寄存器端口，它们位于"函数→互联接口→I/O 端口"，如图 11 - 39 所示。

这两个函数的使用方法非常简单，只需要对指定的寄存器地址写入或者读出数据即可。因此，在使用这两个函数之前，用户必须先熟悉需要操作的仪器或端口的寄存器分配。这两个函数是多态的，

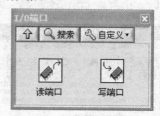

图 11 - 39　Port I/O 端口函数子面板

可以用来读写 8 位、16 位和 32 位的数据。LabVIEW 提供了一个读写 LPT 并口的例子，如图 11 - 40 所示。

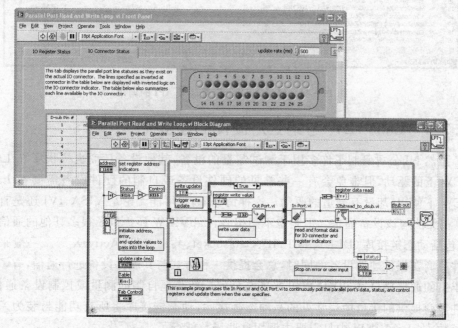

图 11 - 40　通过 Port I/O 函数读写 LPT 并口例子

5. NI Spy

调试驱动向来都是一件困难的事情。当程序向仪器发送命令后,用户会面临很多问题。譬如命令参数是否正确,这个调用花费了多长时间,仪器是否工作正常等。编程人员总是需要一个合适的工具去监测或验证他的代码是否能正确工作。NI Spy 就是一个很好的工具,它能监视、记录和显示应用程序对 NI API 的调用。通过 NI Spy 可以快速定位和分析由任何应用程序导致的 NI API 调用错误,从而验证与仪器的连接是否正确。只要安装了 LabVIEW 的驱动,NI Spy 就会被一同安装。它在"开始→程序→National Instruments"菜单下。启动 NI Spy 后,单击启动捕捉箭头就可以开始捕捉底层 API 的调用。如果程序正在与仪器进行通信,就会出现通信相关的各种信息,如图 11 - 41 所示。在"设置"菜单下,用户可以对 NI Spy 进行各种设置。

		状态	iberr	ibcntl	时间
1	viWaitOnEvent (0x02293D60, IO_COMPLETION, 0, IO_COMPLETION, 0x022C9060)	0			12:03:58.828
2	Completing viWriteAsync (0x02293D60, 0x04040238, "asdb", 4)	0			12:03:58.875
3	viGetAttribute (0x022C9060, RET_COUNT, 4)	0			12:03:58.890
4	viGetAttribute (0x022C9060, STATUS, 0)	0			12:03:58.890
5	viClose (0x022C9060)	0			12:03:58.890
6	VISA Write ("COM1", "asdb")	0			12:03:58.890
7	viGetAttribute (0x02293D60, TMO_VALUE, 10000)	0			12:03:58.890
8	viWriteAsync (0x02293D60, "asdb", 4, 0x04040239)	0			12:03:58.890
9	viWaitOnEvent (0x02293D60, IO_COMPLETION, 0, IO_COMPLETION, 0x022C9060)	0			12:03:58.890
10	Completing viWriteAsync (0x02293D60, 0x04040239, "asdb", 4)	0			12:03:58.890
11	viGetAttribute (0x022C9060, RET_COUNT, 4)	0			12:03:58.906
12	viGetAttribute (0x022C9060, STATUS, 0)	0			12:03:58.906
13	viClose (0x022C9060)	0			12:03:58.906
14	VISA Write ("COM1", "asdb")	0			12:03:58.906
15	viGetAttribute (0x02293D60, TMO_VALUE, 10000)	0			12:03:58.906
16	viWriteAsync (0x02293D60, "asdb", 4, 0x0404023A)	0			12:03:58.906
17	viWaitOnEvent (0x02293D60, IO_COMPLETION, 0, IO_COMPLETION, 0x022C9060)	0			12:03:58.906
18	Completing viWriteAsync (0x02293D60, 0x0404023A, "asdb", 4)	0			12:03:58.906
19	viGetAttribute (0x022C9060, RET_COUNT, 4)	0			12:03:58.906

图 11 - 41　通过 NI Spy 查看底层 API 的调用

11.2.4　LabVIEW 与第三方硬件的连接

虽然 NI 公司研制了许多用于测试测量的设备,其他设备厂商也提供了在 Lab-VIEW 下的驱动,但难免会有一些常见的硬件设备或自制的硬件设备需要在 Lab-VIEW 下使用,却没有合适的驱动。这种情况下,很可能无论是 VISA、IVI 还是直接 I/O 都无法与该设备通信。但是也不用担心,LabVIEW 还提供了很多其他的通信接口,包括动态链接库(DLL)、TCP/IP、Datasocket、共享变量、ActiveX 等。一般来说硬件厂商在提供硬件设备的同时,总会提供一种方式与其硬件设备进行通信,有了这些丰富的通信接口,LabVIEW 几乎能与任何厂商甚至自制的测量或控制设备通信。硬件厂商提供的接口中最常见的是动态链接库,动态链接库将所有功能封装为一个个函数,在 LabVIEW 中只需要去调用这些函数就行了。

11.3　综合实例:多通道数据采集软件

本例主要演示如何利用 LabVIEW 语言编写一个多通道数据采集软件。该数据采集软件的前端数据采集硬件平台采用 NI 公司的 NI – PCI – MIO – 16E – 1 数据采集卡,该采集卡的主要性能参数如下:

- 能同时进行 16 路信号采集
- 12 位分辨率,最高采样频率为 1.25 MHz
- 最大输入电压 10 V
- 可以通过编程输出任意信号波形

本例中实现的多通道数据采集软件的主要功能如下:

- 多通道采集
- 能对采集到的信号进行滤波
- 在软件界面上能同时显示信号的原始波形与滤波后的波形,波形通道可选
- 可以对采集到的信号进行存储,在存储时,可以存储为文本文件或者音频文件

软件流程如图 11 – 42 所示。

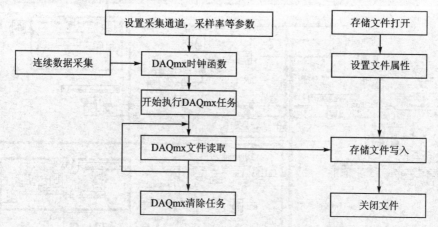

图 11 – 42　数据采集流程

在编写调整数据采集的程序代码时,为了避免数据丢失,一般我们可以选择生产者/消费者结构的模式。在本例中,我们在生产者循环中实现数据的采集,在消费者循环中实现对数据的滤波、存储等处理,软件界面与程序代码如图 11 – 43 所示。

图 11 – 43 给出了以文本格式进行存储的程序代码。二进制保存、电子表格保存与文本保存的方式基本类似,读者可以根据自己需要进行修改。音频格式与上述几种文件格式稍有不同,需要对采集到的数据进行波形重组,图 11 – 44 所示为以音频文件的形式进行存储的程序代码。

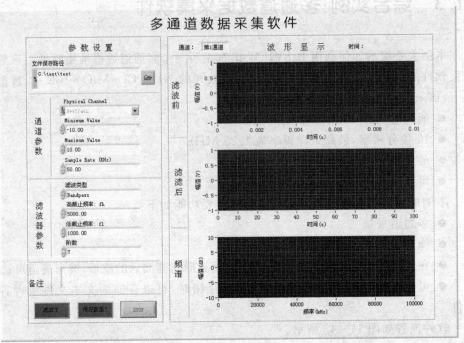

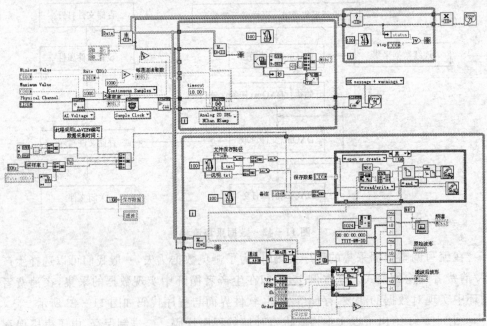

图 11 - 43 数据采集程序(文本保存)

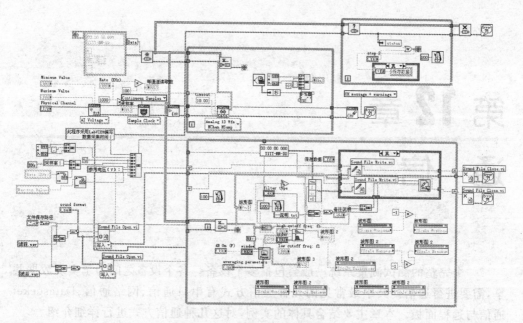

图 11－44　数据采集(音频保存)

> 提示：在进行音频文件保存之前,要先设置好音频文件的采集率、采样位数。
> 　　　要特别注意的是,音频文件的采样率要设置成和采集卡的采样率相同,
> 　　　一般声卡是 16 位的精度,所以在重组波形之前,音频文件的采样位数要
> 　　　设置成 16 位,这样保存后的音频文件才可能通过声卡进行播放。

11.4　思考与练习

① 数据采集系统的基本组成部分有哪些? 每一部分的主要作用是什么?

② NI 提供了哪些数据采集设备? 各有什么特点?

③ 在进行设备选型时要注意哪些参数?

④ 熟练掌握 LabVIEW 的配置管理软件 MAX?

⑤ 常用总线有哪些? 掌握常用总线的特点。

⑥ VISA 和 IVI 有哪些区别?

⑦ 在 LabVIEW 中,如何实现与第三方硬件的连接?

⑧ 对于第三方硬件,LabVIEW 可以通过哪些方式进行驱动开发?

⑨ 熟练利用 NI SPY 对仪器驱动程序进行调试。

⑩ 熟练掌握常用的 NI－DAQ 函数。

第 **12** 章

通　信

一个完整的测试测量系统一般会包括多个设备。各个设备之间为了实现数据共享，需要进行通信。其中最常见的几种通信方式有串口通信、网络通信、Datasocket通信与远程面板。本章主要结合具体的实例，对这几种通信方式进行详细介绍。

【本章导航】
- ➢ 串口通信
- ➢ 网络通信
- ➢ Datasocket 通信
- ➢ 远程面板

12.1　串口通信

串口通信是一种古老但目前仍较为常用的通信方式。在串口通信中，一条信息的各位数据按顺序逐位传送。早期的仪器、单片机等均使用串口与计算机进行通信。当然，目前也有不少仪器或芯片仍然使用串口与计算机进行通信，如 PLC、Modem、GPS OEM 电路板等。

12.1.1　串口介绍

串口是串行接口的简称，通常指 COM 接口，是采用串行通信方式的扩展接口。串口的出现是在 1980 年前后，数据传输率是 115～230 kbps。串口出现的初期是为了能够与计算机外设建立连接。初期串口一般用来连接鼠标、外置 Modem、老式摄像头和写字板等设备。串口也可以应用于两台计算机（或设备）之间的互联及数据传输。由于串口（COM）不支持热插拔且传输速率较低，目前部分新主板和大部分便携电脑已开始取消该接口。现在的串口多用于工控和测量设备以及部分通信设备中。

串口的特点是通信线路简单，只要一对传输线就可以实现双向通信，并可以利用电话线,从而大大降低了成本。特别适用于远距离通信,但传送速度较慢。串行通信的距离可以从几米到几千米;根据信息的传送方向,串行通信可以进一步分为单工、半双工和全双工 3 种。

串行接口按电气标准及协议来分包括 RS - 232 - C、RS - 422 和 RS - 485 等。RS - 232 - C、RS - 422 与 RS - 485 标准只对接口的电气特性做出规定,不涉及接插件、电缆或协议。

1. RS - 232

RS - 232 也称标准串口,是最常用的一种串行通信接口。它是在 1970 年由美国电子工业协会(EIA)联合贝尔系统、调制解调器厂家及计算机终端生产厂家共同制定并用于串行通信的标准。它的全名是"数据终端设备(DTE)和数据通信设备(DCE)之间串行二进制数据交换接口技术标准"。传统的 RS - 232 - C 接口标准有 22 根线,采用标准 25 芯 D 型插头座(DB25),后来使用简化为 9 芯 D 型插座(DB9),现在应用中 25 芯插头座已很少采用。

RS - 232 采取不平衡传输方式,即所谓单端通信。由于其发送电平与接收电平的差仅为 2～3 V,所以其共模抑制能力差。再加上双绞线上的分布电容,其传送距离最大为约 15 m,最高速率为 20 bps。RS - 232 是为点对点通信(即只用一对收、发设备)而设计的,其驱动器负载为 3～7 kΩ,所以 RS - 232 适合本地设备之间的通信。

2. RS - 422

RS - 422 标准全称是"平衡电压数字接口电路的电气特性",它定义了接口电路的特性。典型的 RS - 422 是四线接口。实际上还有一根信号地线,共 5 根线。由于接收器采用高输入阻抗和发送驱动器,故比 RS - 232 更强的驱动能力,允许在相同传输线上连接最多 10 个接收节点。即一个主设备(Master),其余为从设备(Slave)。从设备之间不能通信,所以 RS - 422 支持点对多的双向通信。接收器输入阻抗为 4 kΩ,故发端最大负载能力是 10×4 kΩ＋100 Ω(终接电阻)。RS - 422 四线接口由于采用单独的发送和接收通道,因此不必控制数据方向,各装置之间任何必须的信号交换均可以按软件方式(XON/XOFF)握手或硬件方式(一对单独的双绞线)实现。

RS - 422 的最大传输距离约为 1 200 m,最大传输速率为 10 Mbps。其平衡双绞线的长度与传输速率成反比,在 100 kbps 速率以下,才可能达到最大传输距离。只有在很短的距离下才能获得最高速率传输。一般 100 m 长的双绞线上所能获得的最大传输速率仅为 1 Mbps。

3. RS - 485

RS - 485 是从 RS - 422 基础上发展而来的,所以 RS - 485 许多电气规定与 RS - 422 相仿。如都采用平衡传输方式,都需要在传输线上接终端电阻等。RS - 485 可以采用二线与四线方式,二线制可实现真正的多点双向通信,而采用四线连接时,与

RS-422 一样只能实现点对多的通信,即只能有一个主(Master)设备,其余为从设备。但它比 RS-422 有改进,无论四线还是二线连接方式总线上最多可连接 32 个设备。

RS-485 与 RS-422 的共模输出电压不同。RS-485 是 $-7\sim+12$ V,而 RS-422 在 $-7\sim+7$ V 之间。RS-485 接收器最小输入阻抗为 12 kΩ,RS-422 是 4 kΩ。由于 RS-485 满足所有 RS-422 的规范,所以 RS-485 的驱动器可以在 RS-422 网络中应用。

RS-485 与 RS-422 一样,其最大传输距离约为 1 200 m,最大传输速率为 10 Mbps。平衡双绞线的长度与传输速率成反比,在 100 kbps 速率以下,才可能使用规定最长的电缆长度。只有在很短的距离下才能获得最高速率传输。一般 100 m 长双绞线最大传输速率仅为 1 Mbps。

12.1.2 串口接线定义与连接方式

由于一般 PC 机默认的只带有 RS-232 接口,下面我们主要对 RS-232 进行详细介绍。通常 RS-232 接口以 9 个引脚(DB-9)或是 25 个引脚(DB-25)的型态出现,一般个人计算机上会有两组 RS-232 接口,分别称为 COM1 和 COM2。

1. 电气标准

RS-232-C 标准是 RS-232 协议常用的标准,RS-232-C 标准(协议)的全称是 EIA-RS-232-C 标准。EIA-RS-232-C 对电器特性、逻辑电平和各种信号线功能都作了规定。在 TxD 和 RxD 上:逻辑"1"(MARK)$=-3\sim-15$ V;逻辑"0"(SPACE)$=+3\sim+15$ V。在 RTS、CTS、DSR、DTR 和 DCD 等控制线上:信号有效(接通,ON 状态,正电压)$=+3\sim+15$ V;信号无效(断开,OFF 状态,负电压)$=-3\sim-15$ V。

以上规定说明了 RS-232-C 标准对逻辑电平的定义。对于数据(信息码):逻辑"1"(传号)的电平低于 -3 V,逻辑"0"(空号)的电平高于 $+3$ V;对于控制信号:接通状态(ON)即信号有效的电平高于 $+3$ V,断开状态(OFF)即信号无效的电平低于 -3 V,也就是当传输电平的绝对值大于 3 V 时,电路可以有效地检查出来。介于 $-3\sim+3$ V 之间的电压无意义,低于 -15 V 或高于 $+15$ V 的电压也认为无意义。因此,实际工作时,应保证电平在 $\pm(3\sim15)$ V 之间。

EIA-RS-232-C 与 TTL 转换:EIA-RS-232-C 是用正负电压来表示逻辑状态,与 TTL 以高低电平表示逻辑状态的规定不同。因此,为了能够同计算机接口或终端的 TTL 器件连接,必须在 EIA-RS-232-C 与 TTL 电路之间进行电平和逻辑关系的变换。实现这种变换的方法可用分立元件,也可用集成电路芯片。目前使用较为广泛的是集成电路转换器件。如 MC1488、SN75150 芯片可完成 TTL 电平到 EIA 电平的转换,而 MC1489、SN75154 可实现 EIA 电平到 TTL 电平的转换。

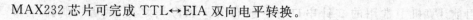

MAX232 芯片可完成 TTL↔EIA 双向电平转换。

2. 接口信号

RS-232-C 的功能特性定义了 25 芯标准连接器中的 20 根信号线,其中 2 条地线、4 条数据线、11 条控制线、3 条定时信号线,剩下的 5 根线作备用或未定义,常用的只有 9 根,它们是:

(1) 联络控制信号线

数据发送准备好(Data Set Ready,DSR)——有效时(ON)状态,表明 MODEM 处于可以使用的状态。

数据终端准备好(Data Terminal Ready,DTR)——有效时(ON)状态,表明数据终端可以使用。

这两个信号有时连到电源上,一上电就立即有效。这两个设备状态信号有效,只表示设备本身可用,并不说明通信链路可以开始进行通信了。能否开始进行通信要由下面的控制信号决定。

请求发送(Request to Send,RTS)——用来表示 DTE 请求 DCE 发送数据,即当终端要发送数据时,使该信号有效(ON 状态),向 MODEM 请求发送。它用来控制 MODEM 是否要进入发送状态。

允许发送(Clear to Send,CTS)——用来表示 DCE 准备好接收 DTE 发来的数据,是对请求发送信号 RTS 的响应信号。当 MODEM 已准备好接收终端传来的数据,并向前发送时,使该信号有效,通知终端开始沿发送数据线 TxD 发送数据。

这对 RTS/CTS 请求应答联络信号是用于半双工 MODEM 系统中发送方式和接收方式之间的切换。在全双工系统中,因配置双向通道,故不需要 RTS/CTS 联络信号,使其变高。

接收线信号检出(Received Line Signal Detect,RLSD)——用来表示 DCE 已接通通信链路,告知 DTE 准备接收数据。当本地的 MODEM 收到由通信链路另一端(远地)的 MODEM 送来的载波信号时,使 RLSD 信号有效,通知终端准备接收。并且由 MODEM 将接收下来的载波信号解调成数字量数据后,沿接收数据线 RxD 送到终端。此线也叫做数据载波检出线(Data Carrier Detection,DCD)。

振铃指示(Ring Indicator,RI)——当 MODEM 收到交换台送来的振铃呼叫信号时,使该信号有效(ON 状态)。通知终端,已被呼叫。

(2) 数据发送与接收线

发送数据(Transmitted Data,TxD)——通过 TxD 终端将串行数据发送到 MODEM(DTE→DCE)。

接收数据(Received Data,RxD)——通过 RxD 线终端接收从 MODEM 发来的串行数据(DCE→DTE)。

(3) 地 线

GND、Sig. GND——保护地和信号地,无方向。

目前计算机上常用的 9 针串口有一般有公头和母头之分,两者引脚排序如图 12-1 所示,各引脚定义如表 12-1 所列。

表 12-1　RS-232 引脚定义(9 针)

引脚编号	缩　写	作　用	方　向
1	DCD	数据载波监测	输入
2	RXD	接收数据	输入
3	TXD	发送数据	输出
4	DTR	数据终端准备就绪	输出
5	GND	信号地	无
6	DSR	数据设备准备就绪	输入
7	RTS	请求发送	输出
8	CTS	清除发送	输入
9	RI	振铃指示	输入

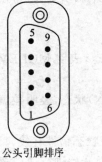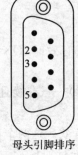

公头引脚排序　　　　母头引脚排序

图 12-1　串口引脚排序(9 针)

3. 串口连接

在工程当中经常会用到 RS-232 串口,一般是圆头 8 针与 D 型 9 针两种形式。在一定条件下,必须自己制作一个相应的圆头或者 D 型的 RS-232 串口。对于 DB-9 针型的串口通信接线方法最简单的一种就是"三线制",如图 12-2 所示。对于许多非标准设备,如接收 GPS 数据或电子罗盘数据,只要记住一个原则:接收数据针脚(或线)与发送数据针脚(或线)相连,彼此交叉,信号地对应相接。

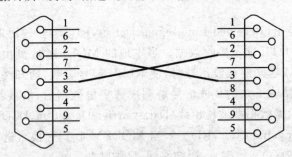

图 12-2　最简单的串口连接方法(9 针)

一般 PC 机只带有 RS-232 接口,如果要使用 RS-422/485 串口,可以有两种方法实现 PC 机上的 RS-485/422 电路转换:

① 通过 RS-232/RS-422/485 转换电路将 PC 机串口 RS-232 信号转换成 RS-422/485 信号,对于情况比较复杂的工业环境最好是选用防浪涌带隔离栅的产品。

② 通过 PCI 多串口卡,可以直接选用输出信号为 RS-422/485 类型的扩展卡。

> 提示：目前，一些电脑不再配备串口模块，对于不配备串口的 PC，可以使用
> RS-232 转 USB 模块实现串口通信。

12.1.3 LabVIEW 中的串口编程

LabVIEW 中用于口串行通信的节点实际上是 VISA 节点，与串口通信相关的函数位于"函数→仪器 I/O→串口"子面板中，如图 12-3 所示。

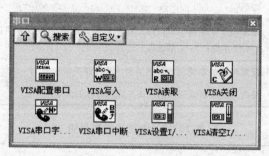

图 12-3 串口函数子面板

其中最基本的函数包括：串口初始化、串口读/写、检测串口缓存和关闭串口等。

1. VISA 配置串口

"VISA 配置串口（VISA Configure Serial Port. vi)"函数用于初始化串口，在进行串口通信之前，要先进行串口配置，串口配置函数图标如图 12-4 所示。

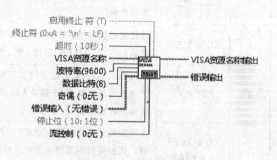

图 12-4 串口配置函数

表 12-2 为串口配置参数说明，表 12-3 为流控制类型说明。

表 12-2 串口配置函数端口参数

端口名称	参数设置及说明
启用终止符	使串行设备做好识别终止符的准备。如值为 TRUE（默认），VI_ATTR_ASRL_END_IN 属性设置为识别终止符。如值为 FALSE，VI_ATTR_ASRL_END_IN 属性设置为 0（无）且串行设备不识别终止符
终止符	通过调用终止读取操作。从串行设备读取终止符后读取操作终止。0xA 是换行符(\n)的十六进制表示。消息字符串的终止符由回车(\r)改为 0xD
超时	指定读/写操作的时间，以 ms 为单位，默认值为 10 000

续表 12 - 2

端口名称	参数设置及说明
VISA 资源名称	指定要打开的资源。VISA 资源名称控件也可指定会话句柄和类
波特率	是传输速率，默认值为 9 600。可选参数为：110、300、1 200、4 800、9 600、19 200、38 400、57 600、115 200
数据位	数据位的值介于 5~8 之间，默认值为 8
奇偶	指定要传输或接收的每一帧使用的奇偶校验。该输入支持下列值：0 - no parity（默认）；1 - odd parity；2 - even parity；3 - mark parity；4 - space parity
停止位	指定用于表示帧结束的停止位的数量。该输入支持下列值：10 - 1 停止位；15 - 1.5 停止位；20 - 2 停止位
流控制	设置传输机制使用的控制类型。流控制类型如表 12-3 所示
VISA 资源名称输出	是由 VISA 函数返回的 VISA 资源名称的副本

表 12 - 3 流控制类型说明

代号	名称	含义
0	None（默认）	该传输机制不使用流控制机制。假定该连接两边的缓冲区都足够容纳所有的传输数据
1	XON/XOFF	该传输机制用 XON 和 XOFF 字符进行流控制。该传输机制通过在接收缓冲区将满时发送 XOFF 控制输入流，并在接收到 XOFF 后通过中断传输控制输出流
2	RTS/CTS	该机制用 RTS 输出信号和 CTS 输入信号进行流控制。该传输机制通过在接收缓冲区将满时置 RTS 信号无效控制输入流，并在置 CTS 信号无效后通过中断传输控制输出流
3	XON/XOFF and RTS/CTS	该传输机制用 XON 和 XOFF 字符及 RTS 输出信号和 CTS 输入信号进行流控制。该传输机制通过在接收缓冲区将满时发送 XOFF 并置 RTS 信号无效控制输入流，并在接收到 XOFF 且置 CTS 无效后通过中断传输控制输出流
4	DTR/DSR	该机制用 DTR 输出信号和 DSR 输入信号进行流控制。该传输机制通过在接收缓冲区将满时置 DTR 信号无效控制输入流，并在置 DSR 信号无效后通过中断传输控制输出流
5	XON/XOFF and DTR/DSR	该传输机制用 XON 和 XOFF 字符及 DTR 输出信号和 DSR 输入信号进行流控制。该传输机制通过在接收缓冲区将满时发送 XOFF 并置 RTS 信号无效控制输入流，并在接收到 XOFF 且置 DSR 信号无效通过中断传输控制输出流

2. VISA 写入

VISA 写入 VISA Write. vi 函数实现将缓冲区的数据写入 VISA 资源名称指定的设备或接口。依据不同的平台，数据传输可为同步或异步。右击节点，在快捷菜单中选择"同步 I/O 模式→同步"，可同步写入数据。

硬件设备同步传输数据时，调用线程在数据传输期间处于锁定状态。依据传输的速度,该操作可阻止其他需要调用线程的进程。但是,如应用程序需尽可能快地传输数据,同步执行操作可独占调用线程。函数图标与端口如图 12-5 所示。

3. VISA 读取

"VISA 读取(VISA Read. vi)"函数从 VISA 资源名称指定的设备或接口中读取指定数量的字节,并使数据返回至读取缓冲区。函数到达缓冲区末尾,出现终止符或发生超时,函数返回的数据类型数量可能少于请求值。输出错误簇可表明是否发生超时。

依据不同的平台,数据传输可为同步或异步。右击节点,在快捷菜单中选择"同步 I/O 模式→同步",可同步读取数据。

在大多数应用程序中,与不多于 4 台仪器通信通行时,使用同步调用可获取更快的速度。与不少于 5 台仪器进行通信时,异步操作可使应用程序的速度显著提高。LabVIEW 默认为异步 I/O。函数图标与端口如图 12-6 所示。

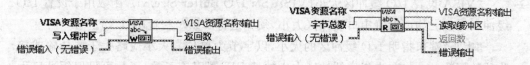

图 12-5　VISA 写入函数图标与端口　　　　图 12-6　VISA 读取函数图标与端口

4. VISA 关闭

"VISA 关闭(VISA Close. vi)"函数关闭 VISA 资源名称指定的设备会话句柄或事件对象。该函数使用特殊的错误 I/O,无论此前操作是否产生错误,该函数都关闭设备会话句柄。打开 VISA 会话句柄并完成操作后,应关闭该会话句柄。该函数可接受各个会话句柄类。

也可使用 labview\vi. lib\Utility\visa. llb 中的 Open VISA Session Monitor VI 关闭所有打开的 VISA 会话句柄。此外,还可保存并退出,然后再重新打开 LabVIEW。退出 LabVIEW 可关闭所有 VISA 会话句柄。也可选择选项对话框环境页的自动关闭 VISA 会话句柄选项。函数图标与端口如图 12-7 所示。

5. VISA 串口字节数

"VISA 串口字节数(VISA Bytes At Serial Port. vi)"函数返回指定串口的输入缓冲区的字节数。Number of Bytes at Serial Port 属性可指定该会话句柄使用的串口的当前可用字节数。函数图标与端口如图 12-8 所示。

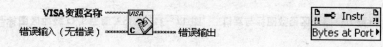

图 12-7　VISA 关闭函数图标与端口　　　　图 12-8　串口字节数函数图标与端口

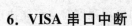
6. VISA 串口中断

"VISA 串口中断(VISA Serial Break. vi)"函数用于发送指定端口上的中断。持续时间指定中断的长度,以 ms 为单位。VI 运行时,该值暂时重写 VISA Serial Setting:Break Length 属性的当前设置。此后,VI 将把当前设置返回到初始值。函数图标与端口如图 12-9 所示。

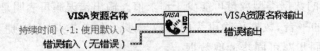

图 12-9   VISA 串口中断函数图标与端口

7. VISA 设置 I/O 缓冲区大小

"VISA 设置 I/O 缓冲区大小(VISA Set I/O Buffer Size. vi)"函数用于设置 I/O 缓冲区大小。如需设置串口缓冲区大小,须先运行 VISA 配置串口 VI。

"大小"端口指明 I/O 缓冲区的大小,以字节为单位。大小应略大于要传输或接收的数据数量。如在未指定缓冲区大小的情况下调用该函数,函数可设置缓冲区大小为 4 096 B。如未调用该函数,缓冲区大小取决于 VISA 和操作系统的设置。"屏蔽"端口指明要设置大小的缓冲区:16——I/O 接收缓冲区;32——I/O 传输缓冲区;48——I/O 接收和传输缓冲区。函数图标与端口如图 12-10 所示。

8. VISA 清空 I/O 缓冲区

"VISA 清空 I/O 缓冲区(VISA Flush I/O Buffer. vi)"函数用于清空由屏蔽指定的 I/O 缓冲区。"屏蔽"指明要刷新的缓冲区。按位合并缓冲区屏蔽可同时刷新多个缓冲区。逻辑 OR,也称为 OR 或加,用于合并值。接收缓冲区和传输缓冲区分别只用一个屏蔽值,该输入支持下列值:16(0x10)——刷新接收缓冲区并放弃内容(与 64 相同);32(0x20)——通过使所有缓冲数据写入设备,刷新传输缓冲区并放弃内容;64(0x40)——刷新接收缓冲区并放弃内容(设备不执行任何 I/O);128(0x80)——刷新传输缓冲区并放弃内容(设备不执行任何 I/O)。函数图标与端口如图 12-11 所示。

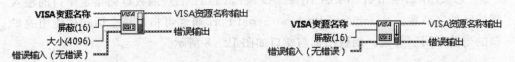

图 12-10   VISA 设置 I/O 缓冲区函数图标与端口   图 12-11   VISA 清空 I/O 缓冲区图标与端口

在 LabVIEW 环境中,串口编程的基本流程可以用图 12-12 来表示:

① 首先调用"VISA Configure Serial Port. vi"完成串口参数的设置,包括串口资

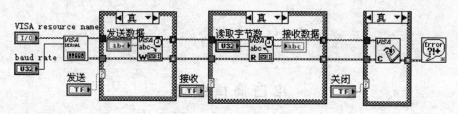

图 12－12 串口操作流程

源分配、波特率、数据位、停止位、校验位和流控制等。

② 如果初始化没有问题,就可以使用这个串口进行数据收发。发送数据使用 VISA Write. vi,接收数据使用 VISA Read. vi。在接收数据之前需要使用 VISA Bytes at Serial Port. vi 查询当前串口接收缓冲区中的数据字节数。如果 VISA Read. vi 要读取的字节数大于缓冲区中的数据字节数,VISA Read. vi 操作将一直等待,直至 Timeout 或者缓冲区中的数据字节数达到要求的字节数。当然也可以分批读取接收缓冲区或者只从中读取一定字节的数据。

③ 在某些特殊情况下,需要设置串口接收/发送缓冲区的大小,设置缓冲区大小使用 VISA Set I/O Buffer Size. vi 函数实现。

④ 在串口使用结束后,使用 VISA Close 结束与 VISA resource name 指定的串口之间的会话。

⑤ 最后清除缓冲区数据,用 VISA Flush I/O Buffer. vi 函数实现。它清除的数据缓冲区包括接收缓冲区与发送缓冲区。

例 12－1 串口通信

在本例中主要给大家演示如何利用 LabVIEW 提供的 VI 进行串口编程,软件界面与代码框图如图 12－13 所示。在这个软件中,可以对串口的端口号、波特率、校验位、数据位和停止位等参数进行设置。当串口被成功打开之后,可以利用它与其他带有串口的设备进行通信。

12.2 网络通信

TCP/IP 协议(Transmission Control Protocol/Internet Protocol,传输控制协议)是 Internet 最基本的协议,必须依赖 TCP/IP 协议组来管理 Internet 上流动的所有信息。TCP/IP 体系实际上是一个由不同层次上的多个协议组合而成的协议族,共分为 4 层:网络接口层、网络层、传输层和应用层。网络层主要的协议就是无连接的网络协议 IP,传输层使用两种不同的协议:一是面向连接的传输控制协议 TCP,另一种是无连接的用户数据报协议 UDP,而应用层则包括远程登录协议 Telnet、文件传送协议 FTP、超文本传输协议 HTTP 和简单邮件传送协议 SMTP 等。

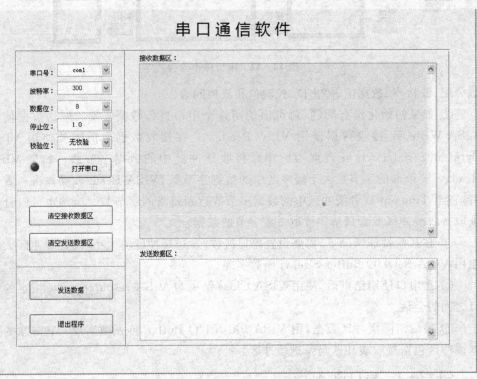

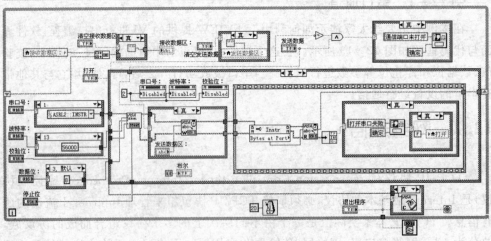

图 12 - 13　串口通信软件

LabVIEW 提供了强大的网络通信功能,包括 TCP/IP、UDP、. NET、SMTP - Email、IrDA 和 HTTP 等。这些函数主要位于"函数→数据通信→协议"子面板中,如图 12 - 14 所示。这一节主要介绍 TCP 协议通信和 UDP 协议通信。

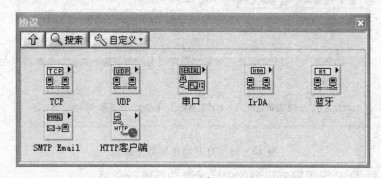

图 12 - 14　协议通信相关函数子面板

12.2.1　TCP 协议通信

TCP(Transmission Control Protocol)传输控制协议是一种面向连接(连接导向)的、可靠的、基于字节流的运输层(Transport layer)通信协议。在因特网协议族(Internet protocol suite)中,TCP 层是位于 IP 层之上,应用层之下的运输层。不同主机的应用层之间经常需要像管道一样的可靠连接,但是 IP 层不提供这样的流机制,而是提供不可靠的包交换。

应用层向 TCP 层发送用于网间传输的、用 8 位字节表示的数据流,然后 TCP 把数据流分割成适当长度的报文段(通常受该计算机连接网络的数据链路层的最大传送单元 MTU 限制)。之后 TCP 把结果包传给 IP 层,由它来通过网络将包传送给接收端实体的 TCP 层。TCP 为了保证不发生丢包,就给每个字节一个序号,同时序号也保证了传送到接收端实体的按序接收。然后接收端实体对已成功收到的字节发回一个相应的确认(ACK);如果发送端实体在合理的往返时延(RTT)内未收到确认,那么对应的数据(假设丢失了)将会被重传。TCP 用一个校验和函数来检验数据是否有错误;在发送和接收时都要计算和校验。

TCP 协议的主要特点包括:

- TCP 建立连接之后,通信双方都同时可以进行数据的传输,是全双工的。在保证可靠性的基础上,采用超时重传和捎带确认机制。
- 在流量控制上,采用滑动窗口协议。协议中规定,对于窗口内未经确认的分组需要重传。
- 在拥塞控制上,采用广受好评的 TCP 拥塞控制算法(也称 AIMD 算法),该算法主要包括 3 个主要部分:加性增、乘性减、慢启动;对超时事件做出反应。

在 LabVIEW 中,与 TCP 通信相关的函数位于"函数→数据通信→协议→TCP"

子面板中,如图 12-15 所示。

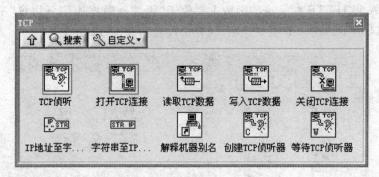

图 12-15　TCP 操作函数子面板

下面,对 TCP 编程需要用到的主要函数功能进行介绍:

1. TCP 侦听

"TCP 侦听(TCP Listen. vi)"函数用于创建侦听器并等待位于指定"端口"的已接受 TCP 连接。开始侦听某个指定端口时,不能再使用该 VI 侦听该端口。例如,在程序框图上有两个该 VI 的实例,并且第一个实例侦听端口 2222,则不能再用第二个实例侦听同一端口。TCP 侦听函数图标与端口如图 12-16 所示。

2. 打开 TCP 连接

"打开 TCP 连接(TCP Open Connection. vi)"函数用于打开由"地址"和"远程端口或服务名称"指定的 TCP 网络连接,图标如图 12-17 所示。如连线未经使用的 IP 地址,则可能导致错误,表明该网络操作已超出用户指定范围或系统时间限制。该错误在默认的 60 000 ms 超时前发生。连线正在运行并正在侦听目标端口的 IP 地址可纠正该错误。

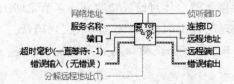

图 12-16　TCP 侦听函数图标与端口　　**图 12-17　打开 TCP 连接函数图标与端口**

"地址"可以为 IP 句点符号格式或主机名。如未指定地址,LabVIEW 可建立与本地计算机的连接。"远程端口或服务名称"可接受数字或字符串输入。远程端口或服务名称是要与其确立连接的端口或服务的名称。如指定服务名称,LabVIEW 可向 NI 服务定位器查询所有服务已注册的端口号。"超时毫秒"指定函数等待完成和返回错误的时间,以 ms 为单位。默认值为 60 000 ms(1 min),值-1 表明无限等待。"本地端口"是用于本地连接的端口。某些服务器仅允许连使用特定范围内的端口号连接客户端,范围由服务器确定。如值为0,操作系统可选择尚未使用的端口,默认值为0。

3. 读取 TCP 数据

"读取 TCP 数据(TCP Read. vi)"函数用于从 TCP 网络连接读取字节并通过数据输出返回结果,图标如图 12 − 18 所示。

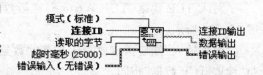

图 12 − 18   读取 TCP 数据函数图标与端口

"模式"端口用于指定读取操作的动作,可以选择的类型如表 12 − 4 所列。

表 12 − 4   读取模式

代 码	名 称	含 义
0	Standard（默认）	等待直至读取所有字节中指定的字节或超时毫秒用完。返回目前已读取的字节数。如字节数少于请求的字节数,则返回部分字节数并报告超时错误
1	Buffered	等待直至读取所有字节中指定的字节或超时毫秒用完。如字节数少于请求的字节数,则不返回字节并报告超时错误
2	CRLF	等待直至读取字节中指定的所有字节到达,或直至函数在读取字节指定的字节数内接收到 CR(回车)加上 LF(换行)或超时毫秒用完。该函数可返回所有的字节,包括 CR 和 LF
3	Immediate	在函数接收到读取字节中所指定的字节前一直等待。如该函数未收到字节,则等待至超时。返回目前的字节数。如函数未接收到字节,则报告超时错误

"读取的字节"端口指定的是要读取的字节数。下列方法可处理字节数不同的消息:

(1) 发送消息

消息前带有用于描述该消息的文件头,大小固定。例如,文件头中可包含说明消息类型的命令整数,以及说明消息中其他数据大小的长度整数。服务器和客户端均可接收消息。发出 8 B 的读取函数(假定为两个 4 B 的整数),然后使函数转换为两个整数,再依据长度整数确定作为剩余消息发送至第二个读取函数的字节数。第二个读取函数完成后,可返回至 8 B 文件头的读取函数。这种方式最为灵活,但需要读取函数接收消息。实际上,通常第二个读取函数在消息通过写入函数写入时立即完成。

(2) 发送固定大小的消息

如消息的内容小于指定的固定大小,可填充消息,使其达到固定大小。这种方式更为高效,因为即使有时会发送不必要的数据,接收消息时也只需使用"读取"函数。

(3) 发送只包含 ASCII 数据的消息

每个消息以一个回车和一对字符换行符结束。读取函数具有模式输入,在传递

CRLF 后，可使函数在发现回车和换行序列前一直进行读取。这种方式在消息数据含有 CRLF 序列时显得较为复杂，常用于 POP3、FTP 和 HTTP 等互联网协议。

4. 写入 TCP 数据

"写入 TCP 数据（TCP Write. vi）"函数用于将数据写入 TCP 网络连接，图标如图 12-19 所示。

"数据输入"端口指定要写入连接的数据，处理字节数不同的消息可采用的方法与"读取 TCP 数据"相同。

5. 关闭 TCP 连接

"关闭 TCP 连接（TCP Close Connection. vi）"函数用于关闭 TCP 网络连接。TCP 在使用完成后要关闭 TCP，以释放资源，否则容易出错，图标如图 12-20 所示。

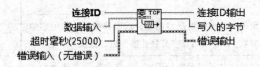 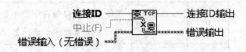

图 12-19 写入 TCP 数据函数图标与端口 **图 12-20 关闭 TCP 连接函数图标与端口**

6. 字符串/IP 地址转换

在 TCP 编程时经常会遇到字符串/IP 地址之间的转换问题，LabVIEW 提供了两个函数用于这两者之间的转换：IP To String（IP 至字符串转换）、String To IP（字符串至 IP 转换），图标如图 12-21 所示。

图 12-21 字符串/IP 地址转换

7. 创建 TCP 侦听器

"创建 TCP 侦听器（TCP Create Listener. vi）"函数用于为 TCP 网络连接创建侦听器。连线 0 至端口输入可动态选择操作系统认为可用的 TCP 端口。使用打开 TCP 连接函数向 NI 服务定位器查询与服务名称注册的端口号。图标如图 12-22 所示。

"端口"返回函数使用的端口号。如输入端口不为 0，则输出端口号等于输入端口号。连线 0 至端口输入可动态选择操作系统认为可用的 TCP 端口。依据 Internet Assigned Numbers Authority（IANA）的定义，有效的端口号在 49 152~65 535 之间。常用端口在 0~1 023 之间，注册端口在 1 024~49 151 之间。不是所有操作系统都支持 IANA 标准。例如，Windows 返回的动态端口在 1 024~5 000 之间。

8. 等待 TCP 侦听器

"等待 TCP 侦听器(TCP Wait On Listener. vi)"函数用于等待已接受的 TCP 网络连接。如在指定的时间内未建立连接,函数返回错误。图标如图 12-23 所示。

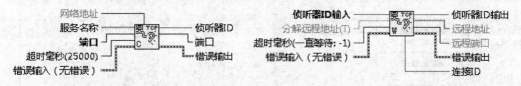

图 12-22　创建 TCP 侦听函数图标与端口　　　图 12-23　等待 TCP 侦听器函数图标与端口

TCP 编程分为服务器和客户端,在程序运行前,要先启动服务器,建立 TCP 资源。然后客户端才能请求与服务器进行连接,连接成功后即可进行数据收发,下面通过两个例子来说明服务器与客户端的创建方法。

例 12-2　TCP 编程

进行 TCP 通信时需要一个服务器和一个客户端。在本例中,演示 TCP 服务器和客户端编程方法。在实际应用过程中,TCP 的发送和接收应该是两个相互独立的线程。这样,数据的收发就可以互不影响。LabVIEW 是一种自动多线程的语言,两个独立的 While 循环就是两个线程。本例中的数据发送和接收用两 While 循环来实现。

另外,需要说明的是:在进行 TCP 通信时,必须先打开服务器程序,再打开客户端程序。这样才能建立服务器与客户端之间的连接,等连接建立之后,就可以进行通信了。TCP 服务器端和客户端界面与程序框图分别如图 12-24 和图 12-25 所示。

12.2.2　UDP 协议通信

UDP 是 User Datagram Protocol 的简称,中文名是用户数据包协议。它是 OSI 参考模型中一种无连接的传输层协议,提供面向事务的简单不可靠信息传送服务。

UDP 协议的几个特性:

① UDP 是一个无连接协议,传输数据之前,源端和终端不建立连接。当它想传送时就简单地去抓取来自应用程序的数据,并尽可能快地把它扔到网络上。在发送端,UDP 传送数据的速度仅仅是受应用程序生成数据的速度、计算机的能力和传输带宽的限制;在接收端,UDP 把每个消息段放在队列中,应用程序每次从队列中读一个消息段。

② 于传输数据不建立连接,因此也就不需要维护连接状态,包括收发状态等。因此一台服务机可同时向多个客户机传输相同的消息。

③ UDP 信息包的标题很短,只有 8 个字节,相对于 TCP 的 20 个字节信息包的额外开销很小。

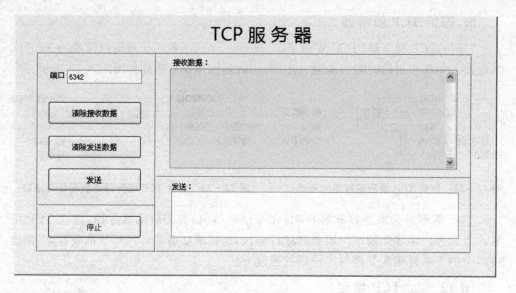

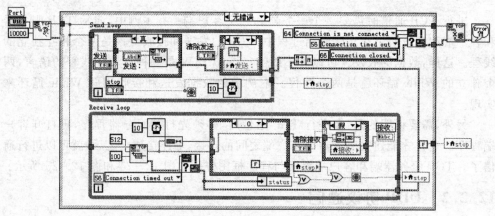

图 12 - 24　TCP 服务器端界面与程序框图

④ 吞吐量不受拥挤控制算法的调节,只受应用软件生成数据的速率、传输带宽、源端和终端主机性能的限制。

⑤ UDP 尽最大努力交付,即不保证可靠交付,因此主机不需要维持复杂的链接状态表(这里面有许多参数)。

⑥ UDP 是面向报文的。发送方的 UDP 对应用程序交下来的报文,在添加首部后就向下交付给 IP 层。既不拆分,也不合并,而是保留这些报文的边界。因此,应用程序需要选择合适的报文大小。

虽然 UDP 是一个不可靠的协议,但它是分发信息的一个理想协议。例如,在屏幕上报告股票市场、在屏幕上显示航空信息等。UDP 也用在路由信息协议 RIP (Routing Information Protocol)中修改路由表。在这些应用场合下,如果有一个消

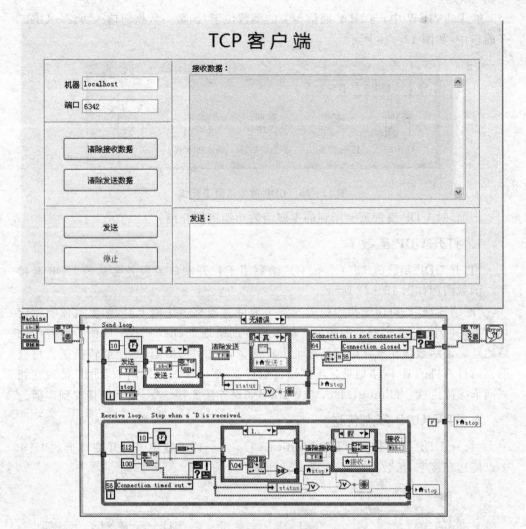

图 12 - 25　TCP 客户端界面与程序框图

息丢失,几秒之后另一个新的消息就会替换它。UDP 广泛用在多媒体应用中,例如,Progressive Networks 公司开发的 RealAudio 软件,它是在互联网上把预先录制的或者现场音乐实时传送给客户机的一种软件。该软件使用的 RealAudio audio - on - demand protocol 协议就是运行在 UDP 之上的协议,大多数互联网电话软件产品也都运行在 UDP 之上。

选择使用 UDP 协议时必须要谨慎。在网络质量并不令人十分满意的环境下,UDP 协议数据包丢失会比较严重。但是由于 UDP 不属于连接型协议,因而具有资源消耗小,处理速度快的优点。所以通常音频、视频和普通数据在传送时使用 UDP 较多,因为它们即使偶尔丢失一两个数据包,也不会对接收结果产生太大影响。比如我们聊天用的 ICQ 和 QQ 就是使用的 UDP 协议。

在 LabVIEW 中,与 UDP 通信相关的函数位于"函数→数据通信→协议→UDP"子面板中,如图 12-26 所示。

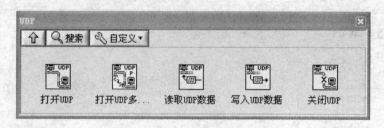

图 12-26 UDP 操作函数子面板

下面,对 UDP 编程需要用到的主要函数功能进行介绍:

1. 打开 UDP 函数

"打开 UDP 函数(UDP Open.vi)"函数用于打开端口或服务名称的 UDP 套接字。函数图标如图 12-27 所示。

"网络地址"端口用于指定侦听的网络地址。当有多块网卡时,如果需侦听特定地址上的网卡,应指定网卡的地址。如未指定网络地址,LabVIEW 可侦听所有的网络地址。该函数仅在默认的网络地址上广播。通过字符串至 IP 地址转换函数可获取当前计算机的 IP 网络地址。不能通过运行 VxWorks 的终端网卡发送广播或在相同网卡接收广播。(Linux、Mac、VxWorks)如果连接此接线端,则不能接收到广播。

2. 打开 UDP 多点传送

"打开 UDP 多点传送(UDP Multicast Open.vi)"函数用于打开端口上的 UDP 多点传送套接字,函数图标如图 12-28 所示。

图 12-27 打开 UDP 函数图标与端口　　图 12-28 打开 UDP 多点传送函数图标与端口

该 VI 可以以 3 种方式打开 UDP 多点传送:只读方式、读写方式和只写方式。"网络地址"端口的输入要求与打开 UDP 函数相同。"端口"的要求与"TCP 侦听"端口要求相同。"多点传送地址"是要加入的多点传送组的 IP 地址。如未指定地址,则无法加入多点传送组,返回的连接为只读。多点传送组地址的取值范围是 224.0.0.0~239.255.255.255。

3. 读取 UDP 数据

"读取 UDP 数据(UDP Read.vi)"函数用于从 UDP 套接字读取数据报并通过数

据输出返回结果。函数在收到字节后返回数据,否则等待完整的毫秒超时,函数图标如图 12-29 所示。

"最大值"是读取字节数量的最大值。默认值为 548。如该输入端未连接 548,由于函数无法读取小于一个数据包的字节数,Windows 可返回错误。"超时毫秒"为指定函数等待字节的时间,以 ms 为单位。如在指定时间内未接收到任何字节,函数可完成操作并返回错误。默认值为 25 000 ms,-1 表示无限等待。

4. 写入 UDP 数据

"写入 UDP 数据(UDP Write.vi)"函数用于将数据写入远程 UDP 套接字,函数图标如图 12-30 所示。

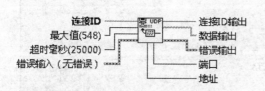

图 12-29 读取 UDP 数据函数图标与端口

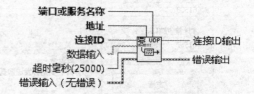

图 12-30 写入 UDP 数据函数图标与端口

"端口或服务名称"可接受数值或字符串输入。端口或服务名称指定要写入的端口。如指定服务名称,LabVIEW 将向 NI 服务定位器查询所有服务注册过的端口号。"地址"是要接收数据报的计算机地址。"数据输入"包含写入至 UDP 套接字的数据。在以太网环境中,数据限制为 8 192 B。在本地通话环境中,数据限制在 1 458 B 可保持网关的性能。"超时毫秒"指定函数等待完成并报告错误的时间,以 ms 为单位,默认值为 25 000 ms,即 25 s。如果值为-1,表明无限等待。

5. 关闭 UDP

"关闭 UDP(UDP Close.vi)"函数用于关闭 UDP 套接字,函数图标如图 12-31 所示。

图 12-31 关闭 UDP 函数图标与端口

例 12-3 基于 UDP 的简易聊天程序

这里主要给大家演示 UDP 编程的一般方法。本程序实现了一个简易的聊天程序,读者可以给指定的对象发送数据,也可以接收其他用户发送的数据。要注意的是,在发送数据时,一定要指定对方的主机 IP 地址和端口号。软件界面与程序代码如图 12-32 所示。本例是在一台电脑上演示,因此主机名称都是相同的,只是用不同的端口号来区分发送对象与接收对象。具体请看图 12-32 和图 12-33 中客户端 1 和客户端 2 的端口号设置。如果端口号设置不正确,可能会出现收不到数据或者是"IP 地址被占用"的错误提示。

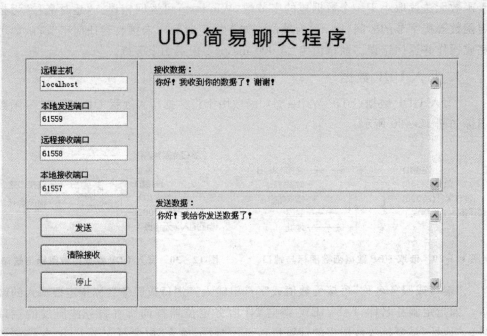

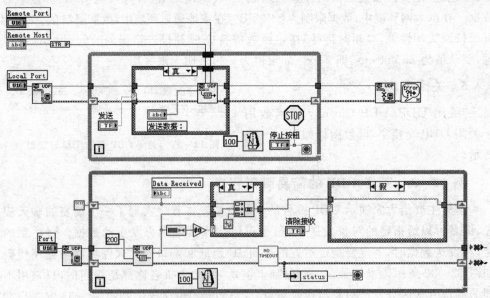

图 12－32　基于 UDP 的简易聊天程序（客户端 1）

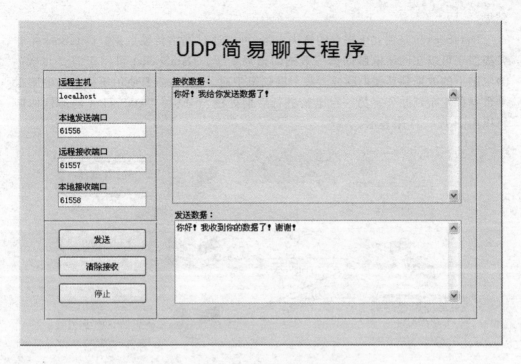

图 12 - 33 基于 UDP 的简易聊天程序(客户端 2)

12.3 DataSocket 通信

12.3.1 DataSocket 技术

DataSocket 技术是 NI 公司推出的面向测控领域的网络通信技术。DataSocket 技术基于 Microsoft 的 COM 和 ActiveX 技术,对 TCP/IP 协议进行高度封装,面向测量和自动化应用,用于共享和发布实时数据。DataSocket 能有效支持本地计算机上不同应用程序对特定数据的同时应用,以及网络和不同计算机多个应用程序之间的数据交互。实现跨机器、跨语言、跨进程的实时数据共享。在测试测量过程中,用户只需要知道数据源、数据宿及需要交换的数据就可以直接进行高层应用程序的开发,不必关心底层的实现细节。这样即可实现高速数据传输,简化通信程序的编写过程,提高编程效率。

目前 DataSocket 在 10M 网络中的传输速率可达到 640 kbps。对于一般的数据采集系统,可以达到很好的传输效果。随着网络技术的飞速发展和网络信道容量的不断扩大,测控系统的网络化已经成为现代测量与自动化应用的发展趋势。依靠 DataSocket 和网络技术,人们将能更有效地控制远程仪器设备,在任何地方进行数据采集、分析、处理和显示,并利用各地专家的优势,获得正确的测量、控制和诊断结果。

DataSocket 是独立于平台的解决方案,可以通过网络传输数据。DataSocket 非常类似于可以在网络电脑间读写数据的全局变量。DataSocket 可用于需要共享一台电脑上的数据到其他电脑或者某个电脑组中时。例如,需要使用实验室的电脑采集数据并发布到办公室另一台电脑进行后期处理与分析。DataSocket 的通信体制可以由图 12-34 来表示。

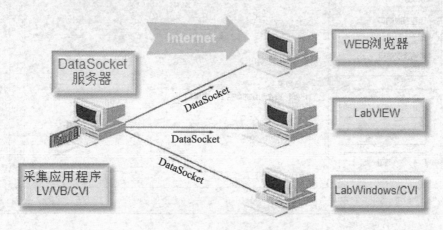

图 12-34   DataSocket 体系结构

12.3.2   DataSocket 逻辑构成

DataSocket 包括 DataSocket Server Manager(以下简称 Manager),DataSocket Server 和 DataSocket API 3 部分。

(1) Manager

Manager 是一个独立运行的程序,主要功能有:

● 设置 DataSocket Server 连接的客户端程序的最大数目和创建数据项的最大数目:创建用户组和用户

● 设置用户创建和读写数据项的权限

● 限制身份不明的客户对服务器进行访问和攻击。例如,将 Manager 中的 Default Reader 设置为 everyhost,则网中的每台客户计算机都可以读取服务器上的数据

Manager 对 DataSocket Server 的配置必须在本地计算机上进行,而不能远程配置或通过运行程序来配置。安装 LabVIEW 后,生成 DataSocket 子目录,可以在"开始→National Instruments"菜单中找到。选择 DataSocket 目录下的"DataSocket Server Manager",出现图 12-35 所示的界面。

(2) DataSocket Server

DataSocket Server 是一个必须运行在服务器端的程序,负责监管 Manager 中所

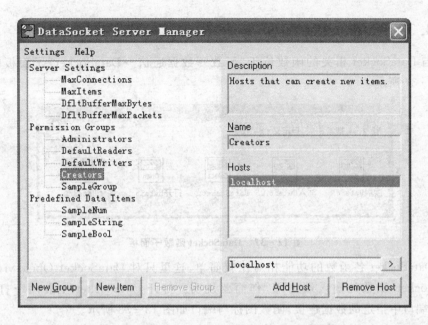

图 12 - 35 DataSocket Server Manager 对话框

设定的具有各种权限的用户组和客户端程序之间的数据交换。DataSocket Server
通过内部数据自描述格式对 TCP/IP 进行优化和管理,简化 Internet 通信方式,提供
自由的数据传输,可以直接传送虚拟仪器程序所采集到的布尔型、数字型、字符串型、
数组型和波形等常用类型的数据。它可以和测控应用程序安装在同一台计算机上,
也可以分装在不同的计算机上,以便用防火墙进行隔离来增加整个系统的安全性。
DataSocket Server 不会占用测控计算机 CPU 的工作时间,测控应用程序可以运行
得更快。使用 DataSocket 技术进行通信时服务器和客户端的计算机上必须都运行
DataSocket Server。

在"开始→National Instruments"菜单
中选择 DataSocket 目录下的 DataSocket
Server,出现图 12 - 36 所示的界面。

(3) DataSocket API

DataSocket API 提供独立的接口,用于
不同的语言平台内部多种数据类型的通读。
在 LabVIEW 中,DataSocket API 被制作成
ActiveX 控件和一系列功能 VI(Virtual In-
strument),用户可以方便地使用。一般由服

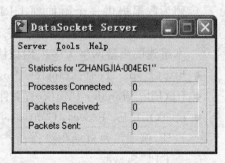

图 12 - 36 DataSocket Server 对话框

务器进行数据采集,根据需要将测量的数据写入 DataSocket 数据公共区,然后客户
端通过网络进入数据公共区读取所需的测量数据。

12.3.3 DataSocket 编程

与 DataSocket 相关的函数位于"函数→数据通信→DataSocket"子面板中,如图 12 – 37 所示。

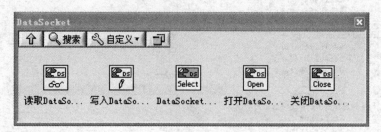

图 12 – 37　DataSocket 函数子面板

DataSocket 各函数的功能相对比较简单,这里只对 DataSocket Open. vi（打开 DataSocket）函数的输入端 URL 作简要说明。打开 DataSocket 主要用于打开在 URL 端口中指定的数据连接,函数图标与端口如图 12 – 38 所示。

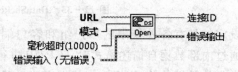

DataSocket 通过资源定位符（URL）对数据的传输目的地进行定位,读数据时为源地址,写数据时为宿地址。在资源定位符中标明数据的传输协议、网络计算机标志和数据缓冲区变量。DataSocket 支持多种数据传送协议,不同的 URL 前缀表示不同的协议或数据类型,主要包括:

图 12 – 38　打开 DataSocket 函数图标与端口

- dstp（DataSocket Transfer Protocol）：DataSocket 的专门通信协议,可以传输各种类型的数据。当使用这个协议时,VI 与 DataSocket Server 连接,用户必须为数据提供一个附加到 URL 的标识 Tag,DataSocket 连接利用 Tag 在 DataSocket Server 上为一个特殊的数据项目指定地址,目前应用虚拟仪器技术组建的测量网络大多采用该协议

- http（Hyper Text Transfer Protocol,超文本传输协议）

- ftp（File Transfer Protocol,文件传输协议）

- opc（OLE for Process Control,操作计划和控制）：特别为实时产生的数据而设计,例如工业自动化操作而产生的数据。要使用该协议,必须首先运行一个 OPC Server

- fieldpoint,logos,lookout：分别为 NI FieldPoint 模块、LabVIEW 数据记录与监控（DSC）模块及 NI Lookout 模块的通信协议

- file（local file servers,本地文件服务器）：可提供一个到包含数据的本地文件或网络文件的连接

下面通过一个具体的例子来说明 DataSocket 的具体用法。

例 12 - 4 DataSocket 读写

在这个例子中,我们使用 LabVIEW 自带的一个程序,通过 DataSocket 传递图像。发送端及接收端的程序框图和界面分别如图 12 - 39 和图 12 - 40 所示。这个 VI(结合 DS ReceiveImage. vi)可用于加载位于 dsdata 目录的图像并在图形中显示,然后以每次一列的速度发布给订阅的客户端。注意,为避免发布过程中丢失数据,必须同时为 DSTP 服务器的图像 URL 和客户端的订阅连接设置缓冲限制。

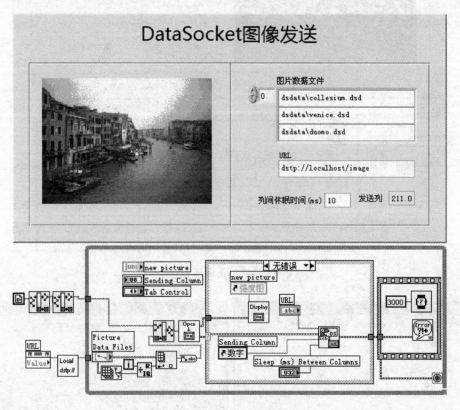

图 12 - 39 DS 图像发送

例 12 - 5 DataSocket 直接绑定

前面所述的 DataSocket 方法需要通过编程实现,而 LabVIEW 提供了一种更简便的方法,不需要通过编程即能实现。这种方法主要利用的是控件的"DataSocket 连接属性"。在前面板上单击控件,右击选择"属性",在标签页中选择"数据绑定"标签页。在"数据绑定选择"下拉列表中选择"DataSocket"就可以进行设置了,如图 12 - 41 所示。在这里可以设置 DataSocket 的路径,如果在这里进行了绑定,则程序运行就不需要在程序里写 DataSocket 读取和写入的代码了。设置成功后,在控件

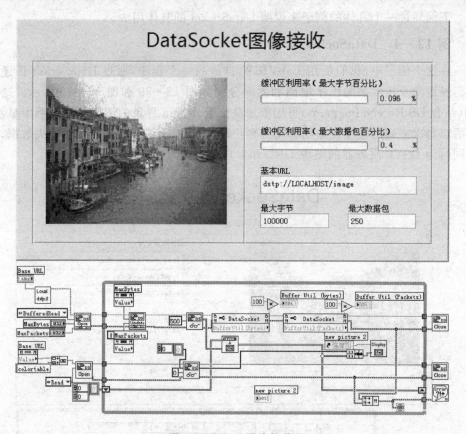

图 12 - 40 DS 图像接收

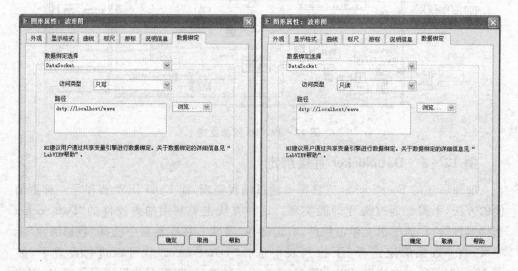

图 12 - 41 设置控件的 DataSocket 连接属性

的上右上角会有小方框,当连接正常,工作时呈绿色。程序运行的结果如图 12 - 42 所示,读者可以改变各项参数,观察波形的变化。

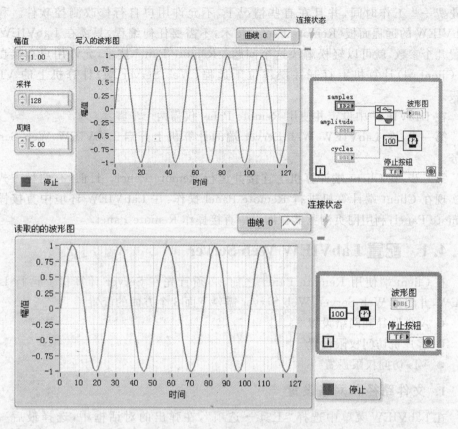

图 12 - 42 利用 DataSocket 直接绑定进行数据的写入与读取

提示:在设置控件的"DataSocket 数据绑定"属性时,要特别注意路径的格式。
另外,写入控件与读取控件的路径一定要一致。

12.4 远程面板

在进行远程测控时,用户往往希望能够在家中或办公室里的计算机中通过网络直接控制位于测控现场的测控系统完成测控任务。不但要随时操作位于测控现场主控计算机上的测控软件,而且要实时观察测控数据,利用 LabVIEW 提供的网络通信节点。例如,TCP/IP、Remote Data Acquisition(RDA)、Internet Toolkit、VI Server、Front Panel Web Publishing 和 Datasockets 等,加上一些高级编程技术和技巧,也可以实现上述功能。这需要用户具有高深的网络知识并付出艰苦的努力。而大多用户希望的是通过简单快捷的方式来实现上述功能。目前很多已经开发完成的测控软件并没有网络通信功能,若需要实现上述功能,必须对测控软件进行改造,这一点需要花费一些工作时间,并且在有些情况下,不允许用户自行修改测控软件。利用 LabVIEW 的远程面板(Remote Panel)技术,不需要任何编程,只需在 LabVIEW 中设置几个参数,就可以轻松解决这个问题。Remote Panel 技术,允许用户直接在本地(Client 端)计算机上打开并操作位于远程(Web Server 端)计算机上的 VI 前面板。

在 LabVIEW 中设定并使用 Remote Panel 仅需两个步骤:

第一步,在 LabVIEW Web Server 端的计算机上开启 LabVIEW Web Server 服务。

第二步,在 Client 端计算机上连接并运行 Remote Panel。目前,有两种方式可以实现在 Client 端计算机进行 Remote Panel 操作:在 LabVIEW 环境中直接操作 Remote Panel;利用网页浏览器在网页中直接操作 Remote Panel。

12.4.1 配置 LabVIEW Web Server

在 Client 端使用 Remote Panel 之前,必须首先在 Server 计算机上运行 LabVIEW,并配置 Web Server,Web Server 需要下面 3 个方面的配置:

- 文件路径和网络设置
- 客户机访问权限设置
- VIs 访问权限设置

1. 文件路径和网络设置

在 LabVIEW 菜单中选择"工具→选项",在弹出的对话框中,选择最后一项"Web 服务器",如图 12-43 所示。

选中 Enable Web Server,可以启动 LabVIEW Web Server。LabVIEW Web Server 默认的端口号为 80。通常情况下,端口号 49 152~65 535 是推荐给用户自定义 TCP/IP 应用程序使用的网络端口。配置页面中的其他选项包括 Server HTML 的根目录、Time、out 时间设定和 Log 文件路径设置等。

2. 客户机访问权限设置

在图 12-43 中,将右侧滚动条拉到最下面,如图 12-44 所示。

在这个页面中可以设置允许或禁止访问的客户机以及其访问权限。常用符号的含义如下:

- 符号" * "表示任意客户机
- 符号"√"表示允许客户机观看并控制 Remot Panels

3. VIs 访问权限设置

在图 12-43 中,将右侧的滚动条拉到中间位置,可以看到"可见 VI"设置,如

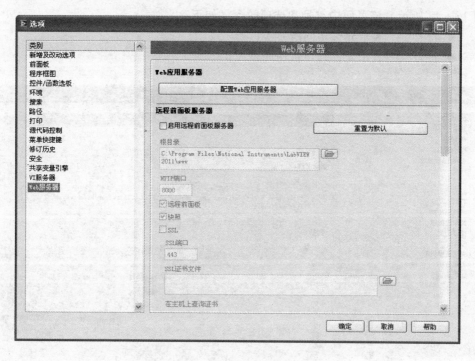

图 12 - 43　Web 服务器配置对话框

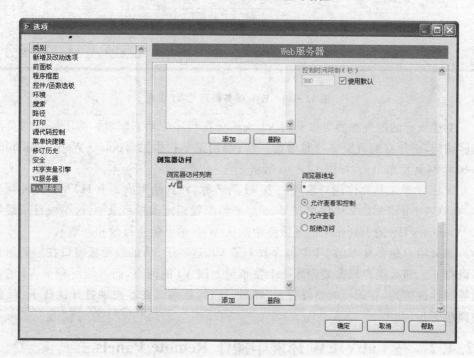

图 12 - 44　Web 服务器浏览访问列表

图 12-45 所示。该页面中符号和选项的含义如下：

- 符号"＊"表示允许访问所有 VI
- 符号"√"表示允许客户机访问该 VI

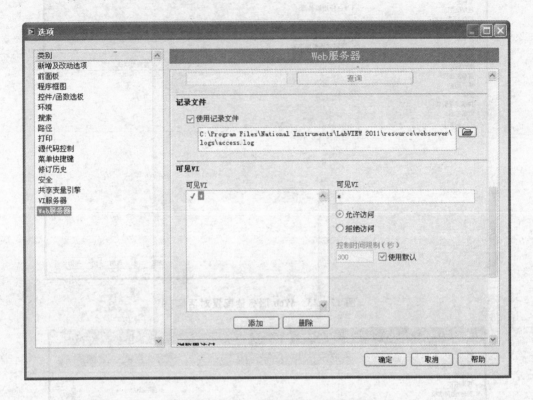

图 12-45　Web 服务器可见 VI 设置

上述所有的配置参数可以利用 VI Server 在程序中动态配置。为了提供网页浏览器访问，必须在配置服务器时增加一步：利用菜单栏中的 Tools→Web Publishing Tool 将网页发布出去，如图 12-46 所示。

Web 发布工具允许用户输入一个 VI 的名称，并自动生成一个 HTML 文件。当然，要将这个 HTML 文件保存在 Web 服务器配置指定的根目录中（这个根目录最好与 Windows IIS 的 Internet 信息服务中默认 Web 站点的主目录相一致）。

如果用户想要发布的 VI 中包含数个子 VI，这些子 VI 的前面板窗口在需要时也可以打开。那么用户只需要创建一个发布最上层 VI 的网页，而其他所有子 VI 的前面板属性设置为"在运行时始终打开"即可，这样，就可以在客户端打开这些子 VI 的前面板了。

12.4.2　在 LabVIEW 环境中操作 Remote Panels

完成上述配置步骤以后，就可以在 LabVIEW 环境中运行一个远程面板了，操作

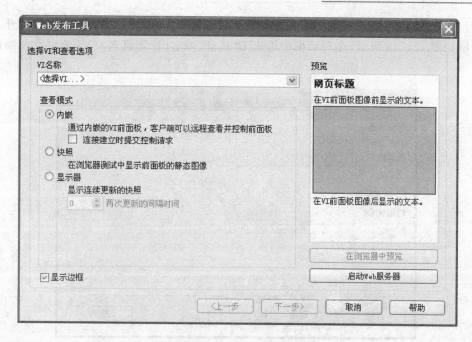

图 12 - 46 Web 发布工具

步骤如下：

第一步：在 Web 服务器端计算机中打开一个 VI 的前面板窗口（这个必须要打开，否则客户端在连接这个 VI 时会出错）。在这里，我们打开一个 LabVIEW 自带的应用程序（火车轮逐点测试），界面如图 12 - 47 所示。

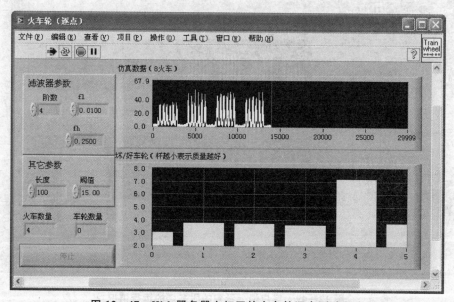

图 12 - 47 Web 服务器上打开的火车轮逐点测试程序

第二步:在 Client 端的 LabVIEW 菜单栏中选择"操作→连接远程面板",打开对话框如图 12-48 所示,在对话框中输入 IP 地址、域名(计算机名)、VI 的名称和端口号等。

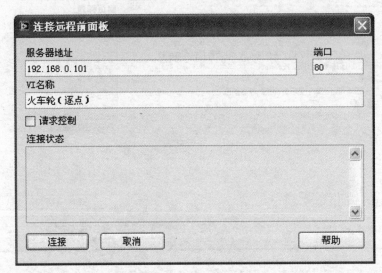

图 12-48 在客户端连接远程面板配置对话框

第三步:单击"连接",远程面板就会出现在屏幕上了,如图 12-49 所示。

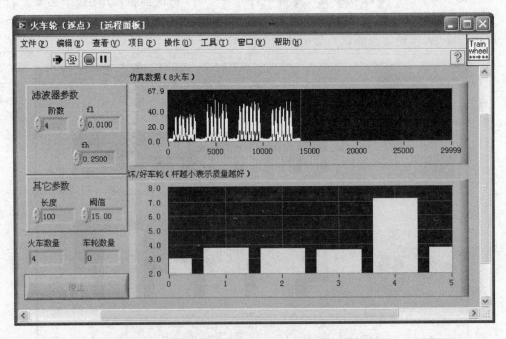

图 12-49 客户端上看到的服务端的运行情况

如果操作失败,远程连接对话框会弹出相应的信息。另外,也可以通过网页浏览器实现远程面板的功能。其实,利用 XP 系统自己的远程控制和远程访问功能也可以实现本地计算机对远程计算机的访问与控制。关于这方面的设置,这里不再详述,感兴趣的读者可以自行查找相关的设置方法。

12.5　综合实例:基于串口通信的控制软件

本例主要介绍如何利用 LabVIEW 提供的现成函数 VI,实现一个基于串口通信的上位机控制软件,软件功能包括:

- 通过调用子 VI 的方式实现指令生成
- 串口循环发送,循环间隔可调
- 十六进制发送与十六进制显示
- 文件存储

1. 指令生成子 VI

指令生成子 VI 是一个运行风格为对话框的子 VI,在主程序中调用。当子 VI 被调用时,弹出前面板,用户根据需要进行设置,程序生成代码后返回到主程序界面。用户可以对这个子 VI 进行适当扩展,变成适合自己需要的 VI。运行效果与程序框图如图 12-50 所示。

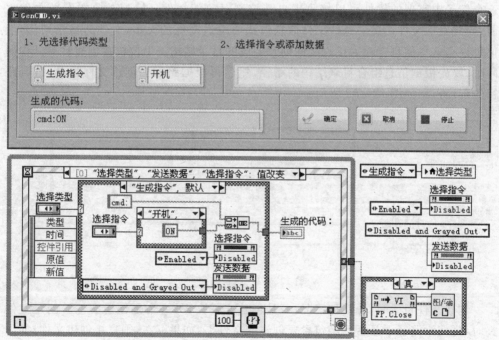

图 12-50　指令生成子 VI

2. 十六进制发送

在正式的工业应用场合中,经常需要用到十六进制格式的数据发送。通过串口进行十六进制发送之前,要先对发送的数据进行转换,程序框图如图 12－51 所示。

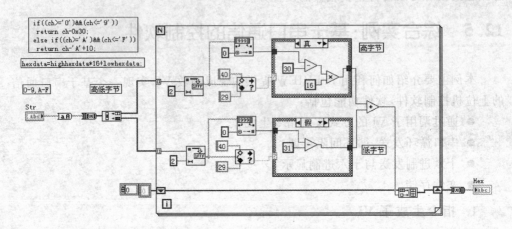

图 12－51　16 进制发送

3. 文件存储

对于一个完整的控制软件,应当根据需要对控制对象的状态信息等进行存储。这个例子中实现的软件可以接收来自其控制对象的文件。控制对象在发送文件之前,要先发送文件信息。这些文件信息包括要发送文件的大小,文件的目录结构,上位机根据这些信息自动为接收文件创建相应的目录结构。上位机在创建目录结构的同时,要先根据信息组合目录结构的路径,然后再根据路径去创建文件目录,组合路径的程序框图如图 12－52 所示。

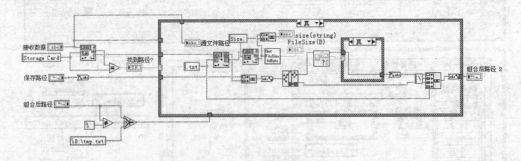

图 12－52　组合路径

创建文件目录时,分两种情况:一是创建文件夹,另一个是创建文件。创建文件夹时,先搜索路径下是否已经包含要创建的文件夹:如果存在,则直接创建文件;如果不存在,则先新建文件夹再创建文件。创建文件时,如果已经存在同名文件,则在文

件名后加序号,再创建新的文件;如果不存在,则直接新建文件。程序框图如图 12 - 53
所示。

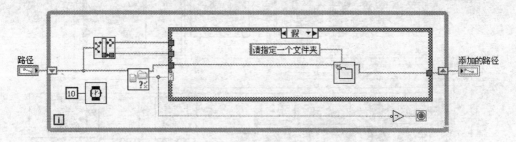

图 12 - 53   创建文件

整个程序的界面和框图如图 12 - 54 所示。

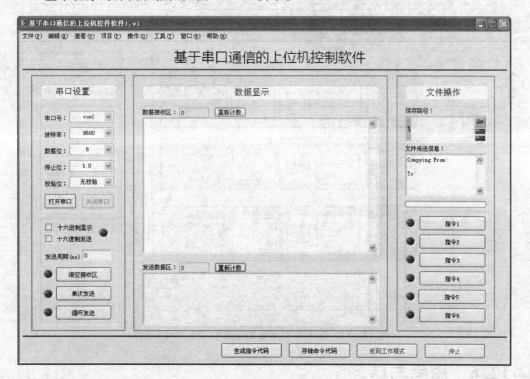

图 12 - 54   基于串口通信的上位机控制软件

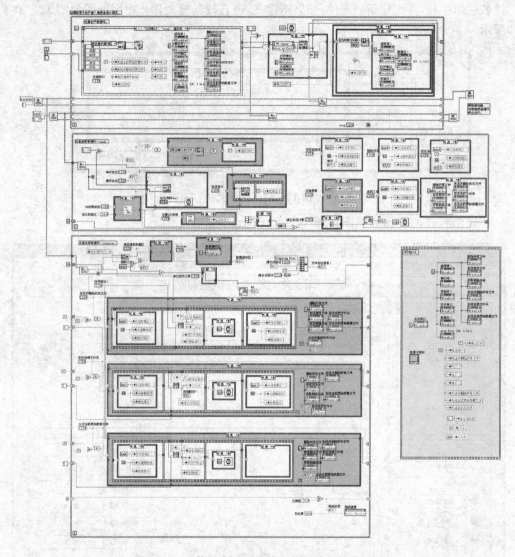

图 12 - 54　基于串口通信的上位机控制软件(续)

12.6　思考与练习

① 串口有哪几种类型？各有什么优缺点？

② 最简单的 DB - 9 针串口如何进行连接？

③ LabVIEW 提供了哪些与串口编程相关的 VI？

④ LabVIEW 中的串口编程分哪些步骤？

⑤ TCP 与 UDP 协议的基本概念,各有哪些优缺点？

⑥ TCP 协议与 UDP 协议分别适用于哪些场合？

⑦ LabVIEW 提供了哪些与 TCP 与 UDP 编程相关的 VI？

⑧ DataSocket 和远程面板有什么好处？

⑨ 如何通过控件的"属性设置"来进行 DataSocket 的"数据绑定"？

⑩ 熟悉远程面板的设置方法。

第 13 章

界面设计与美化

　　界面是一个软件最吸引用户的地方。一个布局合理、色彩搭配得当、操作简单的程序界面,可以给使用者留下深刻的印象,大大提升程序的品味。本章主要介绍界面设计的一般原则和一些美化的技巧。

【本章导航】
　　➢ 界面设计的一般原则
　　➢ 常用界面风格
　　➢ 菜单设计
　　➢ 子 VI 的调用与重载
　　➢ 界面美化常用技巧

13.1　界面设计的一般原则

　　界面设计不像数学运算那样有一个明确的公式可循,界面设计本身就是一个关于艺术设计的美感问题。在具体的设计过程中,不但要掌握用户的口味,还要注意应用的场合。根据大多数有资深软件工程师的经验和建议,一般在界面设计时遵循如图 13 - 1 所示的几条原则。

1. 界面设计要符合人们的习惯

　　另外,在设计界面时,尽量要与人们的使用习惯保持一致,不要轻易对这种人们已经熟悉了的习惯去进行创新。为什么这么说呢?举个例子,比如开车,一般汽车都会有油门、刹车、方向盘和转向灯等,而且它们在车上的位置基本上是一样的,使用方法也差不多。所以当你学会了开一个车,再换一个新车的时候,就不需要重新开始学了。那么,对于界面操作也一样,尽量要使用一些人们比较熟悉的元素,比如说按钮、图标、术语、对话框和菜单等。这样,当软件交到用户手中时,用户可以根据本身已有

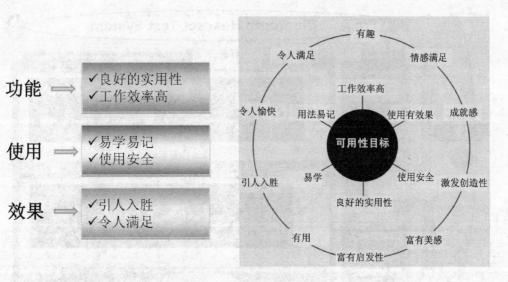

图 13-1　界面设计的一般原则

的经验与知识对新软件进行快速地掌握。显然,这里所说的尽量不要创新,并不是说一定不能创新。如果没有了创新,那所有的软件就会变成千篇一律,反倒会让人感到枯燥。在不至于让人操作起来非常别扭的情况下,根据软件的使用对象进行一点个性化的设置,将会使我们的程序界面增有独树一帜的优势。

2. 界面设计要简洁明了

界面设计一定要简洁明了:

① 推荐对控件进行归类,功能类似的放在界面的同一区域,比如将命令和控制按钮放在一起,结果显示放在一起,状态显示放在一起。

② 布局合理,主次要分明。重要和常用的控件要放在界面上显眼的位置。不常用的控件可以使用模块化,在平常时隐藏,需要用到时再调用。

③ 按阅读习惯布局控件。人们的阅读习惯一般是从左住右,从上到下。

常用的界面布局如图 13-2 所示。

3. 界面配色要适当

适当的界面配色可以给人赏心悦目的感觉,但要注意的是界面的颜色不宜太多,一般在 3 种颜色左右比较合适。功能相近的元素使用同一色系的颜色,需要重点突出的内容用特别的颜色。另外,在给界面上色时,还要考虑软件的应用场合和使用者的喜好,根据实际情况选择合适的色系。

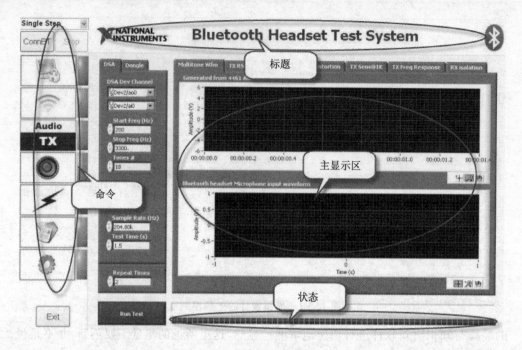

图 13 - 2　常用界面布局

13.2　常用界面风格

　　界面的风格千变万化,使用一些大家平常比较熟悉的风格,可以给人一种亲切感。而且一些大家平常比较熟悉的图标、术语和按钮也会方便用户更容易地掌握软件的操作方法。大家较熟悉的界面风格主要有以下几种:仪器型界面、测试平台界面和 Windows 平台界面。

1. 仪器型界面

　　仪器型界面外观也与传统仪器比较相似,适合于习惯了传统仪器的用户。这种风格的界面控件,一般都设计成与传统仪器的控件具有相似的外观和功能,只要熟悉了传统仪器的操作,对于这种界面就能很快上手。图 13 - 3 所示为一种典型的仪器型界面风格。

2. 测试平台界面

　　测试平台界面适合于需要设置复杂参数,有多种结果需要显示的场合。图 13 - 4所示为一种典型的测试平台界面风格。这种风格的界面一般会使用更多的自定义控件,这些控件配以形象的图标或者文字说明。这样,使用者就不至于在众多的参数设置选项中感到迷茫。另外,对于多个测试结果的显示,最常用的方法是使用 Tab 控

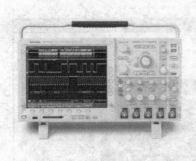
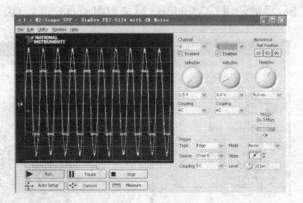

图 13－3　仪器型界面风格

件。将不同的结果在不同的"页"上进行显示，使得各个结果看上去清晰明了，结果之间互不干扰。

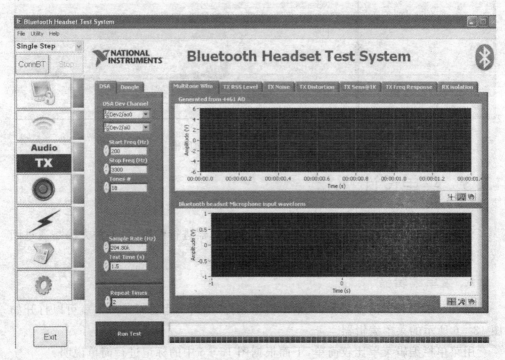

图 13－4　测试平台界面风格

3. Windows 平台界面

Windows 平台界面是大部分用户最熟悉的一种界面风格。一般会有菜单栏、分隔栏和系统控件等。图 13－5 所示为一种典型的 Windows 平台界面风格。对于这种风格的界面，就可以像操作 Windows 系统一样进行操作。在设计这种风格的界面时,尽量使用与 Windows 风格类似的自定义控件、图标等。

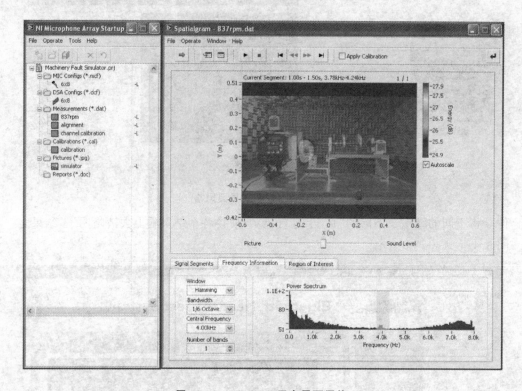

图 13 - 5　Windows 平台界面风格

13.3　菜单设计

菜单的编辑有两种方法:一种是通过菜单编辑器进行编辑;另一种方法是通过函数编程实现。

1. 菜单编辑器

打开菜单编辑器的方法为,在菜单栏里选择"编辑→运行时菜单",就可以打开如图 13 - 6 所示的菜单编辑器。

用菜单栏编辑菜单比较简单,下面根据图 13 - 6 中的标记进行简单说明:
- "1"用于对菜单进行新建、保存等操作;
- "2"用于添加或删除选项;
- "3"用于调整菜单项的顺序;
- "4"用于选择系统提供的框架;
- "5"用于编辑所有菜单项的名称、快捷键等属性。

在编辑菜单时,编辑器会实时显示当前菜单的预览。编辑完成后,程序会生成

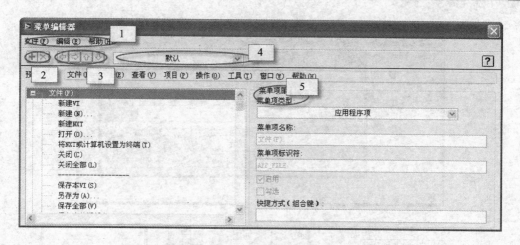

图 13-6 菜单编辑器

".rtm"的系统文件。程序运行时,就从这个文件中调用菜单的风格进行显示。

2. 菜单操作函数

与菜单操作相关的函数位于"函数→编程→对话框与用户界面→菜单"子面板中,如图 13-7 所示。

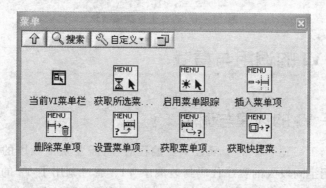

图 13-7 菜单操作函数

菜单操作函数子面板提供了获取当前 VI 菜单、插入和删除菜单项等操作。通过函数来生成菜单栏的编辑思路一般为:先获取当前菜单,然后对它进行编辑。下面通过一个实例来说明具体过程。

例 13-1 菜单编程函数操作示例

在这个例子中演示了通过程序框图创建运行时菜单的方法。程序框图中的"插入菜单项"可生成用户在 VI 运行时见到的菜单栏。运行结果和程序框图如图 13-8 所示。

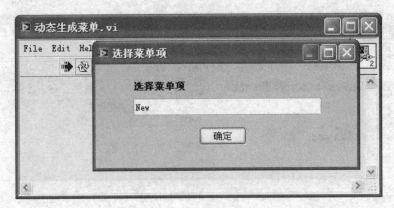

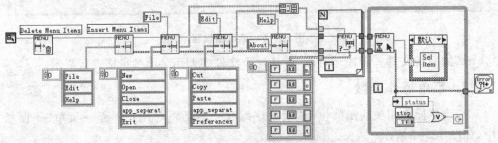

图 13 - 8　动态生成菜单演示

13.4　子 VI 的调用与重载

13.4.1　子 VI 的创建与调用

子 VI 相当于 C 语言中的子函数。在编程时,将需要重复调用的代码封装成子 VI,或者将占用空间较大的程序代码封装成子 VI。通过调用子 VI 的方式实现程序的功能,可以使我们的程序看上去更加简洁,逻辑关系更加清楚,对于程序的调试与维护是相当有利的。子 VI 的编写大概可以分为以下几个步骤:

① 编写子 VI 程序代码(与编写正常的 LabVIEW 一样)。

② 定义端口。

③ 修饰图标(可以是图片或者文字,即子 VI 被调用时呈现给大家看的"相貌")。

④ 保存。

⑤ 在其他程序中进行调用。

下面通过一个实例来具体说明子 VI 的创建方法。

例 13 - 2　创建子 VI

这个子 VI 的功能是实现对输入信号的滤波,输出滤波后的波形,滤波器参数可以设置,按图 13 - 9 创建 VI。

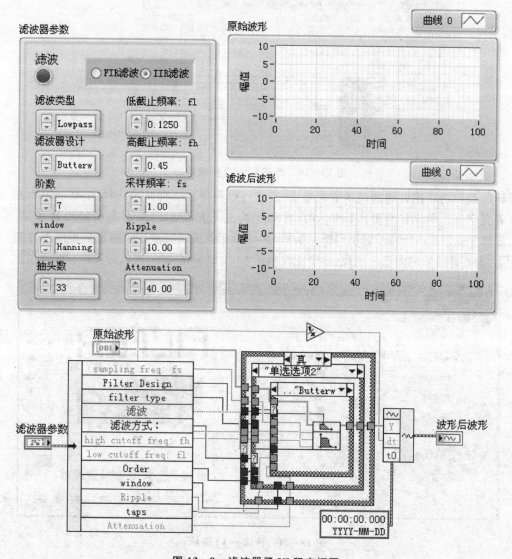

图 13 - 9　滤波器子 VI 程序框图

将这个 VI 保存为"滤波",接下来定义端口。切换到前面板,右击右上角的"接线端口",从"模式"中选择合适的端口模型,如图 13 - 10 所示。这里需要 3 个端口:一个参数输入,一个原始波形输入,一个滤波后波形输出。在"接线端口"的任意一个小方框里单击鼠标左键,然后单击前面板中的控件。这样,就建立了这个控件和端口的映射关系,依次为另外两个控件与端口建立映射关系。

下一步就是修饰这个子 VI 的图标,在前面板或者后面板的右上角,双击 VI 的图标,便可以打开图标编辑窗口,如图 13 - 11 所示。2011 版的 LabVIEW 中,VI 图

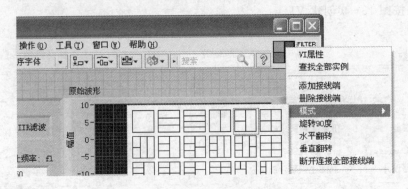

图 13-10　为子 VI 配置接线端口

标的编辑功能比以前的版本更加强大,读者可以根据自己喜好,在图标上添加图片或者文字等。用户在编辑 VI 图标时,在图标的左下角会实时显示当前的编辑效果。编辑完成后单击"确定"退出编辑对话框,这样图标就编辑完成了。退出到程序主界面上,保存修改后的内容。至此,这个滤波器子 VI 就编辑完成了,可以对它进行调用了。

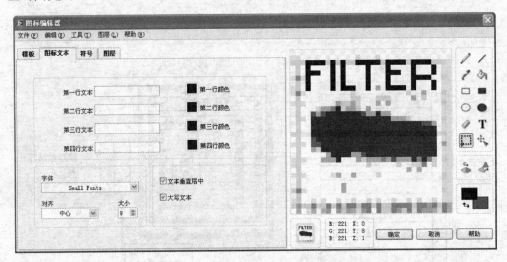

图 13-11　修饰子 VI 图标

　　子 VI 的调用方法为右击后面板,在弹出的快捷菜单中选择"选择 VI"。在打开的对话框中选择刚才创建好的子 VI,按图 13-12 创建程序,运行效果如图所示。

　　提示1: 在编辑图标时,可以导入一张图片,或者从剪贴板中粘贴一张图片。用粘贴的方法时,最好是先用组合键 Ctrl＋A 全选图标的整个区域,这样粘贴过来的图片就正好在这个区域中。否则,粘贴过来的图片会按照它本来的分辨率和相素进行显示。这样还得调整大小,比较麻烦。

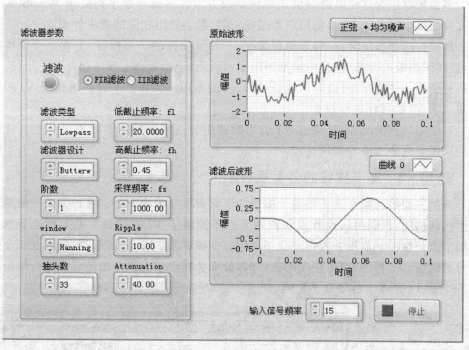

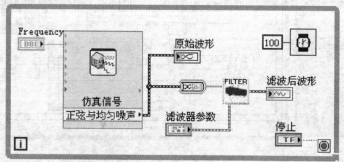

图 13-12　子 VI 调用

13.4.2　多面板程序设计

在编写一个复杂的系统时，往往一个前面板很难显示所有的内容，就算勉强挤下，也会使界面看上去异常凌乱。对于有些情况，可以用 Tab 控件来暂时缓解，但对于控件特别多的程序，尤其是这些子 VI 可能关联不是很密切的时候，如果能让它们一个一个显示出来，看上去就会更加清晰。

多面板程序为这种思路提供了一种解决方案。多面板程序类似于 Windows 下通过按钮操作来显示界面,当用户单击按钮时,就会弹出相应的程序界面。

在设计这种程序时,一般分两种情况:一种是在弹出子面板时,主程处于等待状态,直到子面板运行完成;另一种是弹出子面板后,子面板与主程序相互独立运行。

对于第一种情况,可以简单地通过子 VI 的调用来实现。不过在编辑子 VI 的时候要对子 VI 的属性进行设置。

对于第二种情况,需要通过 VI 引用的调用节点来实现。下面通过一个具体的实例来说明这种方法的实现过程。

例 13 - 3　基于按钮的多面板程序

本例主要给大家介绍一种基于按钮的多面板程序编程方法。这种方法一般是基于事件结构的,再利用属性节点和调用节点来控制子 VI 的运行。关于属性节点与调用节点请参考下节相关内容。程序界面与框图如图 13 - 13 所示,前面板上 3 个按钮分别对应 3 个程序,单击相应的按钮时,分别会弹出相应程序的窗口。运行结果如图 13 - 14 所示,3 个程序互不影响。

 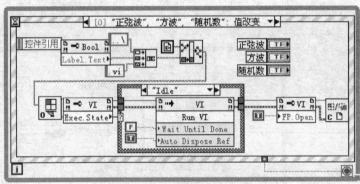

图 13 - 13　基于按钮的多面板程序

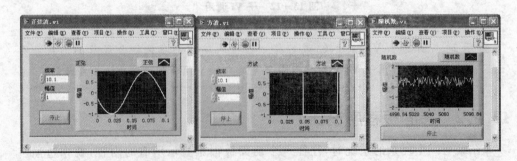

图 13 - 14　基于按钮的多面板程序运行结果

例 13 - 4　基于菜单的多面板程序

前面一例是通过按钮来实现多面板程序的。在这一例中,通过菜单来实现多面板,界面与程序框图如图 13 - 15 所示,运行结果与图 13 - 14 相同。

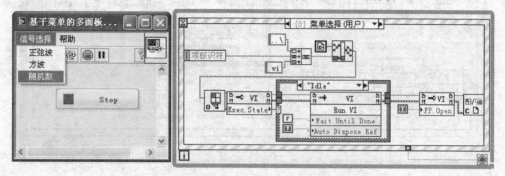

图 13 - 15　基于菜单的多面板程序

13.4.3　动态载入界面

前一节中所介绍的多面板程序,在主界面上只有与程序相对应的按钮。当单击相应按钮时,启动对应的程序,启动的子程序界面与主界面是两个不同的 VI 界面。在本节中要介绍的是另外一种思路——动态载入界面。采用这种方式时,被调用的子 VI 界面会出现在主 VI 界面上的指定位置中。这个位置由一个 LabVIEW 提供的"子面板"控件来实现,利用这个控件可以实现动态载入界面和子界面重用。

1. 利用"子面板"动态载入界面

子面板控件位于"控件→新式→容器"子面板中,将它放置到前面上后,可以通过拖放调整大小。当把它放到前面板上时,在后面板上会出现一个对应的"调用节点"。调用方法为 Insert VI,也就是把调用的 VI 放到前面板的子面板容器里。下面通过一个具体的实例来说明它的使用方法。

例 13 - 5　动态载入界面

在本例中,演示如何利用"子面板"来实现 VI 的动态载入,这里采用的子 VI 与上一节相同。程序框图如图 13 - 16 所示,程序界面如图 13 - 17 所示。未载入子 VI 时,"子面板"是空白的。当用户单击按钮时,"子面板"会载入对应的程序界面,如图 13 - 18 所示。

> 提示:如何调整子面板控件的大小是一个比较棘手的问题,这里给大家两个小小的提示:第一,在建立 VI 时可以将 VI 的界面设置成固定大小;第二,调用的 VI 在子面板中的显示位置与 VI 编辑时相对于左上角的位置是一样的。在编写子 VI 时,最好从左上角开始排列控件。

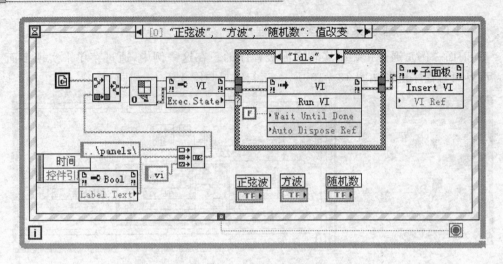

图 13 – 16　动态载入界面(程序框图)

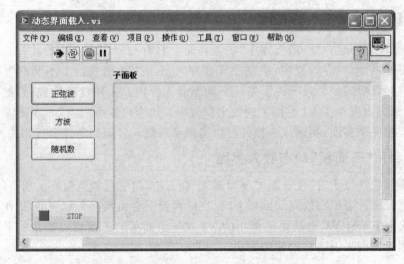

图 13 – 17　动态载入界面(未载入子 VI 时)

2. 利用"子面板"和 VI 模板实现子界面重用

当有许多相同的仪器界面需要显示时,可以用"子面板"与 VI 模板来实现。步骤如下:

① 将仪器界面编写为一个单独的 VI,并把它保存为 VI 模板(保存时把扩展名改为.vit 即可)。当用"打开 VI 引用"函数打开 VI 模板时,会自动在内存中创建一份复本,如果打开多次就会创建多个复本,这就是 VI 模板的克隆特性。

② 在界面上放置多个"子面板"作为仪器界面的"容器",右击每一个"子面板"并选择"创建→引用"选项,在程序框图中创建它们的引用。

③ 通过 For 循环来实现载入 VI 模板的多个复本。

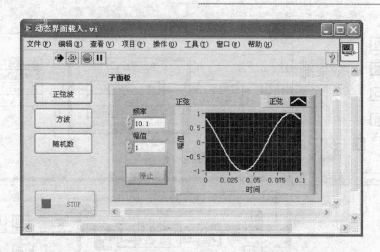

图 13 - 18 动态载入界面(载入子 VI 后)

下面通过一个例来具体介绍它的实现过程。

例 13 - 6 子界面重用

在这个例子中用"子面板"控件和 VI 模板实现 4 个子界面的重载,创建的步骤如上面所述。在这里要注意的是重用子界面时,载入的 VI 复本可以利用一个 For 循环来实现,运行结果与程序框图如图 13 - 19 所示。

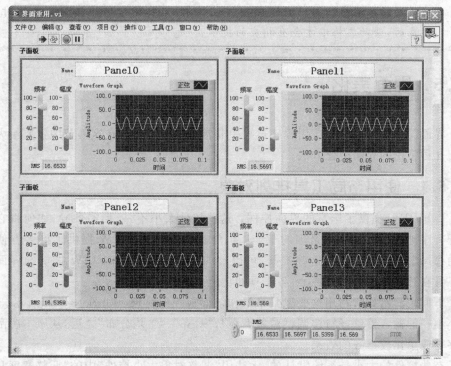

图 13 - 19 界面重用

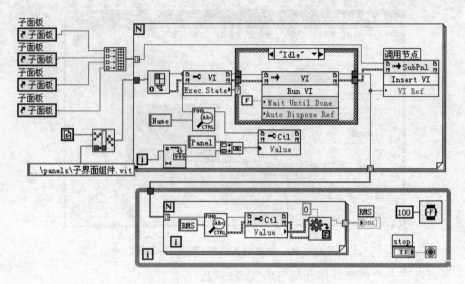

图 13 - 19   界面重用(续)

> 提示:这几个例子都用到了属性节点与调用节点,这两个函数是在 LabVIEW
> 高级编程中经常用到而且非常有用的函数。它们主要功能是用来控制
> VI 或者控件的属性与状态。但对于每个具体的 VI 和控件,它们能实现
> 的功能又不尽相同。在实际使用过程中,需要将它们连接到具体的对
> 象时,帮助文档中才会有相应的提示。

13.5   界面美化

界面美化是编写一个应用程序过程中非常重要的一步。在这一节中主要给大家
介绍几种常用的界面美化方法。

13.5.1   使用布局工具排列对象

LabVIEW 提供了丰富的界面控件。这些控件大小不一,形态各异,如何将它们
进行有序排列是一个非常繁琐的工作。但幸运的是,LabVIEW 提供了许多方便实
用的布局工具。熟练使用这些工具,可以节约大量时间。LabVIEW 提供的界面布
局工具在开发环境的工具栏上,各工具的功能如图 13 - 20 所示。

下面来演示如何利用这些工具来操作前面板控件对象。如图 13 - 21 所示,3 个
大小不一的输入控件,经过"调整对象大小"、"对齐"、"平均分布"之后,从原本凌乱的
排序变成了比较整齐的效果。

有些控件的大小是系统默认的,无法用"调整对象大小控件"中的"调整宽度和高

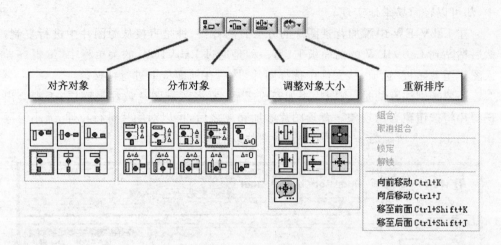

图 13 - 20   LabVIEW 界面布局工具功能

度"工具进行调整,比如数值控件的宽度等。这些不能调整的控件大小的尺寸会用
" * "标识出来,如图 13 - 22 所示。如果用户想要改变这些控件的大小,可以使自定
义的方法。关于自定义控件的修饰方法请参考 13.5.3 节内容。

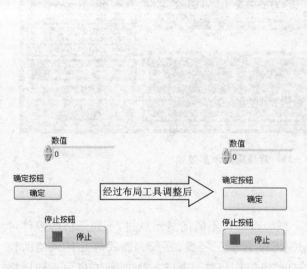

图 13 - 21   布局工具使用举例

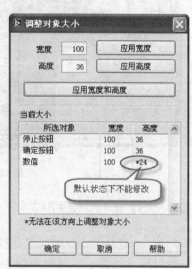

**图 13 - 22   默认状态下不能修改
大小的控件**

13.5.2   添加背景图片

在进行界面修饰时,如果我们能够在界面上嵌入与这个软件应用场合相关的图
片,不但会让这个界面看上去更加专业,而且更富有生命力。在 VC、VB 这些传统的
编程语言环境中,如果要嵌入一幅图片,可能要写上好几行代码。而在 LabVIEW

中,却可以轻而易举地实现。

在 LabVIEW 中添加背景图片的方法有两种:一种是直接从源图片中进行复制,然后粘贴到 LabVIEW 的前面板上;另一种是通过 LabVIEW 的菜单栏中"编辑→导入图片至剪贴板"选项,从文件中选择图片,然后在前面板上进行粘贴。

还要特别注意的是,当图片添加完成之后,要将背景图片放在最底层,否则会出现图片将按钮覆盖的现象。背景图片添加完成之后,可以对图片进行拉伸、缩小等操作。图 13-23 所示为一个添加了背景图片以后的程序界面。

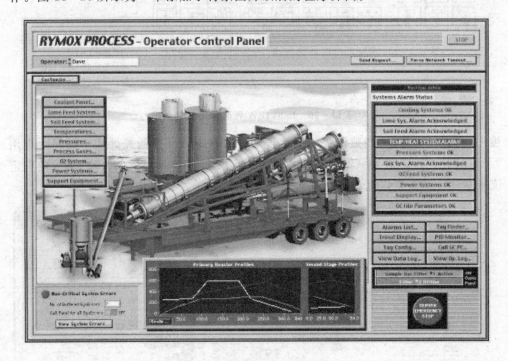

图 13-23　背景图片添加效果

13.5.3　自定义控件

在 LabVIEW 中,同一种控件一般会有几种不同的显示风格,不同风格的控件可以进行相互替换。较早版本的 LabVIEW 提供了经典、系统和新式等几种风格的控件。LabVIEW2011 新增了一种"银色"风格的控件,图 13-24 展示了几种不同风格的常用控件。

另外,LabVIEW 大部分的控件都支持自定义操作。在自定义对话框,用户可以对控件的外观、机械动作等属性进行修改。打开控件自定义对话框的方法为:右击控件,在弹出的快捷菜单中选择"高级→自定义",如图 13-25 所示。

下面通过一个实例来具体说明自定义控件的编辑过程。

图 13-24　不同风格的控件

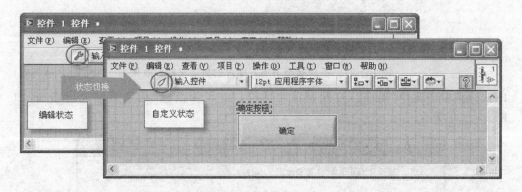

图 13-25　打开自定义控件编辑状态

例 13-7　自定义控件编辑举例

本例演示给"确定"按钮进行自定义编辑,添加图标。添加了图标的控件看上去更形象,意义更明确,具体步骤如下:

① 在前面板上放置一个"确定"按钮。

② 右击控件,选择"高级→自定义",打开自定义编辑对话框。

③ 从"编辑→导入图片至剪贴板"导入图片到剪贴板。

④ 右击控件,选择"从剪贴板导入图片→始终",将图片导入到控件上。

⑤ 切换到编辑模式,调整图片和文字的位置、大小。

⑥ 保存自定义控件。

编辑完成后的自定义控件效果如图 13-26 所示。

步骤③中,在编辑状态下插入图片和自定义状态下插入图片的效果是不一样的:在编辑状态下插入图片,不改变原始控件的形状;在自定义状态下插入图片,原始控件会变成插入的图片的形状。两种效果如图 13-27 所示。

LabVIEW 的所有控件都支持添加控件说明信息,具体方法为右击控件,在弹出

图 13 - 26 自定义控件编辑效果

图 13 - 27 不同状态下插入图片的自定义控件效果

的快捷菜单中选择"属性",打开属性对话框,在"说明信息"标签页中进行添加,如图 13 - 28 所示。

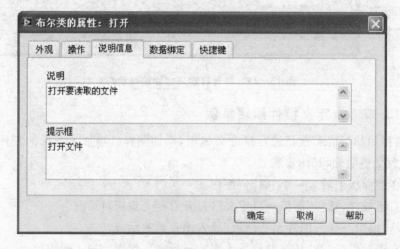

图 13 - 28 添加控件说明信息对话框

图 13 - 28 中"提示框"中的内容是最终会显示给用户的提示信息,对一个"文件打开"添加了说明信息"打开文件"后,将鼠标放置到控件上,效果如图 13 - 29 所示。

图 13 - 29 添加提示信息后的显示效果

提示：在给自定义控件添加图片时，图片的格式最好是 PNG 格式。因为这种
　　　图片有透明效果，不至于在图片周围留下白边，看上去更加美观。自定
　　　义控件编辑完成后，用户可以将它存储于"＜LabVIEW＞\user.lib"目
　　　录下，这样就可以在控件面板的"用户控件"子面板上找到这些自定义
　　　的控件。

13.5.4　动　　画

在程序载入过程中、文件保存过程中添加一些动画效果，将会使程序看上去更有
活力。在 LabVIEW 中添加动画效果有很多种方法，最方便的就是在程序界面上添
加一个.GIF 的动画图片。GIF 动画图片的效果与程序运行过程是互不影响的。

另外一种常用的方法是使用 LabVIEW 自带的进度条等控件，或者是自定义控
件。下面分别通过具体实例来演示它们的实现过程。

例 13-8　用进度条表示程序执行进度

如果用户知道程序执行的总时间，就可以方便地用进度条来实现一个动画过程。
本例中用 For 循环实现[0,100]所有能被 3 整除的整数求和，用进度条显示程序执行
的过程。实现过程很简单，只要把总的循环次数作为进度条的最大值，把循环的当前
值作为进度条的输入就可以了。程序运行效果与框图如图 13-30 所示。

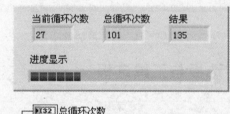

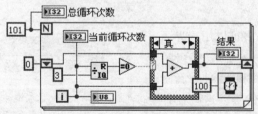

图 13-30　用进度条实现动画效果

根据这个例子，读者可以思考一下如何在程序初始化的过程中实现这个进度条
的动画过程。

例 13-9　图片滚动条

本例将实现一个可以左右滚动的图片滚动条，主要控件是一个"水平指针滑动

杆"。通过自定的方法,将滑动杆的滑块替换为制作好的图片,运行效果与程序框图如图 13 - 31 所示。程序开始执行后,先进行加法操作,图片向右移动。当滑动杆的值大于 8 后,开始执行减法操作,图片向左移动。直到滑动杆的值小于 1 后,又开始执行加法操作,图片开始向右移动。如此反复,便实现了一个一直在左右移动的图片滚动条。

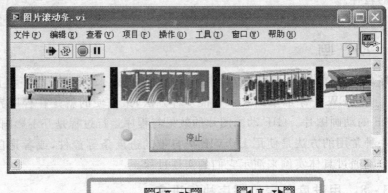

图 13 - 31　图片滚动条

13.5.5　利用控件选板与工具选板

1. 控件选板

控件选板中有许多可以用于界面修饰的工具,如"控件→新式→容器"中的分隔栏、Tab 控件和"控件→新式→修饰"中的修饰控件等。这些控件的位置如图 13 - 32 和图 13 - 33 所示。

当我们的程序在界面上有许多控件需要摆放时,利用分隔栏和 Tab 控件是一个不错的选择。

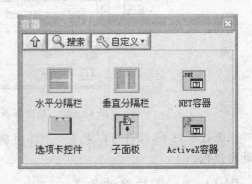

图 13 - 32　容器子面板中的修饰控件

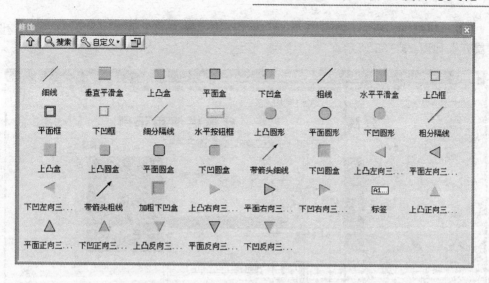

图 13 - 33　修饰子面板中的修饰控件

例 13 - 10　分隔栏使用示例

分隔栏可以自动适应屏幕的分辨率,在不同显示器上进行显示时会进行自动伸缩。分隔栏将界面分隔成几个独立的区域,各个区域可以独立移动而不影响周围控件的布局。分隔栏的使用方法如图 13 - 34 所示。

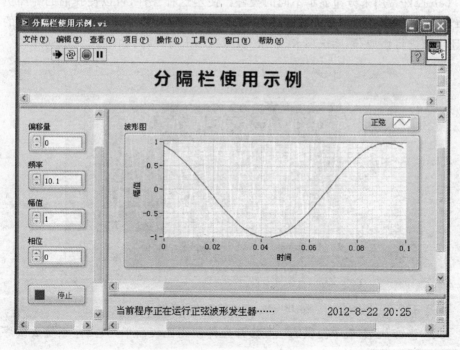

图 13 - 34　分隔栏使用示例

通过属性节点对分隔栏的位置进行操作,还可以实现对前面板对象的"隐藏"和"展开",如图 13－35 所示。

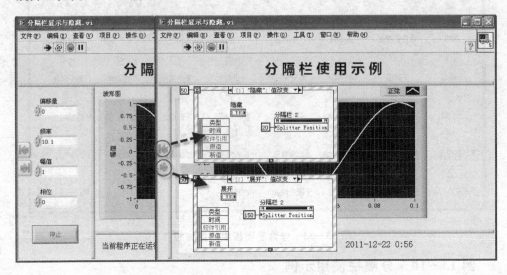

图 13－35　分隔栏的显示与隐藏

例 13－11　Tab 控件使用示例

Tab 控件常用来分布显示不同的控件。使用这种控件,可以使我们的界面更加简洁,显示的内容更加丰富。将 Tab 控件放置到前面板上后,可以任意调整它的大小,还可以进行添加/删除选项卡、显示/隐藏选项卡等操作,如图 13－36 所示。

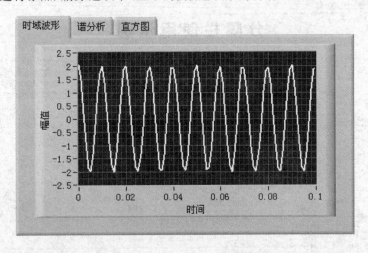

图 13－36　Tab 控件使用举例

关于"修饰"子面板中提供的一些修饰控件使用比较简单,只要注意叠放次序就可以了,这里不再赘述。

2. 工具选板

工具选板如图 13-37 所示,显示工具选板的方法为从菜单栏的"查看"菜单中,选择"工具选板"。工具选板提供了界面修饰使用非常频繁的一个工具——着色工具,用这个工具可以给大部分控件进行着色。其中"透明色"是一种非常有用的着色方法,效果如图 13-38 所示。

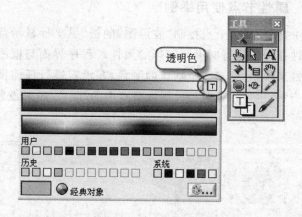

图 13-37 工具选板

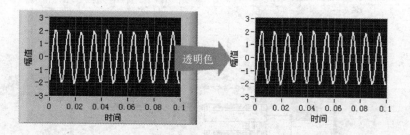

图 13-38 透明色效果

当然,透明色不是唯一的效果,读者可以根据应用场合和个人喜好,对前面板的控件进行任意配色。

13.5.6 巧用属性节点与调用节点

属性节点与调用节点(方法节点)是在 LabVIEW 高级编程中经常用到的两个 VI。通过属性节点和调用节点,可以实现控件的很多高级功能,使我们的程序变得更加丰富多彩。

1. 属性节点

属性节点可以通过编程来设置或获取控件的属性。例如在程序运行中,可以通过编程设置数值控件的背景颜色、图形控件的显示范围等。创建属性节点有两种方法:一种是右击程序框图中的控件图标,在弹出的快捷菜单中选择"创建→属性节点"。此时,会弹出关于属性节点的许多选项,从中选择需要的即可;另一种方法是在"函数→编程→应用程序控制"子面板中选择"属性节点"放置到后面板上,右击该属性节点,在弹出的快捷菜单中选择"连接至",将其连接到需要设置属性的控件即可。下面通过一个实例来介绍它的用法。

例 13-12 属性节点使用举例

在这个例子中,使用属性节点控制"波形图"的横、纵坐标显示范围,并用它来设置"停止"按钮控件在程序执行时进行闪烁的属性。程序界面与框图如图 13-39 所示。对于每个控件来说,它都有一个默认的颜色,在没有进行任何设置时,按默认的颜色进行闪烁。当然,也可以通过控件属性节点中的"颜色"项来设置控件的前景色、背景色和过渡色等。

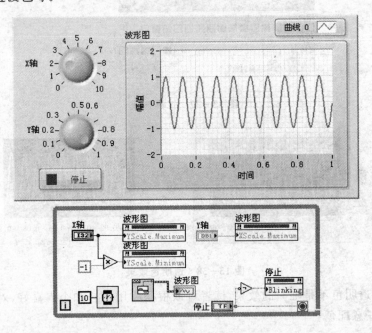

图 13-39 属性节点使用举例

> 提示:对于"波形图"这类图形显示控件而言,横轴与纵轴的显示范围在默认情况下是自动调整的。当读者用属性节点控制"波形图"等波形显示控件的显示范围时,要将这些控件横纵坐标的"自动调整"属性取消。否则就会出现程序运行时显示控件因为坐标显示范围的不停变化而不停闪烁的现象。

2. 调用节点

调用节点与属性节点非常相似。调用节点就好比控件的一个函数,它会执行一定的动作,有时还需要输入参数或者返回数据。调用节点的创建方法与属性节点完全一样,也有两种方法:一种方法是在程序框图中直接右击控件图标,在弹出的快捷菜单中选择"创建→调用节点"。此时,会弹出关于调用节点的许多选项,从中选择您自己需要的即可;另一种方法是在"函数→编程→应用程序控制"子面板中选择"调用节点"放置到后面板上,然后,右击该调用节点,在弹出的快捷菜单中选择"连接至",将其连接到用户需要设置调用方法的控件即可。下面通过一个实例来具体说明它的用法。

例 13 - 13　调用方法使用举例

在本例中,通过"调用节点"调用"波形图"的"导出图像"方法,将一幅正弦波的图像导出到指定位置,程序框图与运行结果如图 13 - 40 所示。

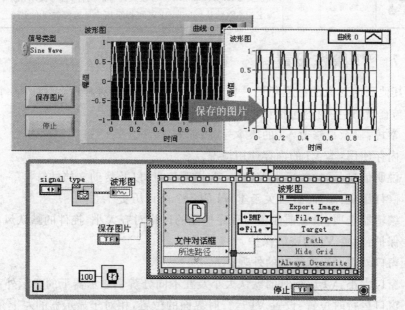

图 13 - 40　调用方法使用举例

波形图"导出图像"调用节点各个端口的参数如图 13 - 1 所列。

> **提示:** "属性节点"与"调用节点"的功能非常强大,而且可选项非常多。对每个控件来讲,它的功能又不尽相同。在具体使用时,读者可以参考 Lab-VIEW 的帮助文档。但要注意的是,当"属性节点"、"调用节点"与具体的对象连接在一起的时候,帮助文档才会显示相应的内容。

表 13-1 波形图"导出图像"调用节点各端口说明

数据类型	名称	必须	说明
	文件类型	是	指定文件的格式。可导出为下列格式： Windows 系统下可导出.emf、.bmp(默认值)和.eps 文件 Mac OS X 系统下可导出.pict、.bmp(默认值)和.eps 文件 Linux 系统下可导出.bmp(默认值)和.eps 文件
	目标	是	指定保存图像至剪贴板或磁盘。目标的值为 File 时，必须指定路径
	路径	否	LabVIEW 项目库文件的路径。如目标的值为 Clipboard，LabVIEW 可忽略该参数。目标的值为 File 时，必须指定路径
	隐藏网格	否	设置导出图像中是否包含网格。默认值为 FALSE
	始终覆盖	否	如值为 TRUE，LabVIEW 可覆盖现有的文件，且不提示用户。如值为 FALSE(默认)，LabVIEW 可提示用户是否覆盖现有文件

13.5.7 VI 属性设置

与其他面向对象的编程环境一样，LabVIEW 也可以对程序(VI)的各个属性进行设置与查看，这些内容包括：

- 常规：显示与修改 VI 的版本号、图标等
- 内存使用：本 VI 的内存使用情况
- 说明信息：添加关于本 VI 的一些说明信息，以及帮助文档的链接等
- 修订历史：添加、查看关于本 VI 的各个修订历史
- 编辑器选项：设置前面板与程序框图的风格对齐大小、控件的默认风格等
- 保护：设置 VI 的密码保护
- 窗口外观：VI 运行时的外观
- 窗口大小：VI 运行时的默认大小及在不同分辨率显示器下的显示外观等
- 窗口运行时位置：设置 VI 运行时界面的位置，相对于显示器的左上角
- 执行：VI 的优先级与首选执行系统
- 打印选项：打印本 VI 的各个选项设置
- C 代码生成选项：将 VI 转换成 C 语言代码时的各个选项

打开 VI 属性设置对话框的方法为，从"文件"菜单中选择"VI 属性"，VI 属性设置对话框如图 13-41 所示。

VI 的运行风格是一个经常需要设置的属性，下面我们一起来看一下两个不同风格的显示效果。打开"图片滚动条"VI 的属性设置对话框，从"类别"中选择"窗口外观"，分别选择"默认"与"对话框"模式，两种风格的运行效果如图 13-42 所示。

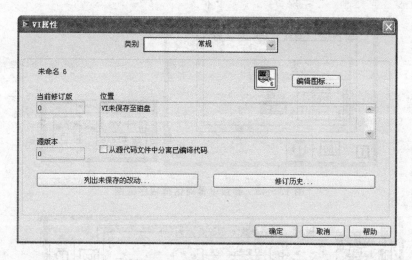

图 13 - 41　VI 属性设置对话框

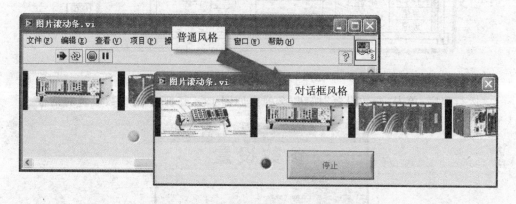

图 13 - 42　两种不同风格的 VI 运行效果

单击"自定义"按钮,还可以对显示风格作更细一步的设置。同时,在 VI 属性设置里,还可以设置 VI 在打开时的运行状态、窗口外观等。

例 13 - 14　对话框应用示例

在本例子中,演示实现一个弹窗式对话框。当我们在编写一个复杂的程序时,经常会遇到需要对一些参数进行设置的问题。这些参数设置控件如果全部放置在前面板上,会显得比较凌乱,用弹窗式对话框可以很好地解决这个问题。

所谓弹窗式对话框,就是在程序运行过程中,通过单击某个按钮,弹出一个对话框,在这个对话框里可以对程序的参数进行设置。关闭对话框后,设置完成的参数会传递给主程序。下面我们一起来看一下弹窗式对话框的实现过程:

首先创建一个子 VI。在这里,我们把信号的输入参数设置成一个子 VI,并编辑好端口与图标,VI 属性设置为"对话框"、"打开时运行",程序框图如图 13 - 43 所示。

主程序框图如图 13 - 44 所示。

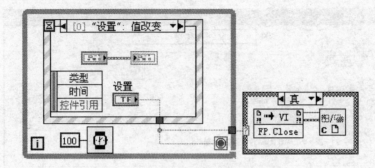

图 13 - 43　参数设置对话框程序框图

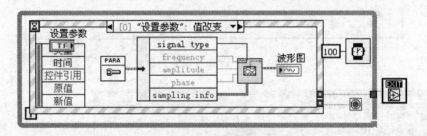

图 13 - 44　主程序框图

运行程序,单击"参数设置"按钮,会弹出如图 13 - 45 所示的参数设置对话框。

图 13 - 45　参数设置对话框

单击"确定"后返回主程序,主程序运行结果如图 13 - 46 所示。

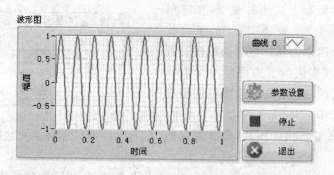

图 13 - 46 主程序运行结果

提示：对于输入参数比较多的情形，前面提供了一种利用"Tab"控件的思路，
这个例子提出的弹窗式 VI 也是解决多输入参数的一个有效途径，只是
采用这个思路时要做好参数设置 VI 与主 VI 之间的数据衔接。

13.6 综合实例：利用属性节点与 Tab 控件控制界面的显示

在设计界面时，Tab 控件是一种非常常用的控件。因为它不但可以使界面层次
清楚，而且它的可重叠性大大增强了界面对控件的容量。一般我们在使用 Tab 控件
时，在不同的标签页之间切换是通过选择 Tab 控件的标签页实现的。在这个例子
中，主要给大家演示通过"属性节点"来选择 Tab 控件标签页的方法。

默认情况下 Tab 控件会有两个选项卡，在这个例子中我们需要 4 个选项卡，分
别用来放置"时域波形图"、"谱分析"、"直方图"和"参数设置"。选项卡的添加方法
为，右击控件，选择"在后面添加选项卡/在前面添加选项卡"，添加完成后，分别修改
各个选项卡为上面的所述的 4 个名称，添加完成后的选项卡如图 13 - 47 所示。

图 13 - 47 添加选项卡

在这个例子中，为了达到通过属性节点来控制 Tab 控件标签页的目的，我们需
要创建若干个事件结构。每个事件结构对应一个按钮的单击事件。当单击按钮时，
选择相应的标签页。以"时域波形"按钮为例，可利用一个事件过程和"选项卡"属性
节点来实现：当单击"时域波形"按钮时，将 Tab 控件选项卡切换到"时域波形"，本事
件代码如图 13 - 48 所示。

为了使界面看上去更加美观,在这里
我们使用了一个"设置透明色"的美化技
巧。将这几个用来选择标签页的按钮设置
成透明色,并在按钮的下方添加一个象征
这个按钮意义的图片。透明按钮的使用技
巧可以分为3步:

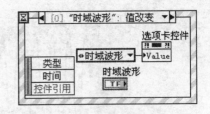

图 13 - 48 "时域波形"按钮事件代码

① 先准备好按钮的图片,并放置到前
面板上。

② 将需要用到的按钮放置到第一步的图片上方,并调整为相同大小,不显示按
钮的文本。注意一定要把按钮放在最上层。

③ 用"控件选板"的着色工具将按钮设置成透明色,这里要注意的是要把按钮的
所有状态都设置成透明色。

设置透明按钮的整个过程如图 13 - 49 所示。

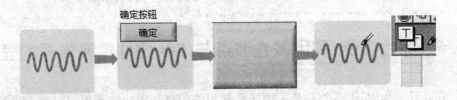

图 13 - 49 设置透明按钮过程

最后完成的界面效果与程序框图如图 13 - 50 所示。

13.7 思考与练习

① 设计界面时一般遵循哪些原则?

② 常用界面风格有哪些?

③ 常用的菜单设计方法有哪几种?

④ 如何创建子 VI? 如何设置 VI 的属性?

⑤ 如何实现子 VI 的调用与重载?

⑥ 当界面上的控件比较多时,一般可采用哪几种解决方案?

⑦ 熟练掌握布局工具,一般界面如何布局?

⑧ 如何自定义控件? 如何调用自定义控件?

⑨ 灵活运用分隔栏和 Tab 控件。

⑩ 如何设置 VI 的显示风格? 如何让 VI 在不同分辨率的显示器下保持相同的
显示效果?

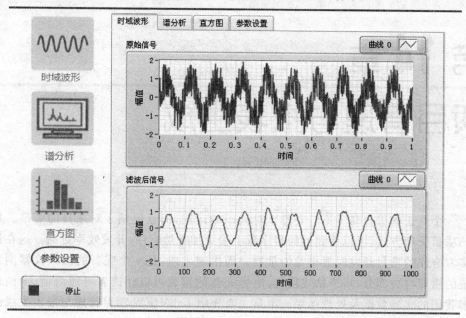

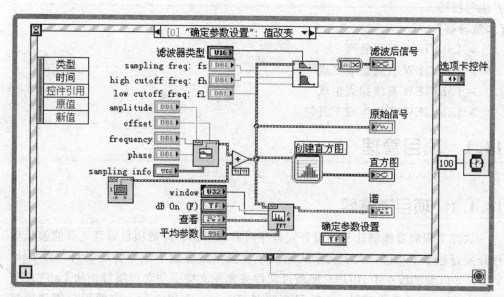

图 13 - 50　程序运行效果与程序框图

第 14 章

项目管理与报表生成

一个真正的编程高手不但要善于对代码的运用,而且要精于对项目的管理。良好的项目管理方式,可以使我们的程序看上去更加井然有序,开发效率更高。这在进行多方合作的项目开发时显得尤为重要。而报表生成,是一个完备的虚拟仪器测试系统的重要组成部分,一个格式精良,内容完整的报表可以让读者更加清晰、全面地了解我们的实验数据及处理结果。本章主要介绍 LabVIEW 项目管理与报表生成的方法与技巧。

【本章导航】
➢ LabVIEW 项目管理
➢ LabVIEW 普通报表生成
➢ LabVIEW 高级报表生成
➢ LabVIEW 报表生成工具包

14.1 项目管理

14.1.1 项目浏览器

软件工程制度能够让程序员开发程序时有章可循。好的项目管理工具能够让项目开发过程事半功倍。大多文本式编程环境很早就提供了项目管理工具。在 LabVIEW 8 以前的版本中,用户只能通过文件夹和库文件手动管理项目。从 LabVIEW 8 开始,添加了项目管理器——项目浏览器(Project Explorer)。方便用户管理项目中的各种文件、依赖关系和程序生成规范等。

图 14-1 所示为 DSO25216 驱动文件组织结构。需要注意的是,项目浏览器中的文件目录结构和真实存储的文件目录结构可能不一致。这是因为 LabVIEW 项目实际上使用了虚拟的文件组织,项目浏览器只关注项目中文件的组织结构,至于存放

的位置它并不关心。

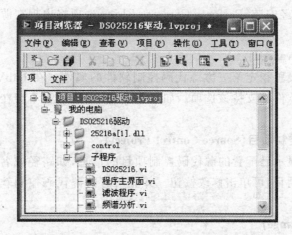

图 14 - 1 LabVIEW 中的项目浏览器

项目浏览器中包含以下内容：

① 我的电脑——表示可作为项目终端使用的本地计算机。右击"我的电脑"，在弹出的快捷菜单中，可选择在当前项目中添加文件或文件夹，创建新的 VI、文件夹或控件等。

② 依赖关系——列出了项目中 VI 用到的但不隶属于该项目的 VI。

③ 程序生成规范——可为发布源代码及其他类型的 LabVIEW build 版本创建程序生成规范。程序生成规范包括 VI 创建所需的全部设置，例如需包含的文件、要创建的目录和对 VI 目录的设置。生成规范包括应用程序、安装程序安装包、共享库、源代码发布和 ZIP 文件。

LabVIEW 中的项目浏览器尽管没有 Visual C++ 中的项目浏览器功能强大，但使用方便，在实际应用中对开发人员也是相当有用的。

创建项目浏览器的方法为：选择"文件→新建"菜单项，从弹出的对话框中选择"项目"或者直接从 LabVIEW 的启动界面上直接选择"新建→项目"。

14.1.2 源代码管理工具

源代码管理工具用于管理第三方源代码控制软件，并在 LabVIEW 中设置源代码控制选项，主要包括以下几个部分：

(1) 源代码控制软件名称(Source Control Provider Name)

该项用于指定在 LabVIEW 中使用的源代码控制软件的第三方供应者。Lab-VIEW 将自动检测已安装的软件作为选项。如果供应者发生改变，则所有 Lab-VIEW 中打开的项目将会使用新的源代码控制软件。改变供应者后，请刷新所有已经打开的项目。在 Windows 操作系统中，LabVIEW 会通过扫描 Windows 注册表，确认已经安装的源代码控制软件，并根据该信息，构成源代码控制供应者名称的选

项。而在非 Windows 平台上，LabVIEW 将运行一个查询程序以确认是否安装了 Perforce。如果已经安装，Perforce Command Line 选项将出现在源代码控制供应者名称下拉菜单中。

（2）高级（Advanced）

该选项允许设置指定第三方源代码控制软件的属性。在 LabVIEW 中，并非所有的源代码控制软件都支持该选项。如果不支持，该选项将不会在源代码控制选项页显示。

（3）源代码控制项目（Source Control Project）

该选项用于显示已配置的源代码控制项目的信息，如路径或名称。如需指定不同的源代码控制项目，可单击修改按钮。并非所有的源代码控制软件都支持源代码控制项目结构。

（4）修改（Change）

选择该项可打开特定源代码控制软件的对话框，设置源代码控制项目的具体信息，包括服务器地址、用户名和客户端详细信息等。仅当源代码控制软件同时支持多个源代码控制项目时，该按钮可用。修改源代码控制项目后，所有打开的 LabVIEW 项目也将发生相应的改动。

（5）添加文件时包括层次结构（Include hierarchy when adding files）

将文件添加至源代码控制时，添加内容包括 LabVIEW 文件之间的依赖关系。该复选框默认为选中。如取消勾选该复选框，向源代码控制添加文件时，源代码控制操作对话框将不显示文件的层次结构。

（6）签出文件时包括调用方（Include callers when checking out files）

从源代码控制签出文件时，在源代码控制操作对话框中选择包括作为 LabVIEW 文件调用方的文件。该复选框默认为选中。如需查看文件列表，必须启用"显示源代码控制操作"对话框以签出文件选项。签出文件时，仅包括进行操作时仍在内存中的调用方。调用方由文件的源代码控制签出，用户可查看签出的调用方。如需查看调用方列表，必须启用显示源代码控制操作对话框以签出文件选项。

（7）显示源代码控制操作对话框以签出文件（Display Source Control Operations dialog box for file checkout）

选择签出源代码控制的文件时，显示"源代码控制操作"对话框。该对话框也可用于签出原本选中文件之外的其他文件，取消选择不再需要签出的文件，设置签出文件的高级选项。默认状态下，该复选框未勾选。LabVIEW 在签出文件时不作提示。如同时启用签出文件时包括调用方，签出文件时对话框中将出现调用方文件。

（8）编辑时提示签出文件（Prompt to Check out files when edited）

编辑尚未签出的 VI 时会出现提示。提示仅在首次编辑 VI 时出现，直至签出文件或关闭 LabVIEW 项目时才再次出现。该复选框默认为选中。该选项对非 VI 文件不适用。

（9）添加至 LabVIEW 项目时提示将文件添加至源代码控制（Prompt to add files to source control when adding to LabVIEW project）

　　向 LabVIEW 项目添加文件时，出现提示以确定是否向源代码控制添加选中的文件及其他相关文件。该复选框默认为选中。如取消勾选该复选框，LabVIEW 在添加文件时不作提示。向源代码控制添加任何新 VI 或 LabVIEW 项目库时必须首先保存并命名这些 VI 或库。

（10）文件已被签出时提示通知（Notify if files are already checked out）

　　对已签出的文件进行签出时出现的对话框。该对话框将显示由其他用户签出的文件列表。此时可继续签出操作，或返回至"源代码控制操作"对话框取消选择文件，或取消此次签出操作。该复选框默认为选中。如取消勾选该复选框，LabVIEW 在有多个用户签出文件时不作提示。

　　通过"工具→源代码控制→配置源代码控制"，可打开源代码管理配置对话框，如图 14 - 2 所示。

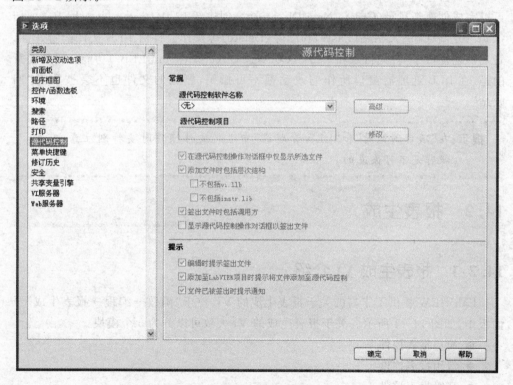

图 14 - 2　源代码管理配置对话框

14.1.3　LLB 管理器

　　LabVIEW 支持 LLB 文件格式，利用 LLB 打包文件可以像压缩软件一样将许多文件合并成一个文件并压缩文件大小，也可以在不解包的情况下直接运行程序。

LLB 管理器是专门用来进行 LLB 管理的。可以选择菜单中的"工具→LLB 管理器"项调用，并进行复制、重命名和删除文件的操作，如图 14-3 所示。LLB 管理器可以创建新的 LLB 和目录，也可将 LLB 转化为目录，或将目录转化为 LLB。右击文件列表中的项目，可在快捷菜单中选择打开、剪切、复制、删除或重命名该项；也可通过该快捷菜单将文件移至 LLB 顶层，或从 LLB 顶层移除文件，一般将主程序放在顶层。

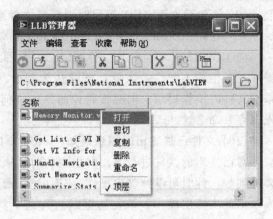

图 14-3　LLB 管理器

窗口操作和 Windows 资源管理器类似，只是将 LLB 文件当作目录处理。用户可以完成创建新目录（Create New Directory）、创建新 LLB（Create New LLB）、剪切（Cut）、复制（Copy）、粘贴（Paste）和删除（Delete）等操作。针对 LLB 文件的特殊性，管理器还提供了"转化目录和 LLB"（Convert Directories and LLBs）功能。需要注意的是，在 LLB 管理器窗口所作的改动都不可撤销，删除的文件也不会被放进"回收站"。

提示: 在"项目浏览器"和"LLB 管理器"中进行文件操作时要特别注意，有些操作是不可恢复的。

14.2　报表生成

14.2.1　报表生成 VI 介绍

LabVIEW 提供了丰富的关于报表生成的 VI，位于"函数→编程→报表生成"子面板中，如图 14-4 所示。关于报表生成的 VI 大致可以分为 5 个模块：
- 简易报表控件
- 常用报表控件
- 高级报表控件
- Express 报表控件
- OFFICE 报表控件

1.　简易报表控件

简易报表控件提供了"简易文本报表生成"和"简易打印 VI 面板或详细信息"两

个 VI,利用它们可以用最简单的配置生成最基本的文本报表和打印 VI 面板的一些信息。

2. 常用报表控件

常用报表控件包括:新建报表、设置报表字体、添加文本、添加表格、添加列表、添加前面板、添加控件、打印/保存报表和处置报表等。这些控件是创建报表的基本控件,包括了报表的创建、编辑、保存/打印和关闭等基本操作。利用它们可以创建一个报表的基本框架。另外,在创建高级报表时经常用它们来创建基本的报表框架,然后再利用高级报表控件对细节内容进行设置,最后生成一个完整的报表。

3. 高级报表控件

高级报表控件主要包括:VI 说明信息、HTML 报表、报表布局和高级报表生成 4 个子面板,如图 14-4 所示。利用这些控件对报表的详细内容进行设置,可生成更完整、更专业的报表。

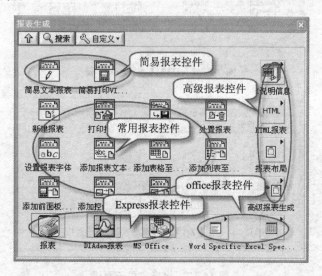

图 14-4　报表生成函数子面板

(1) VI 说明信息子模板

VI 说明信息子面板如图 14-5 所示,它提供了一些 VI 可以将前面板对象、VI 层次、VI 历史、子 VI、VI 图标和 VI 说明等信息添加到报表文件中。

(2) HTML 子模板

HTML 报表子模板主要提供了关于生成 HTML 报表时需要用到的一些 VI,如图 14-6 所示。包括添加水平线、添加超文本和控制是否在浏览器中进行浏览等。

(3) 报表布局子模板

报表布局子面板主要提供了对报表布局的一些 VI,如图 14-7 所示。包括设置报表的页眉、页脚;设置页边距、打印方向;换页和换行等。

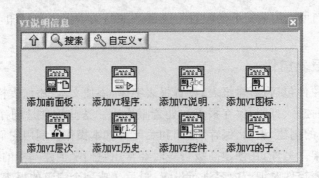

图 14 - 5　VI 说明信息子面板

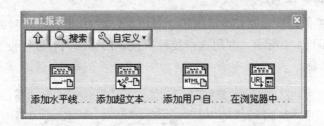

图 14 - 6　HTML 报表子模板

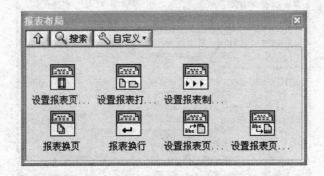

图 14 - 7　报表布局子面板

(4) 高级报表生成子模板

高级报表生成子面板主要提供关于报表高级操作的一些 VI,如图 14 - 8 所示。例如报表类型获取、报表设置获取、添加文件到报表、清除报表文本和查询可用打印机等。

4. Express 报表控件

这个子模板主要提供了关于报表生成的一些高度封装的 VI。这些 VI 与其他章节中介绍过的 Express VI 类似,放置到后面板上后,会弹出配置对话框。通过这个对话框,可以完成一些基本的配置,而无须通过编辑实现。它的操作比较简易,但功能又较全面。其中,MS Office Report 工具包需要后期单独安装。

图 14 - 8 高级报表生成子面板

5. Office 报表控件

Office 报表控件子模板提供了关于生成 Word 和 Excel 报表时的一些高级操作函数。

(1) Word 报表操作函数

Word 报表操作函数子面板提供了关于在 Work 报表中插入文本、图片、表格和图表的一些函数，以及对报表进行内容编辑、格式设置操作的 VI，如图 14 - 9 所示。

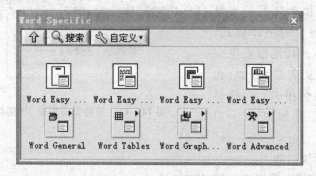

图 14 - 9 Word 报表操作函数

(2) Excel 报表操作函数

Excel 报表操作函数主要是针对 Excel 报表操作的一些高级函数，包括数据写入、说明信息添加、图表绘制和格式设置等，如图 14 - 10 所示。

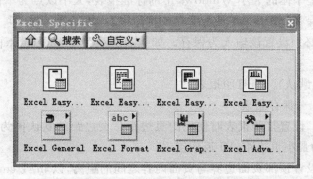

图 14 - 10 Excel 报表操作函数

利用上面介绍的这些 VI,可以创建标准报表、HTML 报表、Word 报表和 Excel 报表等。在下面的章节中,将通过实例分别介绍创建这些报表的具体过程与技巧。

14.2.2 简易报表生成

LabVIEW 提供了关于报表操作的简易函数:Easy Text Report. vi(简易文本报表)。它设置简单,能创建上述所有类型的报表。

"简易文本报表"允许使用文本块和格式化信息作为输入,并输出报表至指定的打印机进行打印,或发布至指定路径。可在该 VI 上使用解析段,在报表中生成信息(如,页眉和页脚)。例如,在报表的页脚中插入时间标识。在 Microsoft Word 和 Excel 报表中不能使用解析段。该 VI 不可与其他报表生成 VI 同时使用。另外,该 VI 无法为报表格式提供更为精确的选择。该 VI 可指定文本字体、设置页眉页脚、设置页边距、指定打印机和指定页面方向。该 VI 可自动删除报表,节省内存。但是,用户无法控制信息的存放、添加来自另一文件的信息或清除报表的字体样式、页眉页脚或文本。其他报表生成 VI 则可生成更复杂报表(如,包括各种不同信息的报表)。"简易文本报表"VI 图标如图 14 - 11 所示。

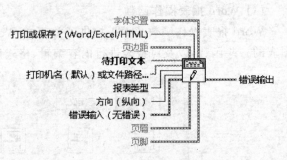

图 14 - 11 简易文本报表 VI 图标及端口

各端口含义说明如下:

① "字体设置"表明报表使用的字体设置。

● "字符集"是用于报表文本的字符集。默认值为 -1

● "权重"是字体的粗细。默认值为 -1

● "名称"是字体名称

● "大小"是字体的大小 Windows 中的标准报表,大小以点为单位

② 打印或保存? 指定 VI 是否保存或打印报表。默认值为打印。如指定打印机名或文件路径,必须设置该输入为保存。如报表类型为 Standard Report,LabVIEW 忽略该输入。

● 0:print(默认)——打印报表

● 1:save——保存报表

③ "页边距"设置打印报表时使用的页边距。页边距的默认值为 1.00。如页边距小于打印机的最小页边距,VI 返回错误。

● 上——设置顶部页面边界与页面内容之间的距离,以 in 或 cm 为单位

● 左——设置左侧页面边界与页面内容之间的距离,以 in 或 cm 为单位

- 右——设置右侧页面边界与页面内容之间的距离,以 in 或 cm 为单位
- 下——设置底部页面边界与页面内容之间的距离,以 in 或 cm 为单位

度量系统设置度量边距的单位:

- 0:默认——设置计算机上配置的度量系统的页边距
- 1:US——页边距以 in 为单位
- 2:公制——页边距以 cm 为单位

④ "待打印文本"是要包括在报表中的信息。信息必须是字符串。如字符串包含打印代码,VI 可能无法正常运行。例如,字符串\00 在某些计算机上表示打印空白页。如 VI 无法正常运行,应清除字符串中的打印代码。

⑤ "打印机名或文件路径"是要打印标准报表的打印机名称或接收要发送报表的文件路径,取决于报表类型。如指定打印机名,打印机必须配置为供打印报表的计算机使用。如指定文件路径,必须设置"打印或保存?",输入为"保存"。如未连线该输入,VI 使用 LabVIEW 默认的打印机。如连线文件路径,必须使路径作为字符串输入或使用路径至字符串函数。如未指定路径,LabVIEW 显示错误"-41003"。

⑥ "报表类型"是要创建的报表的类型。

- 0:Standard Report(默认)(Windows)——创建标准报表
- 1:HTML——创建 HTML 报表
- 2:Word(Report Generation 工具包)——创建新 Word 报表
- 3:Excel(Report Generation 工具包)——创建新 Excel 报表

⑦ "方向"(Windows)指定报表打印时的显示方式,该输入只适用于标准打印。

- 0:纵向(默认)——以页面的较短边为页首打印报表
- 1:横向——以页面的较长边作为页首打印报表

⑧ "页眉"指定在报表每一页的页眉中显示的信息。

- 左——设置在页眉左侧显示的信息
- 中——设置在页眉中心显示的信息
- 右——设置在页眉右侧显示的信息

⑨ "页脚"指定在报表每一页的页脚中显示的信息。

- 左——设置在页脚左侧显示的信息
- 中——设置在页脚中心显示的信息
- 右——设置在页脚右侧显示的信息

例 14 - 1　简易报表生成

本例将演示如何用"简易文本报表"VI 创建一个标准报表,程序框图如图 14 - 12 所示,在这里,我们将"LabVIEW2011"、"简易报表测试"和"系统时间"作为页眉,报表内容为"这是一个简易报表生成的测试文件",其他选项使用默认值。用"Foxit PDF Printer"将它打印成一个 PDF 文档,效果预览如图 14 - 13 所示。

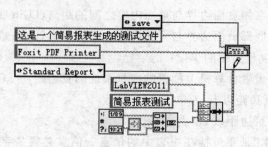

图 14-12　简易报表生成

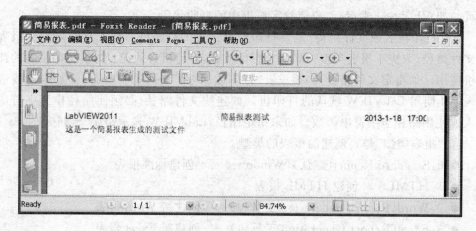

图 14-13　生成的报表预览

　　如果连接的是实际的打印机,则可以输出打印信息了。那么,如果不知道自己电脑上安装的打印机名称或者不知道 LabVIEW 默认的打印机该怎么办呢? LabVIEW 提供了一个"Query Available Printers. vi(查询可用打印机)"VI,通过它可以查询到当前计算机安装的所有打印机信息和默认打印机信息。

14.2.3　高级报表生成

　　高级报表生成涉及报表的排版、字号/字体设置、插入图片和图片格式设置等,这些都需要多种不同功能 VI 的支持。但创建报表的流程基本可以概括为如图 14-14 所示的 4 个步骤:

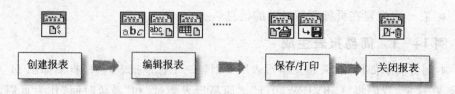

图 14-14　创建报表基本流程

下面通过一个生成 Excel 报表的例子来说明具体的操作方法,其他类型的报表与此基本相似。除了通用的报表操作 VI 之外,对每种类型的报表 LabVIEW 都提供了专门操作函数。与 Excel 报表相关的高级操作函数位于"函数→编程→报表生成→Excel Specific"子面板中,如图 14 – 15 所示。

图 14 – 15　Excel 报表高级操作函数

例 14 – 2　Excel 报表生成

这个例子主要演示如何生成一个 Excel 的报表,并在报表中插入图片,设置图片的格式等。程序框图如图 14 – 16 所示,运行程序,结果如图 14 – 17 所示。

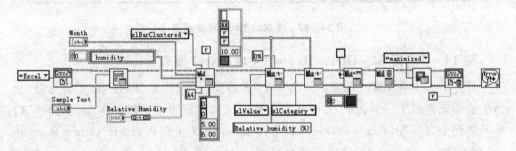

图 14 – 16　Excel 报表生成

14.2.4　报表生成工具包

为方便用户生成报表,LabVIEW 提供了专门的报表生成工具包——MS Office Report。通过这个工具包可以生成基于模板的 Word、Excel 报表,也可以对模板进行修改,生成更适合用户需要的报表。

总体说来,MS Office Report 工具包的使用并不难,要用好 MS Office Report 报告生成工具包需要做好两件事——"Where"和"What"。即告诉 MS Office Report 报告生成工具包,在 Office 文档的哪个位置,放上什么内容即可。

使用 MS Office Report 生成报表一般可以分为 3 步:创建 Excel/Word 模板、配置 MS Office Report、写入数据。下面还是以创建一个 Excel 报表为例,介绍整个流程。

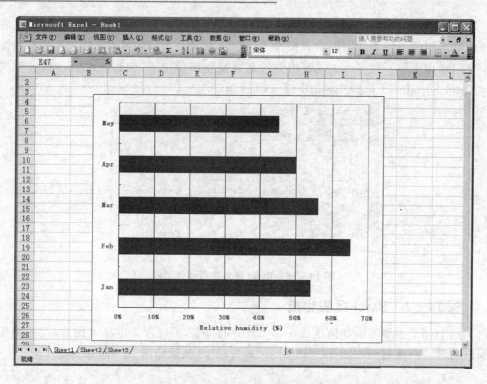

图 14 - 17　生成的 Excel 报表预览

例 14 - 3　用 MS Office Report 生成 Excel 报表

打开 Excel,在 Excel 的左上角有一个"名称框",如图 14 - 18 所示。"名称框"相当于给单元格起了一个名字,方便开发人员记忆和在程序中使用。比如,我们给 A1 单元格起个名字叫"ReportName",那么在 LabVIEW 里面告诉 MS Office Report. vi,"MS Office Report 测试"的位置是"ReportName",则 MS Office Report. vi 就会把"MS Office Report 测试"写入 A1 单元格了。使用"名称框"还有一个好处是,当你想更改"MS Office Report 测试"的写入位置时,只需要把对应的单元格命名为"ReportName"即可,而不需要更改 LabVIEW 程序。

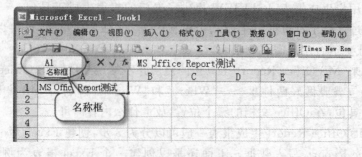

图 14 - 18　名称框

接下来把 A3 单元格命名为"OperatorName",接着把 A4 单元格命名为"Time",把 A5 单元格命名为"Value",如图 14-19 所示。

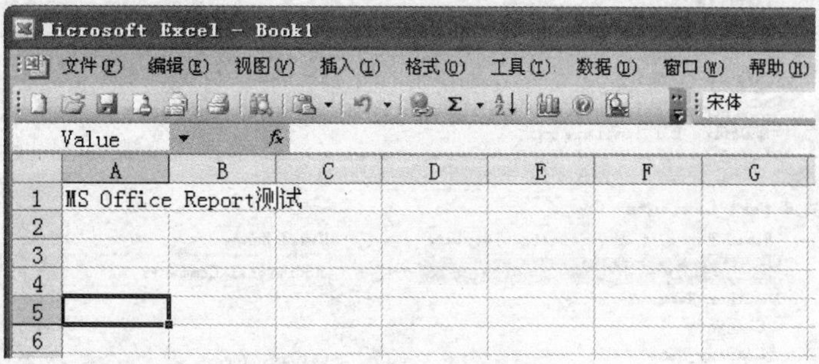

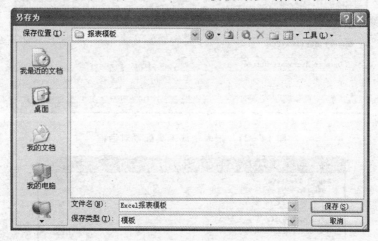

图 14-19 Excel 模板

完成上述步骤后,把该文件以 Excel2003 模板的形式保存,如图 14-20 所示。

图 14-20 保存模板

成功完成上述步骤之后,恭喜大家,已经完成了整个报告生成工作量的 90%。在 LabVIEW 环境下制作报告,大量的工作是在设计报告模板。

打开 LabVIEW,并在程序框图中放入 MS Office Report.vi,这时会弹出配置对话框,如图 14-21 所示。

然后在第一项中选择 Custom Report for Excel,在 Path to Template 里面选中刚才保存的模板,如图 14-22 所示。大家可以发现,MS Office Report.vi 会自动找到命过名的单元格。单击 OK 按钮,完成配置。到这里,"Where"就完成了,即完成了告诉 LabVIEW 在哪里放置你想插入的内容。

在 LabVIEW 程序框图中,我们为 OperatorName 输入"张三";为 Time 输入当前日期;为 Value 输入一组正弦数据,如图 14-23 所示。MS Office Report.vi 可以接受各种类型的数据输入,大大方便了我们编程。

图 14 - 21　报表生成工具配置对话框

图 14 - 22　配置完成

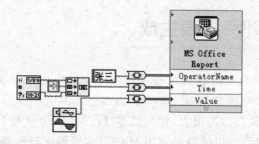

图 14 - 23　使用报表生成工具创建报表

运行程序,即可把当前的数据写入 Excel 报表中,结果如图 14 - 24 所示。

	A	B	C	D	E	F	G
1	MS Office Report测试						
2							
3	张三						
4	2011-12-252:59						
5	0	0					
6	1	0.049068					
7	2	0.098017					
8	3	0.14673					
9	4	0.19509					
10	5	0.24298					
11	6	0.290285					

图 14 - 24　使用报表生成工具创建报表运行结果

至此,介绍了报表生成的一些基本操作,更详细的关于报表创建的内容请读者参考 LabVIEW 自带范例,如图 14 - 25 所示。

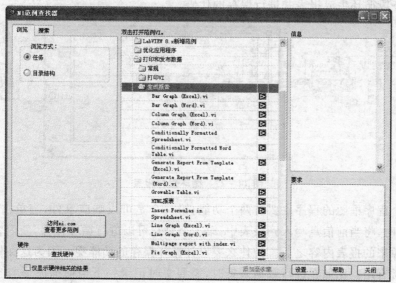

图 14 - 25　范例查找器中与报表生成相关的实例

14.3 综合实例：报表生成

本例主要演示报表生成编程流程及在程序中的应用。报表生成的程序框图如图 14 - 26 所示，主要功能包括：

① 可以生成 4 种类型的报表：标准类型、HTML、Word 和 Excel。

② 在生成报表后，可以选择是否用 HTTP 浏览器进行预览。

③ 可以设置页眉内容、标题内容和报表内容，其中标题内容和报表内容的字体大小、颜色可以进行设置。

④ 可以在报表内容中加入系统当前时间。

⑤ 可以将当前 VI 的界面插入到报表中。

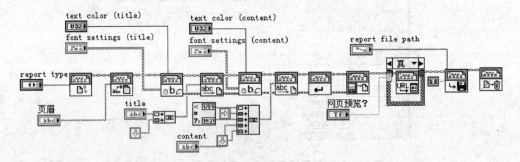

图 14 - 26 报表生成程序框图

按照这个思路，我们来看看将它运用到具体的程序中会有什么效果，图 14 - 27 所示为一段循环生成报表并进行保存的代码。

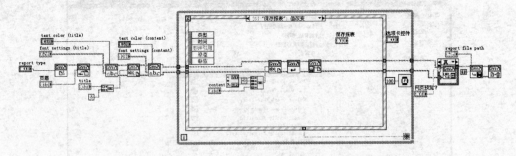

图 14 - 27 循环保存报表

这个程序框图的程序主要有两个功能：第一个是可以响应事件，当单击"保存报表"按钮时，将当前信息写入到报表中；第二个是它可以进行循环保存，新内容不断地添加到原来的报表内容之后。为什么要设计循环保存的功能呢？因为这在做测试的时候非常有用。比如在进行数据采集时，需要实时记录一下当前的波形与参数。有了这个程序的功能，只要单击一下"保存报表"，即可以将当前的数据记录存储到报表里了。图 14 - 28 是运行这个程序后,单击了两次"保存报表"后得到的结果。

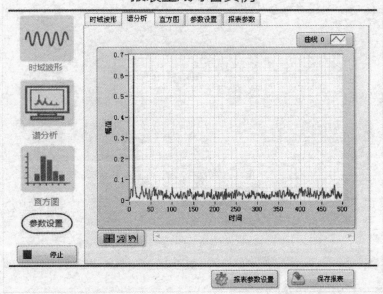

图 14 - 28　生成的报表

14.4　思考与练习

① 如何进行项目与源代码管理?

② 项目浏览器有什么作用? 如何创建? 如何添加项目?

③ 源代码管理器有什么作用? 如何调用? 如何配置?

④ LLB 管理器有什么作用? 如何调用?

⑤ LabVIEW 可以生成哪几种报表形式?

⑥ 如何制作简易报表?

⑦ 如何制作高级报表?

⑧ 如何使用报表生成工具?

第 **15** 章

应用程序发布

LabVIEW 开发环境下编写的程序，在发布之前，是无法运行于没有安装 LabVIEW 运行引擎(LabVIEW Run-Time Engine)的电脑上的。所以当程序调试完成，交付给客户之前，要先将应用程序进行发布。本章主要介绍 LabVIEW 程序生成规范和应用程序的发布方式。重点介绍 EXE 文件的生成方式、安装程序制作和 DLL 编译。

【本章导航】

➢ LabVIEW 程序生成规范

➢ EXE 程序的生成

➢ 安装包的制作

➢ DLL 文件的编译

15.1 LabVIEW 程序生成规范

在 LabVIEW2011 中，程序的生成规范主要有以下 8 种：

(1) 源代码发布

如果希望发布的 VI 可以被其他 LabVIEW 开发人员使用，则需要创建这种规范。主要用于二次开发和合作开发。

(2) 独立应用程序

如果希望未购买 LabVIEW 开发系统的用户也能运行 LabVIEW 编写的应用程序，则应该创建独立应用程序。这种规范使得用户只能运行 LabVIEW 应用程序，而无法查看或编辑 LabVIEW 代码。在 Windows 系统中生成我们常见的 EXE 文件，这种文件的运行需要有 LabVIEW 运行引擎的支持。

(3) 共享库

如果希望使用 LabVIEW 开发的函数能够被使用其他编程语言的开发人员共

享,则需要建立共享库。在 Windows 系统中生成 DLL 文件,也就是通常使用的动态链接库。

(4) Zip 压缩文件

如果需要发布仪器驱动程序、多个源文件或者一个完整的 LabVIEW 项目,则可以创建一个 Zip 文件。压缩成的 Zip 包将包含文件组织结构的所有项目源文件。

(5) Windows 安装程序

在 Windows 系统中,如果希望将独立应用程序、共享库或源代码发布给其他用户,则应创建安装程序。在一个安装程序中可以包含多个独立的应用程序、共享库或源代码发布,并且能够添加许可证、自述文件、版本号、公司信息、快捷键、注册表项和 NI 安装程序等,这也是最常见的一种发布方式。

(6) . NET 互操作程序集

Windows. NET 互操作程序集将一组 VI 打包,用于 Microsoft . NET Framework。必须安装与 CLR 2.0 兼容的. NET Framework,才能通过应用程序生成器生成. NET互操作程序集。

(7) Web 服务(RESTful)

Windows 将 VI 在 LabVIEW Web 服务中发布,是 LabVIEW Web 服务器部署应用的标准化方法。任何用户均可访问部署的应用。Web 服务支持绝大多数平台和编程语言的用户,使通过 LabVIEW 在网络上发布 Web 应用变得简便快捷。

(8) 打包项目库

打包项目库可以将多个 LabVIEW 文件打包至一个文件。部署打包库中的 VI 时,只需部署打包库一个文件即可。打包库的顶层文件是一个项目库。打包库包含为特定操作系统编译的一个或多个 VI 层次结构。打包库的扩展名为.lvlibp。

以上 8 种"程序生成规范"包括了 VI 创建所需的全部设置。例如需包含的文件、要创建的目录和对 VI 目录的设置,并统一由"项目浏览器"管理。除了"源代码发布"和"Web 服务"以外,其他程序生成规范需要使用应用程序生成器工具。但只有 LabVIEW 专业版开发系统含有应用程序生成器,如果读者使用的是 LabVIEW 基础软件包或完整版开发系统,则需要单独购买该工具。此外,虽然应用程序生成器生成的可执行文件无须安装 LabVIEW 开发系统就可发布,但使用独立应用程序和共享库的用户必须安装 LabVIEW 运行引擎才能运行。该工具是免费的,可以登录 NI 官方网站 www. ni. com 下载各种版本。

15.2　发布应用程序前的准备

发布应用程序前的准备工作总体上来讲,可以分为两步:第一步是整理相关 VI,将所有相关的 VI 放到同一目录下;第二步是建立一个项目,将所有相关的 VI 添加到这个项目中。

这里以一个把十六进制保存的文件转换成十进制文件的程序 Hex2Dec 为例,详细步骤如下:

　　① 将所有需要的文件,包括主 VI、所有子 VI 以及用到的文本文件等附属文件,都放置到一个文件夹中,并确保所有程序都能正确执行。将这个文件夹命名为 Hex2Dec,如图 15 - 1 所示。

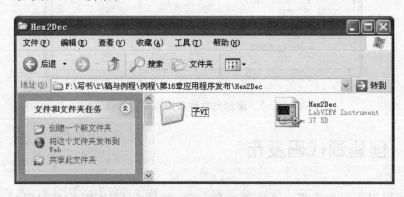

图 15 - 1　VI 文件整理

　　② 建立一个项目,将所有的 VI 和支持文件都添加到项目中。具体方法为:在项目中右击"我的电脑",选择"添加→文件夹(自动更新)",将 Hex2Dec 文件夹添加到这个项目中,如图 15 - 2 所示。

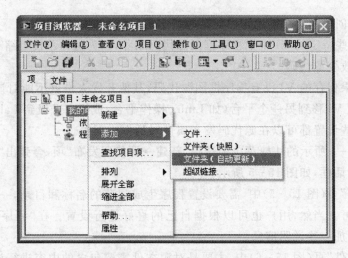

图 15 - 2　添加文件到项目中

　　③ 保存项目,命名为 Hex2Dec。添加完成后,从项目浏览器里可以看到所有包含的文件,如图 15 - 3 所示。

　　至此,整个准备工作就算完成了。下面的内容主要介绍几种常用程序规范的发布方式:源代码发布、独立应用程序(EXE)、安装程序(SETUP)和共享库(DLL)。

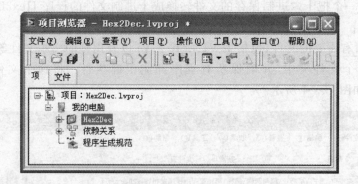

图 15 - 3　添加完文件后的项目浏览器

15.3　创建源代码发布

源代码发布可用来把一系列源文件打包,包括 LabVIEW 安装目录的库文件。这些文件构成一个完整的系统供其他开发人员在 LabVIEW 中使用,一个源代码发布中的 VI 可选择不同的目标目录,而且 VI 和子 VI 的连接不会因此中断。此外在实际中,程序员往往希望其他开发人员仅仅是调用而不能编辑这些 VI。这有两种实现方法:

① 在所创建的源代码发布中对某些特定的 VI 设置密码保护。

② 从这些特定的 VI 中把程序框图源代码删除,因为这样不仅可缩小文件,还可阻止其他人改变源代码。

当然如果保存的 VI 没有程序框图源代码,其他开发人员就不能对该 VI 进行编辑,也不能把 VI 移到另一个平台(如 Linux 操作平台)或把它升级到 LabVIEW 的较新版本。这些设置都可以在源代码发布属性对话框中配置。

在图 15 - 4 所示的快捷菜单中选择"新建→源代码发布"项,会弹出"我的源代码发布属性"对话框,如图 15 - 5 所示。

在"信息"页(图 15 - 5)中,需要设置程序生成规范的名称和目录,一般情况下选择默认的即可。当然,用户也可以根据自己的喜好进行设置。在"程序生成规范说明"中可以添加一些说明信息。

在"源文件"页(图 15 - 6)中,主要是对源文件需要包含的内容进行设置,可以通过"向左"、"向右"的箭头来添加与删除文件。在这里需要将发布的文件从项目文件包含到源文件的"始终包括"中,也可以将不想发布的源文件放置到"始终不包含"。

"目标"页(图 15 - 7)主要是设置源代码发布的标签、路径信息及发布的类型。其中,"目标标签"和"目标路径"可以采用默认设置,也可以更改。"目标类型"是源代码发布的方式,"目录"类似于一个普通的文件夹,"LLB"是一种文件管理方式,它将

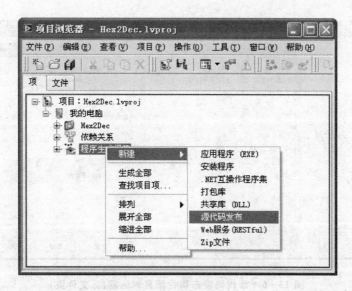

图 15－4　发布源代码

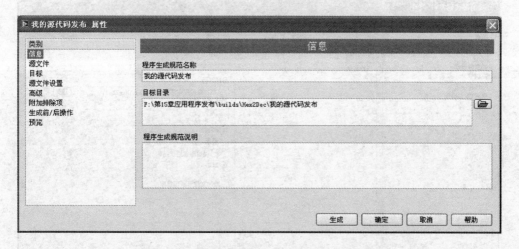

图 15－5　源代码发布属性配置对话框(信息页)

所有 VI 都组织到一起,在一个窗口中可以进行浏览。具体内容可以参考 14.1.3 小节 LLB 管理器。

"源文件设置"页(图 15－8),主要是针对单个 VI 的属性进行设置,如对程序是否加密、是否删除程序框图等。

"高级"页(图 15－9)中可以选择是否生成记录文件及是否要进行 SSE2 优化。

"附加排除项"页(图 15－10)用来设置一些需要排除或者删除的内容。

"生成前/后操作"页(图 15－11)设置生成前/后的操作。

"预览"页(图 15－12)可以预览当前配置下的源代码发布效果,查看生成的结

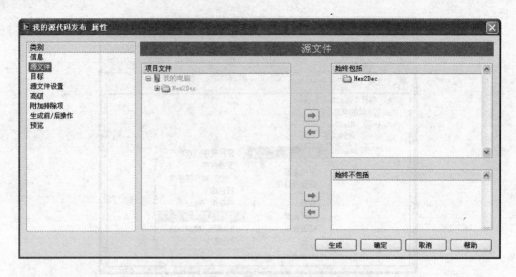

图 15 - 6　源代码发布属性配置对话框(源文件页)

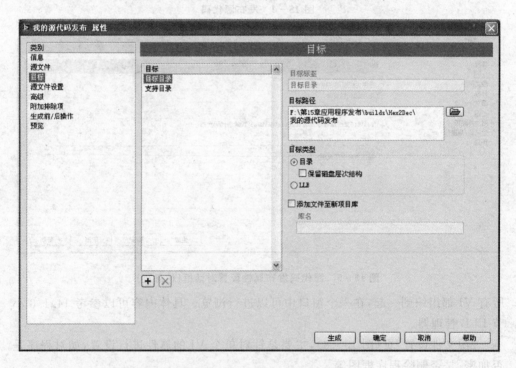

图 15 - 7　源代码发布属性配置对话框(目标页)

果。单击"确定"按钮可以保存当前配置,单击"生成"按钮可以创建源代码发布。至此,整个源代码发布过程就完成了。

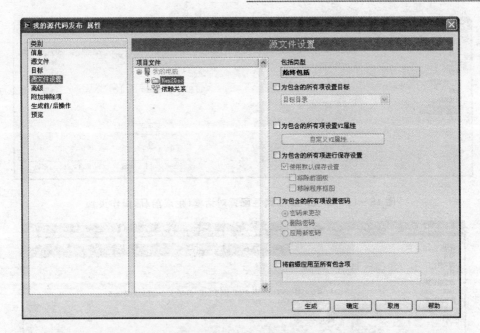

图 15 - 8　源代码发布属性配置对话框(源文件页)

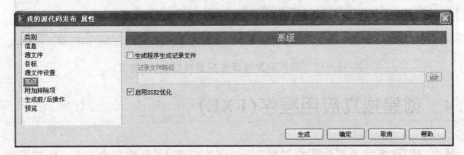

图 15 - 9　源代码发布属性配置对话框(高级页)

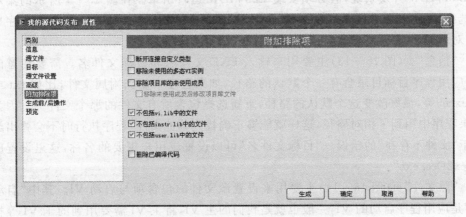

图 15 - 10　源代码发布属性配置对话框(附加排除项页)

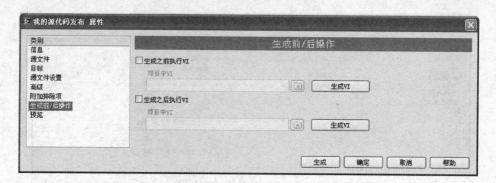

图 15 – 11　源代码发布属性配置对话框(生成前/后操作页)

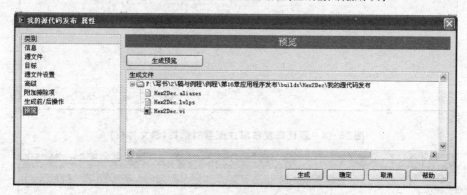

图 15 – 12　源代码发布属性配置对话框(预览页)

15.4　创建独立应用程序(EXE)

　　独立应用程序可为其他用户提供 VI 的可执行版本,允许用户运行 VI 而无须安装 LabVIEW 开发系统,但必须安装 LabVIEW 运行引擎。在图 15 – 4 所示的菜单中选择"新建→应用程序(EXE)"就可以打开如图 15 – 13 所示的"我的应用程序属性"对话框。

　　"信息"页(图 15 – 13)主要用来输入 EXE 文件名和目标文件名。需要注意的是,应用程序目标目录会有一个默认的路径,如果程序中用到附属文件,比如 txt 或者 excel 等,最好改变这个默认的路径,重新选择包含所有文件的那个文件夹。因为如果程序中用到了相对路径,这样就能够正确找到其他文件,程序执行时不会弹出类似于"文件不存在"的错误。"目标文件名"可以设置成用户想要的名称,这里设置成"Hex2Dec.exe"。

　　"源文件"页(图 15 – 14)主要用来设置源文件的包含项与启动 VI。其中"启动 VI"是应用程序启动的 VI,一般也就是我们的主 VI,将主 VI 需要用到的子 VI 等相关内容添加到"始终包含"里。

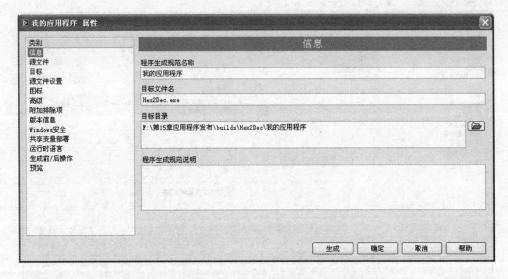

图 15 − 13 我的应用程序属性配置对话框(信息页)

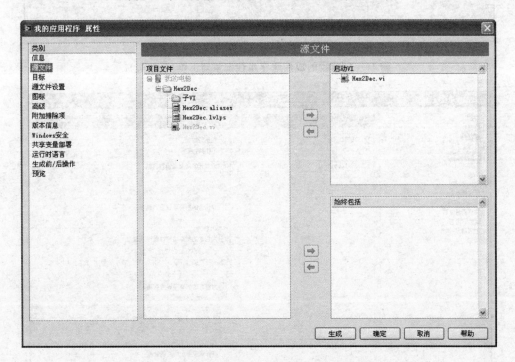

图 15 − 14 我的应用程序属性配置对话框(源文件页)

"目标"页(图 15 − 15)可以设置 EXE 文件和支持文件所在路径,一般可以使用默认。

"源文件设置"页(图 15 − 16),在这里可以设置每个 VI 的属性,包括是否移除程序框图、是否加密等。一般使用默认设置。

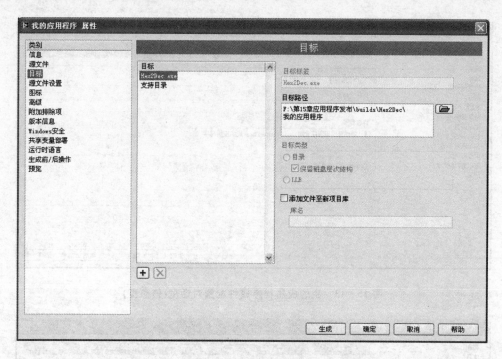

图 15－15　我的应用程序属性配置对话框(目标页)

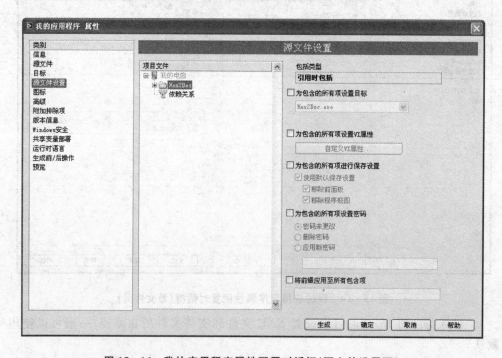

图 15－16　我的应用程序属性配置对话框(源文件设置页)

　　"图标"页(图 15 - 17),可以设置这个应用程序的显示图标,将"使用默认 Lab-VIEW 图标文件"前面的勾去掉。如果之前有设计好的图标,可以单击下面的那个浏览文件的图标,然后选择之前设计好的图标,添加进去。或者单击图标编辑器,在弹出来的界面中编辑图标,如图 15 - 18 所示。

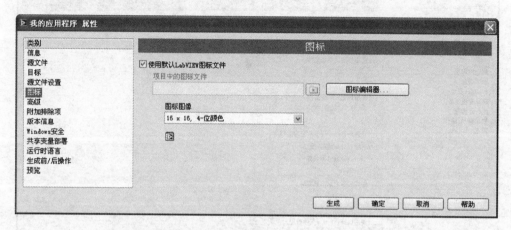

图 15 - 17　我的应用程序属性配置对话框(图标页)

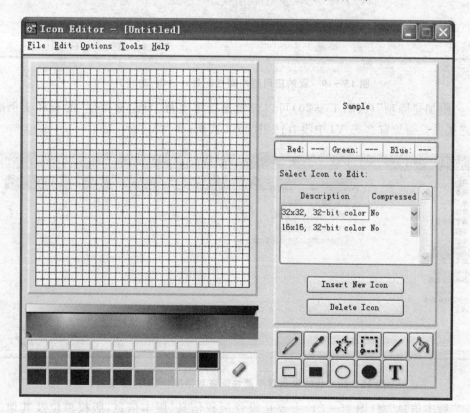

图 15 - 18　VI 图标编辑器

"高级"页(图 15 - 19)主要是用来配置一些特殊项,如是否启用 ActiveX、是否允许调试和是否使用自定义配置文件等。

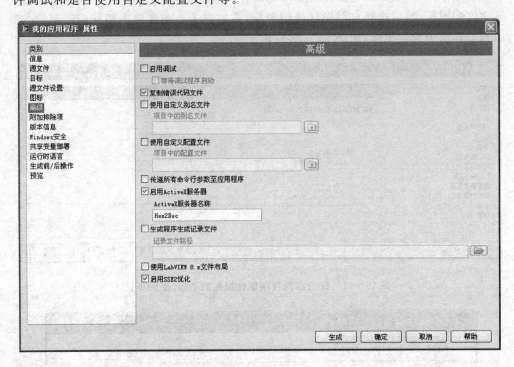

图 15 - 19　我的应用程序属性配置对话框(高级页)

"附加排除项"页(图 15 - 20)可以设置是否需要将"自定义控件"的源和实例断开连接及是否删除多态 VI 中没有使用的 VI 实例。

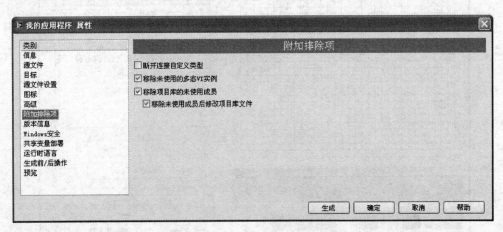

图 15 - 20　我的应用程序属性配置对话框(附加排除项页)

"版本信息"页(图 15 - 21)主要是设置版权信息、版本信息、版权单位及其他一些说明信息等。

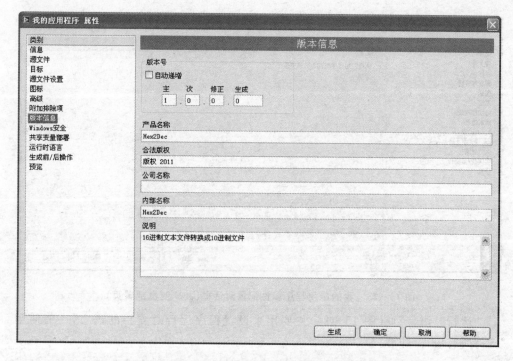

图 15 - 21　我的应用程序属性配置对话框(版本信息页)

"Windows 安全"(图 15 - 22)页主要用来设置应用数字签名及一些嵌入式清单文件等。

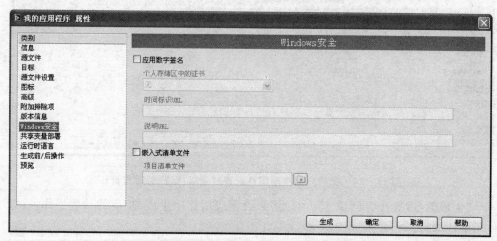

图 15 - 22　我的应用程序属性配置对话框(Windows 安全页)

"共享变量部署"(图 15 - 23)页用来设置共享变量库的路径等一些信息,如果程序中没有用到共享变量,则不需要设置。另外,如果设置了共享变量的库,还可以显示程序部署时的进度及设置退出时对部署关系的处理。

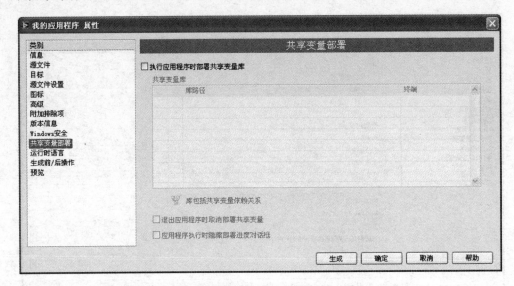

图 15 - 23　我的应用程序属性配置对话框(共享变量部署页)

　　"运行时语言"页(图 15 - 24)主要用来设置程序运行时支持的语言,一般使用"支持所有语言"即可。

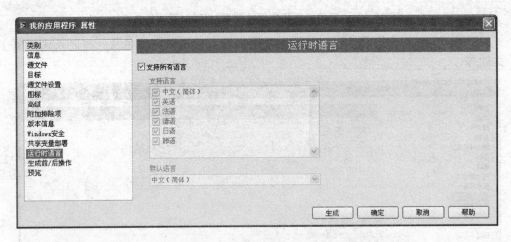

图 15 - 24　我的应用程序属性配置对话框(运行时语言页)

　　"生成前/后操作"页(图 15 - 25)用来设置应用程序生成前/后的一些操作,一般使用默认即可。

　　"预览"页(图 15 - 26)中可以预览当前配置下生成的独立应用程序及生成结果。如果出错,就可以及时更改。单击"确定"可以保存当前配置,单击"生成"即可直接创建独立应用程序。

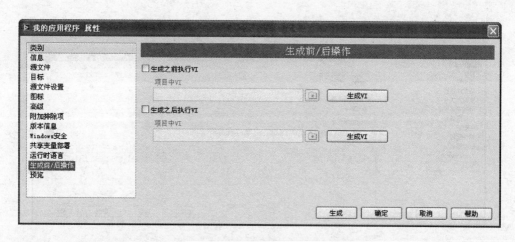

图 15－25　我的应用程序属性配置对话框(生成前/后操作页)

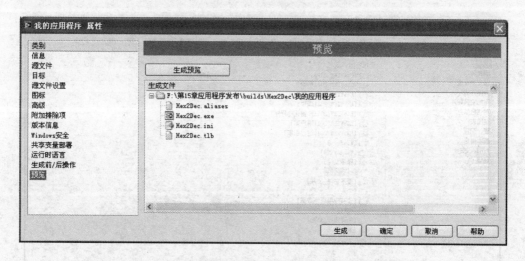

图 15－26　我的应用程序属性配置对话框(预览页)

15.5　创建安装程序(SETUP)

　　Windows 安装程序包含独立的应用程序、共享库和运行时引擎。安装后,可在普通 PC 机上运行。创建安装程序必须首先创建独立应用程序。一般情况下,一个应用程序开发完成后,程序开发者可以将安装程序交给终端用户进行直接安装和使用。在图 15－4 所示的菜单中选择"新建→安装程序",即可以打开如图 15－27 所示的"我的安装程序"属性配置对话框。

　　一般情况下"产品信息"页(图 15－27)和"目标"页(图 15－28)使用默认选项即可。

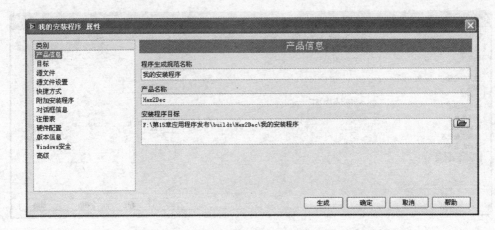

图 15 - 27　我的安装程序属性配置对话框(产品信息页)

图 15 - 28　我的安装程序属性配置对话框(目标页)

　　"源文件"页(图 15 - 29)可以配置安装程序的源文件,这里必须选择之前创建的应用程序(EXE),在目标视图中有各种各样的预定义目录,一般将应用程序添加到"程序文件"中。

　　"源文件设置"页(图 15 - 30)可以配置安装程序源文件各种属性,如"只读"、"隐藏"等,一般使用默认选项即可。

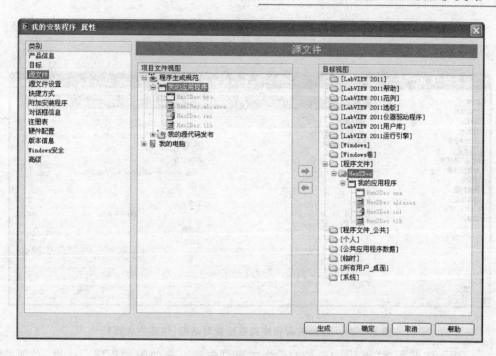

图 15－29　我的安装程序属性配置对话框(源文件页)

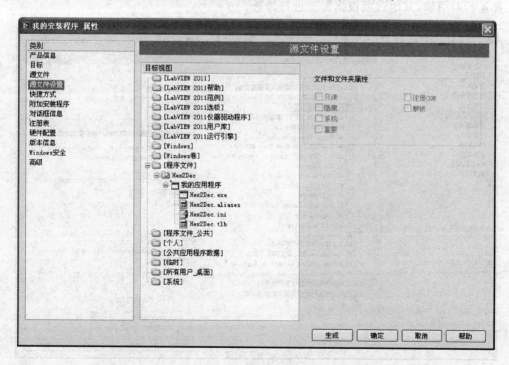

图 15－30　我的安装程序属性配置对话框(源文件设置页)

"快捷方式"页(图 15-31)可以配置安装程序安装以后的快捷方式名称及目录，这里设置了开始菜单快捷方式与桌面快捷方式。

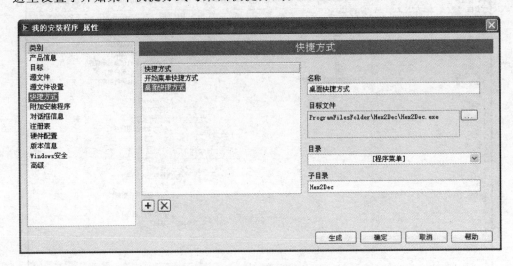

图 15-31 我的安装程序属性配置对话框(快捷方式页)

"附加安装程序"页(图 15-32)设置需要打包到一起的附加程序。这里，必须选择运行时引擎，其他选项根据需要进行筛选。

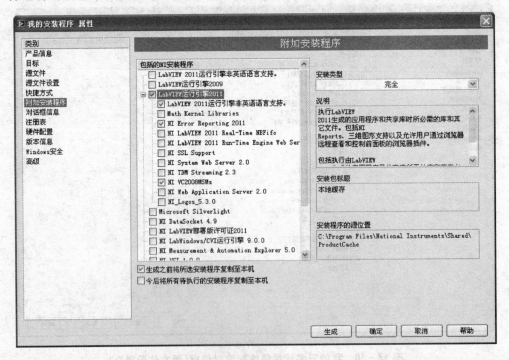

图 15-32 我的安装程序属性配置对话框(附加安装程序页)

"对话框信息"页(图 15 – 33)用于设置程序在安装过程中的欢迎信息及其他一些自述文件的选择。

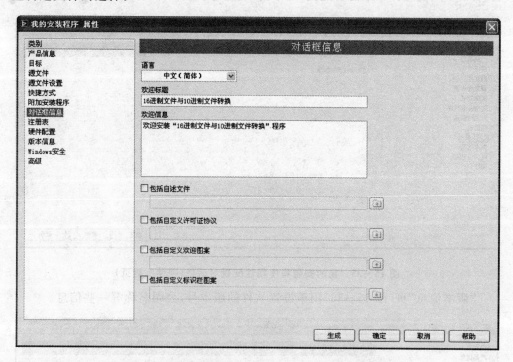

图 15 – 33　我的安装程序属性配置对话框(对话框信息页)

　　"注册表"页(图 15 – 34)可以添加注册表信息,程序员可以根据实际需要确定安装时需要修改的注册表项。

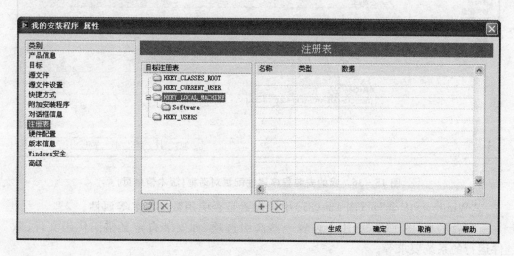

图 15 – 34　我的安装程序属性配置对话框(注册表页)

"硬件配置"页(图 15-35)可以加载 NI MAX 的配置文件,在本例中不用到这一项,所以不用配置。如果需要配置,可单击"配置"按钮,在弹出的对话框中进行设置。

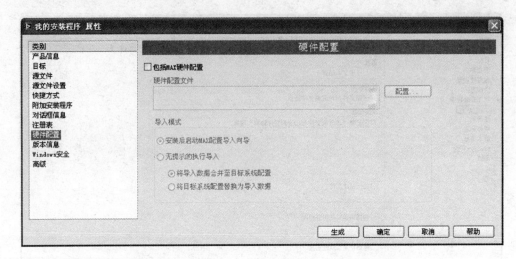

图 15-35 我的安装程序属性配置对话框(硬件配置页)

"版本信息"页(图 15-36)用于设置软件的版本号、公司名称等一些信息。

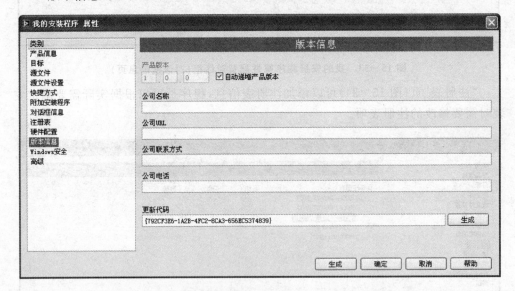

图 15-36 我的安装程序属性配置对话框(版本信息页)

"Windows 安全"页(图 15-37)用于设置是否应用数字签名等属性。

"高级"页(图 15-38)用于设置一些高级选项,如安装自定义错误代码文件、软件运行的系统要求等。

至此,所有配置已经完成,单击"确定"可以保存设置,单击"生成",可以直接生成安装程序。

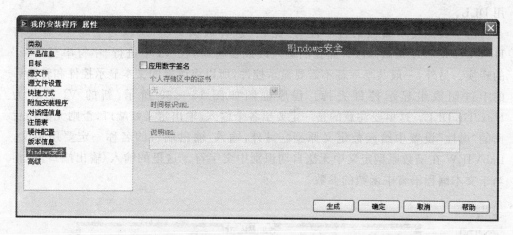

图 15 - 37　我的安装程序属性配置对话框(Windows 安全页)

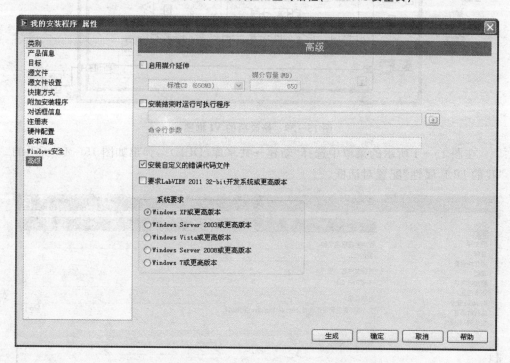

图 15 - 38　我的安装程序属性配置对话框(高级页)

15.6　创建共享库(DLL)

共享库可以让其他编程语言调用 VI,如 NI LabWindows/CVI、Microsoft Visual C++和 Microsoft Visual Basic 等。它为非 LabVIEW 编辑语言提供了访问 LabVIEW 开发代码的方式。如果需要与其他开发人员共享创建的 VI 功能时,可以使用 DLL。

由于其他文本编程语言中没有"路径"这种数据类型,所以为了匹配,需要将 Hex2Dec 的程序稍做修改。路径的输入改成自符串,在 VI 中进行"字符串至路径"的转换。另外,一般共享库都不需要显示控件,所以将读取的文本显示控件和转换后的十进制数组显示控件去掉。程序框图如图 15 – 39 所示,新的 VI 另存为 Hex2DecDLL。这里要注意的是一定要给各个输入/输出定义好端口,否则无法在后面的"属性"设置中给函数定义原型。另外,输入/输出端口的名称一定要用英文,LabVIEW 在函数原型定义中无法自动识别中文字符。这里的输入/输出端口,就相当于文本编程语言中函数的参数。

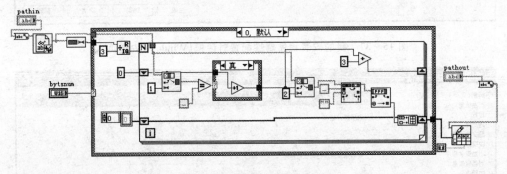

图 15 – 39　修改后的 VI 框图

在图 15 – 4 所示的菜单中选择"新建→共享库(DLL)",弹出如图 15 – 40 所示的"我的 DLL 属性"配置对话框。

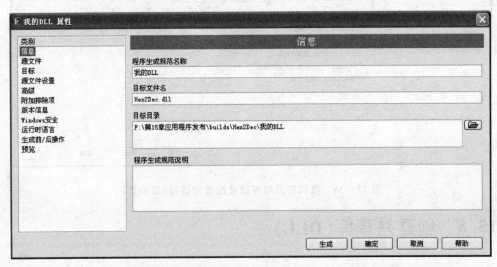

图 15 – 40　我的 DLL 属性配置对话框(信息页)

同样,可以在"信息"页(图 15 – 40)中设置目标目录及生成的目标文件名。其他页的大部分设置方法与前面几节中所讲的基本类似，这里不再赘述。下面只对其中较为重要的类别设置进行介绍。

"源文件"页（图 15 - 41）设置是最关键的一步。选择刚才修改好的 Hex2DecDLL.vi，将它添加到"导出 VI"后，会弹出"定义 VI 原型"对话框，如图 15 - 42 所示。

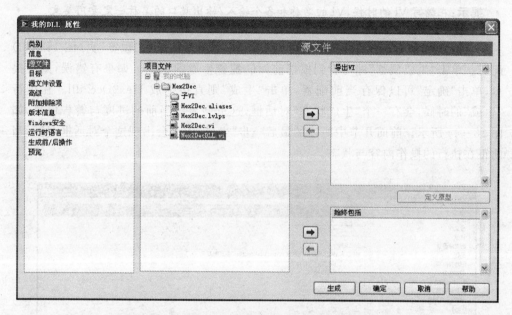

图 15 - 41　我的 DLL 属性配置对话框（源文件页）

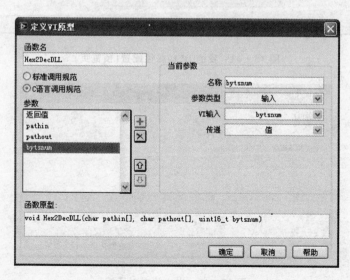

图 15 - 42　定义 VI 原型对话框

VI 原型定义实际上就是将 LabVIEW 的 VI 名称,各输入、输出端口名称与文本编程语言的函数名、参数进行映射。LabVIEW 会自动识别函数名称和参数。默认情况下,函数名就是 VI 的名称,参数就是各个输入/输出端口。用户也可以在这个对话框中进行更改,单击"确定"即完成了 VI 原型的定义。

提示:在编写 VI 的时候,VI 的名称和各个输入/输出端口的名称一定要用英文。

其他页的配置与前面几节所讲的内容类似,下面直接进入"预览"页(图 15 - 43)配置。单击"生成预览"即可看到根据前面的配置生成的预览。如果有错误,则会提示,单击"确定"可以保存当前配置,单击"生成"则直接生成 Hex2Dec.dll。在进行"生成"的时候,会有一个"生成状态"对话框,这里会显示当前的进度与警告信息,如图 15 - 44 所示。前面几节中所述的最后一步"生成"中也会出现这个对话框,显示当前正在执行的操作内容与状态。

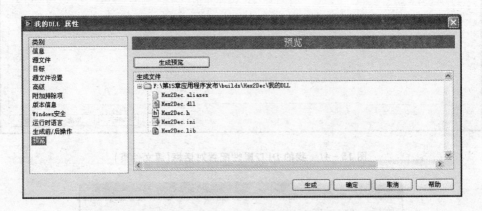

图 15 - 43   我的 DLL 属性配置(预览页)

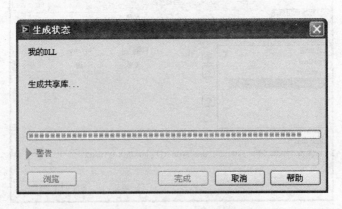

图 15 - 44   生成状态对话框

生成过程一般会花几分钟的时间,完成后的对话框如图 15 - 45 所示,单击"确定"即完成了所有的工作。

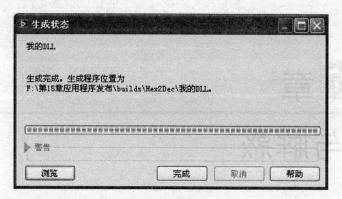

图 15 - 45　生成完成对话框

15.7　思考与练习

① LabVIEW 程序生成规范有哪几种？哪几种需要专业版开发系统支持？

② 如何在创建源代码发布时设定权限？

③ 如何创建 LLB？

④ 如何修饰独立应用程序的图标？

⑤ 创建安装程序前要先创建什么？

⑥ 创建共享库时，编写的 VI 要注意什么？

⑦ 熟练掌握常用的 LabVIEW 程序发布规范与发布方式。

第 16 章

技巧与解惑

熟练掌握一些编程技巧和快捷键,可以使我们在编程过程中事半功倍。本章主要对 LabVIEW 编程过程中的一些常用技巧与快捷键进行总结与归纳,并分析编程过程中经常遇到的问题。

【本章导航】
> LabVIEW 编程常用技巧
> LabVIEW 编程常用快捷键
> LabVIEW 编程常见问题与解决方案

16.1 常用技巧

1. 良好的项目管理方式

良好的项目管理方式不但可以方便地浏览和管理与本项目相关的程序内容,也为最终的应用程序发布准备了必要条件。LabVIEW 提供的项目浏览器是一个用于项目管理的优秀工具。在第 14 章中,我们已经详细介绍过项目浏览器的功能与使用方法,在这里要介绍的是何时创建及如何调用项目浏览器。

由于编程习惯的不同,关于何时创建和调用项目浏览器,没有一个固定的标准。一般情况下,如果用户在编写一个 VI 较多的程序或者大型项目的时候,建议在一开始就创建一个"项目",用项目浏览器管理后续编写的 VI。

项目浏览器的创建可以在 LabVIEW 的启动界面上选择"新建→项目"或者在进入 VI 编辑界面后,选择"文件→新建"菜单项,然后在弹出的"新建对话框"中选择"项目"。

项目浏览器创建以后,可以进行 VI 的新建、删除,文件的添加、删除,属性设置和应用程序发布等操作,如图 16-1 所示。不过这里对 VI 和文件的删除操作只是相对于项目而言,只是在项目中包含或者不包含这些 VI 或者文件,不会从物理硬盘上删除这些文件。

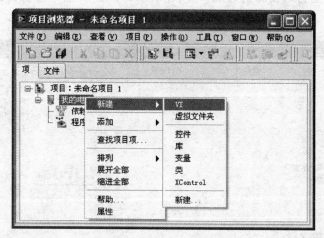

图 16 - 1　项目浏览器

　　使用项目浏览器的好处是，它能记录这个项目里所有 VI 的组织与依赖关系。这样在每次重新开始编写程序的时候，只要打开项目浏览器就可以看到这个项目里所有相关 VI 的信息，而不必通过文件夹去查找这些 VI。这对于大型项目的管理，优势尤为明显。

2. 设置赏心悦目的界面外观

　　一款优秀的软件，必定需要有一个使人赏心悦目的界面外观。通过 LabVIEW 菜单栏中的"文件→VI 属性"，可以打开 VI 的属性设置对话框，在这里可以对 VI 的显示风格进行详细设置。例如，当我们编写完界面之后，希望它在不同分辨率的显示器上显示效果不变，并且在"最大化"后，程序界面上的对象能自动调整。要实现这个功能，可以在 VI 属性设置的"窗口大小"类别中进行设置，如图 16 - 2 所示。

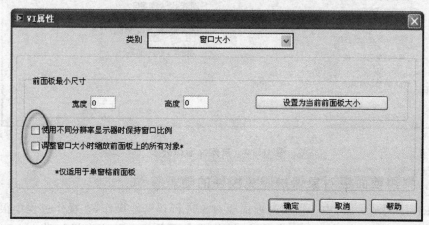

图 16 - 2　设置窗口大小属性

另外,对于运行时窗口的外观,可以在"窗口外观"类别中进行设置,如图 16 - 3 所示。

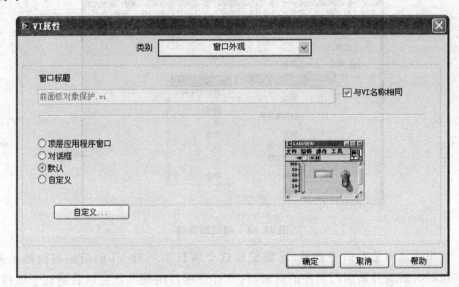

图 16 - 3 窗口外观设置

通过单击"自定义"可以进行更多设置,如图 16 - 4 所示。

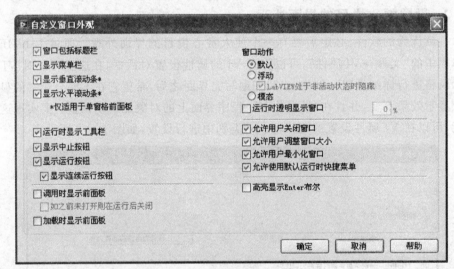

图 16 - 4 自定义窗口外观

3. 利用前面板对象保护避免控件的随意移动

在程序调试阶段,由于需要对前面板对象进行频繁地操作,在操作过程中很容易因为误操作把原本排列好的对象删除、移位或者覆盖。尤其当误操作发生在程序框架已经基本形成时,可能会对已经完成的工作造成很大的影响。对于这个问题,我们可以通过前面板对象保护的方法有效避免。

　　对前面板对象进行保护的方法有两种:一种是通过对象组合;另一种是通过对象锁定。如图 16-5 所示,在进行"组合"和"锁定"之前须先选中要保护的对象,组合和锁定之后的对象不能被编辑,"取消组合"或者"解锁"之后才能被编辑。

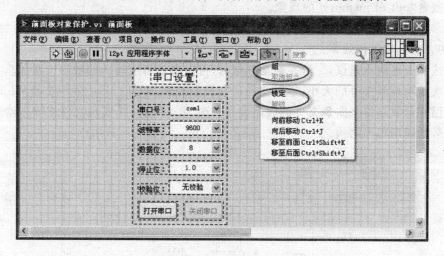

图 16-5　前面板对象保护

4. 进行 VI 密码设置保护劳动成果

　　当我们编写的 VI 不希望被别人随意编辑和修改时,可以给 VI 设置密码。设置密码的方法为在 VI 的编辑界面中,从菜单栏里选择"文件→VI 属性"(或者使用快捷键 Ctrl+I),在"类别"的"保护"页中进行设置,如图 16-6 所示。当 VI 被设置密码后,如果没有输入正确的密码,用户是无法查看和编辑后面板上的程序代码的。

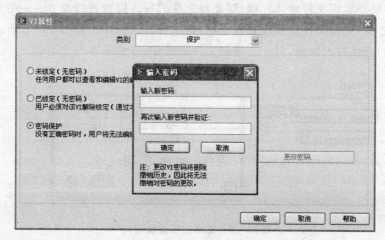

图 16-6　VI 密码设置

5. 采用高效的文件存储方式为数据处理提供方便

文件存储是数据采集与数据处理过程中相当重要的一步,在进行文件存储时,建议读者注意两个问题:

① 单文件不要过大。如果单个文件过大,可能会在打开过程中出现电脑过慢、死机或者"out of memory"的现象。

② 多文件存储时要按顺序编号。按顺序编号文件,可以方便在后期采用"批处理"的方法提高工作效率。

按照上述两点建议,一般在数据存储时,可以通过每次写入的数据长度和总共写入的次数来控制文件的大小;通过路径和字符串转换,再加上 For 循环或者 While 循环的循环计数端口来实现文件的顺序编号。图 16 - 7 为一个实现文件连续存储和自动编号的通用程序结构。

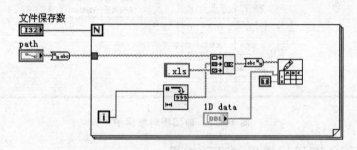

图 16 - 7　文件连续存储

图 16 - 7 所示为一个按电子表格连续存储的思路。"电子表格写入"VI 可以设置数据在写入时是否添加到文件。如果设置为"真",则 VI 会自动将新数据添加到原文件旧数据的末尾,这样就可以实现数据的连续存储。而对于文本文件或者二进制文件,如果要实现文件连续存储,则要对文件的写入位置进行设置。一般思路为在写入数据之前,先将文件位置设置到末尾,再进行写入操作。如图 16 - 8 所示为一个文本文件的连续写入思路,对于二进制文件的操作,方法基本本与之类似。

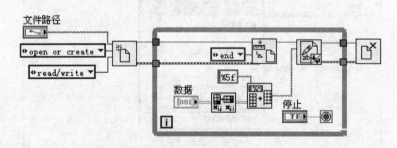

图 16 - 8　文本文件连续写入

另外,"电子表格文件"写入时,可以通过 VI 的"转置?"端口来确定是否将写入的数据进行转置。而对于"文本文件"和"二进制文件"则需要借助外部手段进行转置,如图 16-8 所示的程序框图中通过"二维数组转置"VI 实现数据的按列存储或者按行存储。"二维数组转置"VI,要求输入为二维数组,所以如果需要存储的数据是一维数组,则可以通过将一维数组添加成二维数组后再转换。添加的数组可以是对数据处理无影响的数据,例如"全 0"、"全 1"或者是"空"数组。

此外,有时我们在处理完数据之后,希望将处理结果存储在源文件的目录下,这涉及源文件路径的拆分、新文件路径的建立与新文件的创建。图 16-9 所示的程序代码演示了将数据处理结果存放于源文件路径下的一个新文件夹"Result"中的过程。如果已经存在名为"Result"的文件,则直接在这个文件夹下新建文件;如果没有,则先创建文件夹,再创建文件。

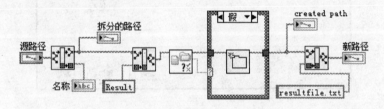

图 16-9　源路径拆分与新路径创建

在创建文件时,为避免程序出错,建议先设定文件的操作方式:新建、打开、新建或者打开、替换等。设置文件操作方式的方法有两种:一种是利用"打开/创建/替换文件"函数实现,如图 16-10 所示;另一种是通过设置"路径"控件的属性来实现,如图 16-11 所示。

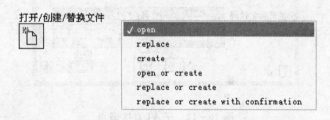

图 16-10　通过"打开/创建/替换"VI 设置文件操作方式

6. 利用动态窗口简化前面板对象

当程序比较复杂,或者前面板对象太多的时候,动态窗口可以解决这个困扰。实现动态窗口有两种方式:

① 通过"调用节点"来实现,具体操作方法请参考 13.5 节。这种方法的编程相对稍微复杂,但各 VI 之间的调用相互不受影响。

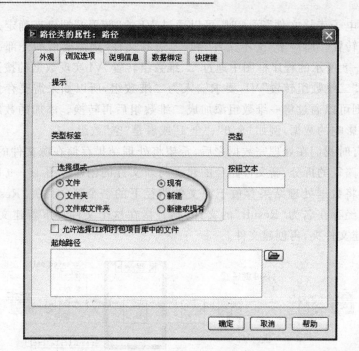

图 16－11　通过"文件输入路径"控件的"属性"设置文件操作方式

　　② 直接在程序中调用子 VI。如图 16－12 所示，这种方法编程简单，但主程序只有在等子 VI 运行完毕之后才会再执行下面的操作。这种方法一般在制作控制软件，进行参数设置时使用得比较多，通过调用参数设置子 VI，可为主程序界面节约大量放置参数控件所需要的空间。

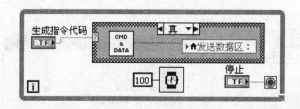

图 16－12　子 VI 直接调用

7. 利用 XY 图绘制非等间隔采样图

　　正常情况下绘图时，选择"波形图表"或者"波形图"控件即可，但如果要绘制非等间隔采集的波形，或者是绘制例如 x,y 之间的关系图时，可以采用"XY 图"或者"Express XY 图"。图 16－13 所示为一个用"波形图"和"XY 图"绘制的关于 $y=\exp(x)$ 在区间 $[-1,1]$ 上的关系图。用"波形图"绘制时，它的显示默认是从 0 开始的，而"XY 图"则能正确地反映数据 x 的真实取值范围。

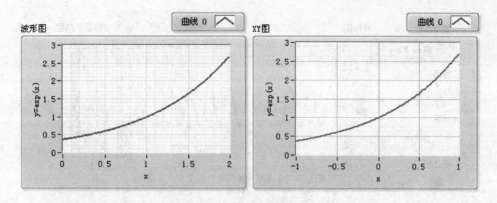

图 16－13　绘制 XY 关系图

8. 充分利用生产者/消费者结构编写多线程程序

在进行数据采集或者需要多个程序模块同步运行时,最简单,最有效的方式就是采用生产者/消费者循环。生产者/消费者结构可以是一个生产者循环对应一个消费者循环或者是一个生产者循环对应多个消费者循环,实现生产者与消费者之间的数据传递。另外,还可以通过"基于队列状态机的生产者/消费者结构"实现消费者之间的数据传递和消费者与生产者之间的数据传递。关于生产者/消费者循环的具体内容,请参考本书第 10 章 10.3 节。

9. 利用界面动画与分隔栏增添界面的活力

给界面添加适当的动画,可以增加界面的活力。添加动画主要有两种方式:一种是通过进度条、滑动杆、仪表和液罐这些控件或者自定义控件;另一种是通过 GIF 等格式的动画图片。关于自定义控件的详细内容请参考本书 13.5 节,而 GIF 等模式的动画图片只要直接添加到界面上即可。

当界面需要分块,且又想各模块之间的挪动等操作不会相互影响,则可以使用分隔栏实现,另外,分隔栏还可以实现隐藏与展开,关于分隔栏的操作请参考本书第 13 章 13.5 节。

10. 属性节点

属性节点在很多应用场合都有重要的作用,比如说在界面上显示一个波形图的时候,可以通过属性节点来控制波形显示的范围。对于控件,可以使用属性节点来控制控件的使能,还可以通过属性节点来控制一个控件在使用时的闪烁等。合理使用属性节点,可以使我们的程序功能更强大,界面更美观。图 16－14 是一个利用"波形图"的属性节点来控制波形显示范围的例子。在这个例子中,通过属性节点来控制波形的显示区域,要注意须取消波形图中 X 轴与 Y 轴的自动调整属性。

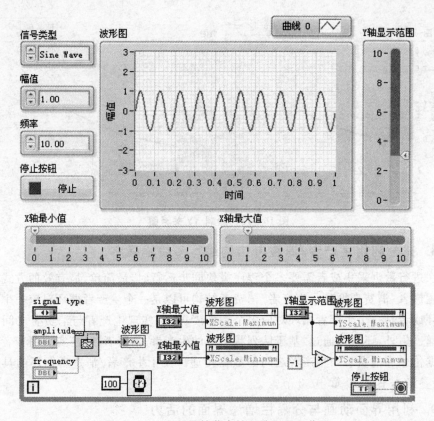

图 16 – 14　利用属性节点控制波形显示范围

16.2　常用快捷键

快捷键的使用,可以提高编程效率,而且可以让编程更加得心应手。下面总结了在编程时经常会用到的几个快捷键:

- Ctrl+E:前后面板快速切换
- Ctrl+T:并列显示前后面板
- Ctrl+H:显示即时帮助
- Ctrl+B:清除后面板上错误的连线
- Ctrl+C:复制
- Ctrl+V:粘贴
- Ctrl+Z:撤消操作
- Ctrl+Shift+Z:恢复操作
- Ctrl+-:缩小字体
- Ctrl+=:增大字体

- Ctrl＋A：选中所有对象
- Ctrl＋F：查找和替换
- Ctrl＋N：新建一个 VI

16.3　常见问题及解决方案

在这里,作者结合自己的编程经历,并从网上收集了一些初学者和 LabVIEW 开发人员在编程过程中经常会遇到的问题及解决方案,希望能对读者有一定帮助。

16.3.1　人机交互

1）如何把 LabVIEW 前面板控件当前值设为下次打开时的默认值?

解决方案:选中控件,在菜单中选择"编辑→当前值设为默认值",然后保存。

2）如何自定义窗口标题字符,而不是用默认的 VI 名称?

解决方案:如果只是设置一个非 VI 名称的默认标题,可以在"VI 属性→窗口外观"中设置,取消选择"与 VI 名称相同"选项,然后在"窗口标题"中输入需要显示的字符。如果希望在程序中修改标题,可以使用 VI Server 中的 FP.Title 属性。

3）如何在一个 graph 或 chart 显示多个 Y 轴刻度,并且使每个通道对应每个刻度?

解决方案:在前面板上,右击刻度,选择 duplicate scales,控件会自动创建一个新的刻度。然后右击控件刻度,选择 swap sides,就可以让刻度显示在图的左边或右边。在控件右上角的 plot legend 上选择 Y scales,选择与该曲线相应的 Y 轴显示范围。多条曲线对应多条 Y 轴的刻度时,设置方法相同。

4）采集数据在 graph 如何显示系统时间,并且随着采集点数时间不断刷新?

解决方案:有两种方式,一种是采集波形数据输出给 graph,在 graph 上选择显示绝对时间,并且去掉 ignore time stamp 选项;第二种是采集数据文件,用获取时间的 vi 获取当前时间,把采集的数据文件和当前时间组合成波形文件,再将这个波形文件用波形图控件来显示。

5）为什么用子程序调用时 pop up 前面板,前面板总是在主程序后面?

解决方案:在 window appearance 中选择 default floating 和 modal 选项,将子程序的优先级设置成高于主程序的优先级。

6）如何设计时间输出格式为小时:分:秒.毫秒?

解决方案:用 Get Data/Time In Seconds 来获得当前时间,用 Format Data/Time String 函数进行格式化,关于时间格式的详细定义请参考上述两个函数的帮助文档。

7）如何实现将 Chart 的时间坐标与计算机系统时间一致?

解决方案:Chart 属性 Format And Precision 选 Absolute Time,显示方式改为

System Time Format 和 System Data Format。程序框图里 Get Data/Time In Seconds 获取当前时间,转换为双精度浮点型后输入到 Waveform Chart 的属性节点 Xscale. Offset。属性节点 Xscale. Format 设为模式,值为 7。

8) 在前面板突然找不到 Scrollbar 了,现在想看或者操作屏幕之外的控件显示件非常麻烦,怎么能够找到 Scrollbar?

解决方案:在"文件→VI 属性"的"窗口外观"里有 Show scrollbar 的选项。

9) 如何在 table 中既显示小数又显示整数?

解决方案:table 中显示的是字符串,显示小数还是整数是在转换成字符串而未放入 table 之前的过程中完成的。因此将整数小数分别转换成字符串后再合并输出到 table 中即可。

10) 如何制作一个边框是透明的 string 控件?

解决方案:选择一个 classic simple string 控件,使用工具模板的染色工具。在弹出的对话框中选择右上角的 T,然后给这个控件染色就可以了。

11) 循环采集并对采集的结果判断。前面板放置一个布尔报警灯,只保存报警的数据,并可回放,怎么实现?

解决方案:存储 VI 外加一个 case 结构,并以布尔报警灯作为判断。如果为 true,存储;如果为 false,不存。回放有两种形式:第一种,把试验数据存储,然后回调;第二种,把 Graph 存为图片。

12) 主程序已经完成,想在主程序运行之前,先执行一个别的界面。当退出该界面的时候,再显示主界面,如何实现?

解决方案:可以在主程序框图之前,将主程序前面板隐藏,调用子程序,退出子程序后,再显示主程序前面板。这种效果可以通过 VI 属性节点来实现。先调用一个属性节点,右击节点选择 Select Class/VI Server/VI,然后在属性中选择 Front Panel Window/State 属性,分为设为 Hide 和 Standard。

13) 如何在运行程序后,去掉前面板上的 windows 关闭按钮?

解决方案:可以在 LabVIEW 的前面板上选择"文件→VI 属性→窗口外观→自定义",去掉 allow user to close window 选项,保存设置,运行后可以实现效果。

14) LabVIEW 中如何清除前面板的 Graph? 即在每次运行时,让 Graph 重新显示数据而不显示历史数据?

解决方案:在 Graph 中可以通过创建"局部变量"并对其赋"空"值来解决。而在 Chart 里可以通过创建 History Data 属性节点并对其赋"空"值来解决。

15) 弹出窗口无法进行任何操作,并且被主界面挡住,如何解决?

解决方案:主界面上选择"VI properties→windows appearance→customs→windows behavior",当该值设置为 normal 时,主界面保持在最前端,将它设置为 default 即可解决问题。

16) 如何在程序中实现按对应键弹出窗口,并在窗口已打开情况下可继续打开其他窗口？

解决方案：在程序框图内使用并行循环。每一个可能要运行的子 VI（打开窗口）及其运行条件（按键）各占一个循环。各个循环相互独立，互不干扰。在考虑同时关闭各个窗口时，需要使用全局变量。

17）怎样在 LabVIEW 中实现全屏显示？

解决方案：① 在"文件→VI 属性→窗口大小""调整窗口大小时缩放前面板上的所有对象"打上钩，即可全屏显示。② 设置是否显示控件方法，第一种，要完全不显示时，把控件放在界面不可见的地方；第二种，使用属性对控件的"可见性"进行控制。具体方法为，右击控件，在弹出的快捷菜单中选择"创建→属性节点→可见"，创建完成后将属性节点转换为输入，输入值设置为 True 或 False。

18）当单击 Graph 时，该 Graph 的大小会发生变化。当鼠标指针移开后 Graph的大小又恢复到原来状态？

解决方案：可以用一个 Event Structure 实现。添加两个事件：一个是单击，另一个是鼠标指针移开。在这两个事件中分别赋给 Graph 的 PlotArearSize 属性节点不同的值，即可改变 Graph 的大小。

19）如何在界面上设置浮动控件（当移动流动条时，这个控件的位置不发生变化）？

解决方案：两种方式：一种是利用分隔栏，将不需要活动的区域和需要海域的区域分开。这样当分隔栏一侧的界面移动流动条时，另一侧的不会受到影响；另一种是利用"属性节点"来控制窗口的"内容区域"，图 16 - 15 所示的程序框图，可以实现当移动前面板的水平流动条时，"确定按钮"始终保持在一个固定的位置。

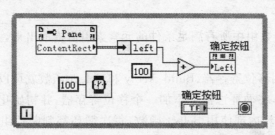

图 16 - 15　利用属性节点控制前面板控件的位置

16.3.2　数据与文件操作

1）在使用 Open/Create/Replace File. vi 选择创建或者替代方式时，如果文件已经存在，需要替代，怎样才能不弹出对话框直接替代？

解决方案：两种方式，一种是双击打开 Open/Create/Replace File. vi 的程序框图，把里面的 If function is 2（create or replace with protection）ask user if permission to 的 CASE 结构删除；另一种是在 Open/Creat/Replace File. vi 前加一个判断

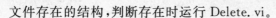

文件存在的结构,判断存在时运行 Delete. vi。

2) 利用 LabVIEW 的 Express VI 能读出. lvm 的数据,但无法在波形图中正常显示。

解决方案:读出的二维数组是以列为单位存放数据的,而波形图显示 2D 数组是以每行为一条曲线输出的。所以,利用"转置二维数组"将行列转制就可以了。波形图表与波形图刚好相反,是以每列数据为一条曲线输出的。所以不加转制就可以用波形图表代替波形图正常显示。

3) 如何使用"读取文本文件"函数从文本文件中逐行读取数据?

解决方案:"读取文本文件"函数的输入输出端口无法设置读取行的功能。只有右击该函数,从弹出的快捷菜单中选择 Read Lines 才能实现读取行的操作。将这个函数放到一个循环里,就可以实现逐行读取了。

4) 如果要将信道名、信号类型、采样率和采得数据一起存入文件,用什么方式比较好?

解决方案:推荐一种以前基本被忽略的文件结构——TDM FILE 格式。这种文件格式基于二进制的方式,在存储过程中可以加入很多外部信息进去,例如 free text、free integer 等。

5) 怎样把 While loop 的循环次数 i 写入 Table 的行头 ColHdrs[]中呢?

解决方案:创建 Table 的属性节点,属性 ColHdrVis=T 显示行头。ColHdrs[]连接一个字符串数组,需要将循环次数 i 加 1,然后通过 Number To Fractional String 转化为字符类型,精度为 0。添加移位寄存器,赋初值为空字符串数组。Build Array 上端输入接移位寄存器,下端接数字,右端接 ColHdrs[]和移位寄存器另外一端。

6) 怎样将一个数组中所有满足条件的元素索引值提取出来,并保存成一个新的数组?

解决方案:使用移位寄存器、Build Array 和 Select 函数就可以做到。具体方法:① 使用 FOR 循环,在循环边框上添加一个移位寄存器,并初始化为一维空数组,类型为"I32";② 在循环内部使用 Select 函数,每次循环都判断数组中的一个元素,并将判断结果(布尔量类型)送入 Select 的"s"输入端;③ 每次循环都使用 Build Array 函数将左端的移位寄存器直接连接到 Select 函数的"f"输入端,Select 函数的输入端就是所有满足条件的元素索引值;④ 将 Select 函数的输出端连到右端的移位寄存器上。这样程序结束后,For 循环的右端移位寄存器的数据就是需要的索引值。

7) 如何方便地拆分双精度数的整数部分和小数部分?

解决方案:在处理双精度数时,经常会涉及到拆分双精度数的整数和小数部分。一般可以采用以下几种方法:① 通过几个取整函数,先求取整数部分,然后利用差值求取小数部分。取整函数包括最近取整、向上取整和向下取整,由于涉及舍入的问题,所以拆分起来比较困难;② 利用字符串丰富的拆分函数。双精度数转换为字符

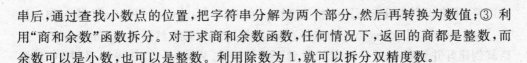

串后,通过查找小数点的位置,把字符串分解为两个部分,然后再转换为数值;③ 利用"商和余数"函数拆分。对于求商和余数函数,任何情况下,返回的商都是整数,而余数可以是小数,也可以是整数。利用除数为 1,就可以拆分双精度数。

16.3.3 仪器控制与驱动

1) 如何用 LabVIEW 与可编程仪器通信,该仪器没有 GPIB 接口,但有 COM 口,能否用 LabVIEW 操作?

解决方案:可以通过 LabVIEW 的串口通信来解决仪器控制问题,参看"查找范例"的"硬件输入与输出→串口"或者参考本书的第 11 章 11.2 节。

2) 使用"写入二进制文件"函数向二进制文件中写入一个 1D 数组,为什么在"读取二进制文件"读取时,会多出 4 个字节数据呢?

解决方案:写入时加入了头信息,多出的 4 个字节就是头信息,代表了数组或字符串的长度。在"写入二进制文件"中的"预置数组或字符串大小?"这个输入端口中设置,其默认值为 T,代表加入头信息;如果将其改为 F,就不会多出 4 个字节了。

3) VISA Set I/O Buffer Size

解决方案:串口的缓存大小可以通过"VISA 设置 I/O 缓冲区大小"函数设置。设置缓存的函数要放在串口配置 VI 的后面。MASK 的设置要对,如果不设置,默认值为 4 096 B,若用串口读取的数据比这个大,就会造成数据丢失。

4) 使用串口过程中发生如下错误:(1) Unable to open session to ¡ASRL1∷IN-STR;(2)Return Value :0XBFFF0072;(3)Status Name :VI_ERROR_RSRC_BUS-Y;(4)The resource is valid, but VISA can not currently access it。

解决方案:这是由于访问 COM 口的软件引起的。有可能是 LabVIEW 程序打开了 VISA 的对话而没有关闭它;或者打开了一个永远不能关闭的超级终端连接;或者是其他软件正在使用该串口;或者串口挂起了。这些原因可以通过关闭所有程序解决。如果还是没有解决,最后可以尝试禁止 COM 口以释放资源。步骤如下:打开控制面板,单击系统图标,选择设备管理器,展开端口,选中要操作的串口,右击选择属性,在常规选项里选择"不再使用该设备"。或者直接右击串口选择停用。设定完毕后重新启动,再选择启用该串口。

5) LabVIEW 中使用 NI – VISA 软件控制 USB 设备

解决方案:为了使用 NI – VISA,在 Windows 环境中,可以通过 INF 文档做到这一点。NI – VISA3.0 包含的 VISA Drive Development Wizard(DDW)将为 USB 设备创建一个 INF 文档。① 选择 Start Programs National Instruments VISA Drive Developer Wizard,打开 DDW。可以用这个向导为 PXI/PCI 或 USB 设备创建一个 INF 文档,单击 Next。此时出现 VISA DDW 基本设备信息窗口。② 进行这一步时,需要清楚 USB 供应商 ID 和产品 ID。这两个数据都是 16 位十六进制数字,由供应商提供。单击 Next。出现输出文档属性窗口。③ USB Instrument Prefix 是一个

描述符,用来识别本设备所用的相关文档。在 USB Instrument Prefix 中输入相应信息,并在 output file directory 中选择存放这些文档的目录,然后单击 Finish。INF 文档就创建好并保存在用户指定的位置了。假定在 Windows XP 操作系统中,复制 INF 文档并将其放入 INF 文件夹,这个文件夹的位置通常是 C:\WINDOWSINF。该文件夹可能是隐藏的。右击 C:\WINDOWSINF 文件夹中 INF 文件,然后单击 Install。这个过程为用户的文件创建了 PNF 文档。现在就可以准备安装 USB 设备了。连接 USB 设备,当 Windows 探测到 USB 设备后,会立即打开"添加新硬件向导"。按照屏幕上的相关提示进行操作。如果准备为该设备选择驱动程序,则可以浏览 INF 文件夹,选择由 DDW 创建的 INF 文档。安装后就可以在 MAX 和 Lab-VIEW 中对设备进行编程控制了。

6) 如何将 MAX 配置文件保存下来?

解决方案:在 MAX 里,当配置完成后,从菜单栏中选择 File→Export,选择保存位置以及类型。单击 Next,找到需要保存的文件,然后单击 Export,Finish。载入时,选择 Import。

7) 连续采集程序分成配置 task 状态和采集状态两大部分。在配置状态中须配置出有效的 task。根据需要,在适当的时候进入采集状态。在采集状态中使用 start task 和 read 两个 VI,并且循环执行。当程序开始后立刻报错。

解决方案:因为采集状态中使用 start task 和 read 两个 VI,并且循环执行,当采集已经开始后再使用 start task 就会重复开始相同的资源,导致资源冲突产生错误。建议 start 部分单独作为一个状态,在循环执行的状态中只使用 read.vi。

16.3.4 程序运行与应用程序发布

1) LabVIEW 在做网络发布的时候,能否在由 LabVIEW WEB Serve 生成的 HTML 中嵌入其他语言的脚本文件? 在其他网络服务器上是否能够使用由 Lab-VIEW 生成的 HTML?

解决方案:这两种情况都是不允许的,原因在于 NI 的 Web Server 不支持这样的操作。LabVIEW 的 Web Server 无法将非 LabVIEW 环境下生成的脚本信息传送到客户端浏览器,也无法访问客户端浏览器中非 LabVIEW 环境下生成的脚本信息。同样,其他的 Web Server(Apache,IIS 等)也无法使用由 LabVIEW Web Server 生成的 HTML 文件对 VI 实行控制。

2) 如何较精确的判断延时时间?

解决方案:需要使用迅捷 VI(Elapsed Time.vi)而不能使用 Wait。因为 Wait 会受到系统运行的影响,而且重复延时后会产生积累误差。而 Elapsed Time 使用的是系统时间(精确到 ms),不会产生累积误差。

3) 如果利用 Build Application 生成的 exe 文件用到了"当前 VI 路径",那么原先程序默认能找到的文件现在却找不到了。

解决方案:当使用"当前 VI 路径"这个函数时,它会将文件名和该 VI 所在的路径返回。如果刚编写的 VI 还没有保存,那么运行它会返回一个无效值。如果已保存了该 VI,那么就能返回完整路径。例如一个名为:Application. vi 的 VI 被保存在 C:\Program File\Application 这个文件夹下面,"当前 VI 路径"函数返回的路径就是 C:\Program File\Application\Application. vi;如果生成的 exe 文件与 Application. vi 保存在同一个目录下,那么运行的时候会返回 C:\Program File\Application\ App. exe\Application. vi,所以我们需要多用一个"路径拆分"VI 才能得到和原来一样的路径。

4)在调试程序的时候,程序总会运行到无法响应的状态,最后只能强行关闭,无法正常运行。

解决方案:在 VI 前面板有个长度很大的字符串 Indicator,因此程序在刷新屏幕时很消耗资源。将这个 Indicator 设为隐藏,问题就解决了。同样的问题也会出现在数据量很大的 Graph、Chart,甚至探针上。

5)LabVIEW 中一个 while 循环嵌套另一个 While 循环,如何通过一个布尔量停止这两个循环?

解决方案:创建一个布尔量的局部变量,用这个局部变量控制一个循环,用布尔量控制另一个循环。注意机械特性是不能带锁存的(Latch)。

6)每次运行时,CPU 使用率都达到 100%,为什么?

解决方案:循环里面没加延时就会有这种现象发生。解决的方法为给每个循环添加一个延时作为循环间隔。

7)用 LabVIEW 写的串口程序,生成 exe 文件后不能在没有 LabVIEW 的机器上运行。虽然这台机器已经安装了相应的 LabVIEW Run - Time,为什么?

解决方案:如果串口程序是用 VISA 写的,就需要在目标及其上安装相应的 VI-SA 驱动。既可以在目标及其上单独安装 VISA 驱动,也可在 LabVIEW 中使用打包功能将 VISA 驱动和应用程序一起做成一个安装文件,统一安装到目标机器上。

8)VI 属性下"执行"中选项"重入执行",选用和不选用有什么区别?

解决方案:如果主程序两次或多次执行同一个子 VI,在不选用时,就会依次使用这个子 VI;如果选用,则这个子 VI 就会并行执行,提高程序运行速度。

9)使用 VI server 技术,如何实现从一个 VI 打开运行并读取另一个 VI 中控件的值?

解决方案:① 调用 Open vi Reference. vi,输入子 VI 的路径到其 VI Path 的端口。② 调用 Invoke Node. vi 并设为 Open FP。③ 调用 Invoke Node. vi 并设为 Run VI。④ 调用 Invoke Node. vi 并设为 Get control Value[Variant];对 Control Name 端口填入子 VI 循环的停止按钮控件名称;Get Control Value [Variant]输入端的值通过 Variant To Data. vi 设为控件相对应的控件类型后,输出到前面板,这就可实现读取 VI 控件的值。⑤ 最后调用 Close Reference. vi 关闭 VI Server。

10) 在子 VI 运行过程中,如何将数据实时传递到调用它的主 VI 中,而不是等待子 VI 运行结束后才在主 VI 中获得子 VI 的输出数据?

解决方案:使用带控制参量的属性节点可以实现在子 VI 中修改主 VI 属性的目的。由于控件的值(Value)也是控件的属性之一,因此可以使用控制参量实现以上要求。在子 VI 中,使用带有控制参量的属性节点,将要传递到主 VI 的数据写入这个属性(Value)中。将控制参量设置为 Control,并且在子 VI 的连接器中进行定义。在主 VI 中,为接收子 VI 数据的控件建立一个控制参量,将这个控制参量连接到子 VI,即可达到在主 VI 中实时获取子 VI 数据的要求。

11) 在 LabVIEW 程序中使用 MATLAB 生成 exe 文件后,发现文件可以运行但是无法弹出运行界面。

解决方案:在 LabVIEW 中如果使用了 MATLAB,生成 exe 文件时需要加一个名为 MATLAB script. dll 的文件作为支持文件,此外在目标 PC 上必须安装 MAT-LAB 软件。

12) 为什么子 VI 节点的输出端口没有数据传递出来?

解决方案:这类问题的主要原因是子 VI 中存在着循环。如果子 VI 中的循环不能退出,子 VI 节点就一直在运行。对于 LabVIEW 的数据流编程机制来讲,一个节点没有执行完,它的所有输出端口就不会有有效数据输出。解决方法:一是把子 VI 中的循环提出到主 VI 里来。二是使用全局变量,并在主 VI 中使用并行循环来控制子 VI 的结束。

13) 调用子 VI 的程序关闭后再运行时,总报错。

解决方案:LabVIEW 程序运行过程中,如果直接通过 Windows 窗口上的"关闭"按钮来结束程序,它只结束主程序,而主程序调用的子 VI 仍然在继续运行。只有通过主程序界面上的"停止"按钮来结束程序,才可以避免产生再次打开程序时报错的问题。对于一个完整的程序来说,最好加入如图 16 - 16 所示代码,放弃通过"关闭"按钮来结束程序。图中的"停止"按钮是所有程序结束的控制按钮。

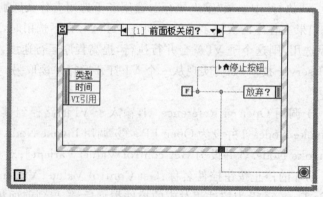

图 16 - 16　禁止通过前面板的"小叉叉"结束程序

16.3.5 其他问题

1) 在 ActiveX 容器中播放 Flash 的动画时,如何实现在 LabVIEW 中响应 Flash 中的按钮动作?

解决方案:通过调用 ActiveX,可以在 LabVIEW 中播放 *.swf 的动画。响应 Flash 中控键动作的办法是用一个事件结构,在 ActiveX 容器中的特定区域响应鼠标动作。

2) LabVIEW 如何实现由一个事件引发其他 3 个事件的顺序发生,且这 3 次事件间的时间间隔为 50 ms?

解决方案:可以引用状态机来设计程序。将触发事件作为状态机的状态控制参数,后面发生的 3 个事件依次作为状态机的 3 个顺序状态,设置状态切换时间间隔为 50 ms。

3) 在主程序通过局部变量为何不能实时查看子 VI 的参数?

解决方案:通过局部变量只能得到子 VI 运行完之后的结果。可以用"control reference"方式:在子 VI 上加一个属性节点引出一个 reference,主程序里把需要显示的控件创建一个 reference 连到子 VI 的 reference 输入端口。另外也可以用 VI server 方式实现。

4) report generation 里的 standard 和 HTML 究竟是什么意思?

解决方案:standard 和 HTML 是 LabVIEW 本身就有的报表类型,无须安装其他的文本编辑工具就可以打印。standard 是 LabVIEW 内建的一种报表格式,可以打印但不能存盘,也就是说报表没有电子版。HTML 是网页格式的文件,可以用浏览器打开。通过 LabVIEW 编写的 HTML 代码,是不能直接打印的,需要先指定网页路径才能打印。还要注意,如果是一段程序是用了 report generation 的 VI,在打包成 exe 文件或 llb 文件时,需要加入两个动态 VI:_excel dynamic. vi 和_word dynamic. vi。如果生成的报表采用了模板,则需要支持文件里添加相应的模板。

5) 为什么把 LabVIEW 程序框图解密以后,关闭再打开程序框图时,无须再输入密码如何才能实现每次打开 VI 都是加密的?

解决方案:如果在 LabVIEW 中输入程序框图的密码后,关闭该程序,不退出 LabVIEW,当这个程序再次被打开时,就可以直接查看框图程序。原因是 LabVIEW 没有关闭,所以密码会一直存在内存当中。如果要实现每次打开都是加密的,只要关闭时把 LabVIEW 也关掉,下次再想要查看程序框图就需要输入密码了。

6) 使用 CLF 节点调用 DLL 中的函数时,如果原函数中指定的数据类型为结构,那么在 CLF 配置过程中该如何指定数据类型?

解决方案:可以选择数据类型(TYPE)为 Adapt To Type,然后在输出或输入端口连接一个 Cluster。这个 Cluster 的定义和原函数中结构的定义一样。选择 Adapt To Type 后,连接到端口的数据类型是什么,与函数接口的数据类型就是什么。

7) 事件结构中有两种事件类型,一个是通知事件(Notify),另一个是过滤事件(Filter)。这两种事件的区别是什么?

解决方案:对于通知事件,程序可以感知事件的发生并且响应该事件,然后再处理事件结构中定义的任务;对于过滤事件,程序感知事件发生后首先处理事件结构中定义的任务,然后根据时间结构中的设定决定是否响应该事件。举例来说,事件为Panel Close,在事件发生时弹出一个对话框。如果是通知事件,首先响应事件关闭了前面板,因此没有办法处理"弹出对话框"的任务;如果是过滤事件,首先处理"弹出对话框"的任务,然后根据事件结构中Discard的值判断是否关闭前面板,若Discard为T,则不关闭,若为F,则关闭。

8) 将前面板控件(graph)的内容保存成图像文件,在LabVIEW中如何编程实现?

解决方案:右击控件,创建Invoke Node,选择方法为Get Panel Image。然后调用"图形与声音→图片格式"下面的VI,将第二步获得的图像写入相应格式文件中。

9) 移位寄存器和反馈节点的区别?

解决方案:反馈节点箭头的起始端相当于移位寄存器的右端,箭头的末端相当于寄存器的左端。区别在于移位寄存器的左端元素可以通过上拉、下拉方式增加,而反馈节点的端口是无法增加的。

10) 如何简单实现多层条件结构的嵌套?

解决方案:因为LabVIEW是一种图形化的编程语言,对于多层嵌套的条件结构,会使程序代码看上去像迷宫一样。如图16-17所示为一个采用传统方法编写的一个3层的条件嵌套结构。当嵌套次数增加时,会变得异常复杂。图16-18所示为一种改进的结构。在这种结构中,将每一个条件值看作"0"和"1",并将这些值创建成一个数组,通过"布尔数组至数值转换"函数实现条件选择。这样就可以用一个条件结构来实现多层的嵌套。只是在使用过程中,要注意条件结构条件的设置。条件输

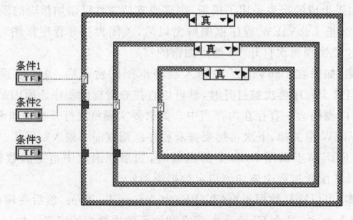

图16-17 传统的多层条件结构嵌套程序结构

入转换成数值后要设置成二进制的显示方式(在属性里可以找到数值的"二进制显示"方式)。另外,"条件结构"的条件显示也采用二进制的显示方式(在 case 框上右击,在弹出菜单中选择"基数→二进制")。

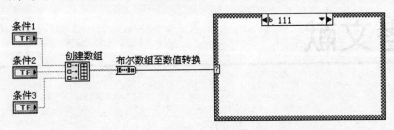

图 16 - 18　改进的多层条件结构嵌套程序结构

11) 数组连接到"数组转换成簇"VI 后,发生元素丢失或者断线不能连接的问题。

解决方案:簇到数组转换的时候,LabVIEW 是自适应元素数量的,也就是你直接连接一个转换 VI(簇,类与变体选区中)就能解决问题。但是数组到簇转换的时候却并非如此,LabVIEW 是不能自动设置用户需要转换成簇的数组元素数量的。右击"数组到簇转换"VI,在弹出的快捷菜单中选择"簇大小"选项可以解决这个问题。

参考文献

[1] 李海涛,赵勇,杨磊,安雪滢. LabVIEW 高级程序设计. 北京:清华大学出版社,2003.

[2] 杨乐平,李海涛,杨磊. LabVIEW 程序设计与应用. 第 2 版. 北京:电子工业出版社,2005.

[3] 王磊,陶梅. 精通 LabVIEW 8.0. 北京:电子工业出版社,2007.

[4] 刘胜主编. LabVIEW 2009 程序设计. 北京:电子工业出版社,2010.

[5] 陈锡辉,张银鸿. LabVIEW 8.20 程序设计从入门到精通. 北京:清华大学出版社,2007.

[6] 孙秋野,柳昂,王云爽. LabVIEW 8.5 快速入门与提高. 西安:西安交通大学出版社,2009.

[7] 龙华伟,顾永刚. LabVIEW 8.2.1 与 DAQ 数据采集. 北京:清华大学出版社,2008.

[8] 岂兴明,周建兴,矫津毅. LabVIEW 8.2 中文版入门与典型实例. 第 2 版. 北京:人民邮电出版社,2010.

[9] 岂兴明,田京京,夏宁. LabVIEW 入门与实战开发 100 例. 北京:电子工业出版社,2011.

[10] Peter A. Blum 著. LabVIEW 编程样式. 刘章发,衣法臻,等译. 北京:电子工业出版社,2009.

[11] 戴鹏飞主编. 测试工程与 LabVIEW 应用. 北京:电子工业出版社,2006.

[12] 阮奇桢. 我和 LabVIEW:一个 NI 工程师的十年编程经验. 北京:北京航空航天大学出版社,2009.

[13] 蔡建安,陈洁华,张文艺. 计算机仿真和可视化设计:基于 LabVIEW 的工程软件应用. 重庆:重庆大学出版社,2006.

[14] 陈树学,刘萱. LabVIEW 宝典. 北京:电子工业出版社,2011.

[15] 白云主编. 基于 LabVIEW 的数据采集与处理技术. 西安:西安电子科技大学出版社,2009.

[16] 林继鹏,茹锋. 虚拟仪器原理及应用. 北京:中国电力出版社,2009.

[17] 甘智华,张小斌,王博. 制冷与低温测试技术. 杭州:浙江大学出版社,2011.

[18] 李江全,李玲,刘媛媛. 案例解说虚拟仪器典型控制应用. 北京:电子工业出版社,2011.

[19] 李环,任波,华宇宁. 通信系统仿真设计与应用. 北京:电子工业出版社,2009.

[20] 聂春燕,张猛,张万里. MATLAB 和 LabVIEW 仿真技术及应用实例. 北京:清华大学出版社,2008.

[21] 李江全,刘恩博,胡蓉. LabVIEW 虚拟仪器数据采集与串口通信测控应用实战. 北京:人民邮电出版社,2010.

[22] 曲丽荣,胡容,范寿康. LabVIEW、MATLAB 及其混合编程技术. 北京:机械工业出版社,2011.

[23] 王世香. 精通 MATLAB 接口与编程. 北京:电子工业出版社,2007.

[24] 王素立,高洁,孙新德. MATLAB 混合编程与工程应用. 北京:清华大学出版社,2008.

[25] 邓薇. MATLAB 函数速查手册. 北京:人民邮电出版社,2008.

[26] 苏金明,黄国明,刘波. MATLAB 与外部程序接口. 北京:电子工业出版社,2004.

[27] 张德丰主编. MATLAB 与外部程序接口编程. 北京:机械工业出版社,2009.

[28] 李正周. MATLAB 数字信号处理与应用. 北京:清华大学出版社,2008.

[29] 龚纯,王正林. 精通 MATLAB 最优化计算. 北京:电子工业出版社,2009.

[30] 董长虹主编. MATLAB 小波分析工具箱原理与应用. 北京:国防工业出版社,2004.

[31] 张德丰主编. MATLAB 概率与数理统计分析. 北京:机械工业出版社,2010.

[32] 杨威,高淑萍. 线性代数机算与应用指导:MATLAB 版. 西安:西安电子科技大学出版社,2009.

[33] 李建平主编. 小波分析与信号处理:理论、应用及软件实现. 重庆:重庆出版社,1997.

[34] 刘福声,罗鹏飞. 统计信号处理. 长沙:国防科技大学出版社,1999.

[35] 惠俊英,惠娟著. 矢量声信号处理基础. 北京:国防工业出版社,2009.

[36] 沈兰荪. 高速数据采集系统的原理与应用. 北京:人民邮电出版社,1995.

[37] 马明建. 数据采集与处理技术. 第 2 版. 西安:西安交通大学出版社,2005.

[38] 胡鸣. Windows 网络编程技术. 北京:科学出版社,2008.

[39] 罗军舟. TCP/IP 协议及网络编程技术. 北京:清华大学出版社,2004.

[40] Jon C. Snader 著. TCP/IP 高效编程:改善网络程序的 44 个技巧. 陈涓,赵振平译. 北京:人民邮电出版社,2011.

[41] 周明天,汪文勇. TCP/IP 网络原理与技术. 北京:清华大学出版社,1993.

[42] 亨特. C 著. 基于 TCP/IP 的 PC 联网技术. 王铁,孙桓五,刘海译. 北京:电子工业出版社,1997.

[43] 李肇庆,韩涛. 串行端口技术. 北京:国防工业出版社,2004.

[44] 王达. 计算机网络远程控制. 北京:清华大学出版社,2003.

[45] 啸奈德马思,B 著. 多媒体用户界面设计:有效的人机对话策略. 郎宗译. 上海:上海科学普及出版社,1995.

[46] 罗仕鉴,朱上上,孙守迁. 人机界面设计. 北京:机械工业出版社,2002.

[47] 冉林仓. Windows API 编程. 北京:清华大学出版社,2005.

[48] Windows API 函数参考手册. 本书编写组编著. 北京:人民邮电出版社,2002.

[49] 宋寿鹏. 数字滤波器设计及工程应用. 镇江:江苏大学出版社,2009.

[50] 黄席椿,高顺泉. 滤波器综合法设计原理. 北京:人民邮电出版社,1978.

[51] 电子发烧友论坛. http://bbs.elecfans.com/zhuti_labview_1.html

[52] GSD zone.net 论坛. http://bbs.gsdzone.net/

[53] AVR 与虚拟仪器论坛. http://bbs.avrvi.com/

[54] 自动化论坛. http://bbs.autooo.net/tag-Labview.html

[55] LabVIEW 论坛. http://labview.5d6d.net/

[56] 美国国家仪器公司官网(中国). http://china.ni.com/